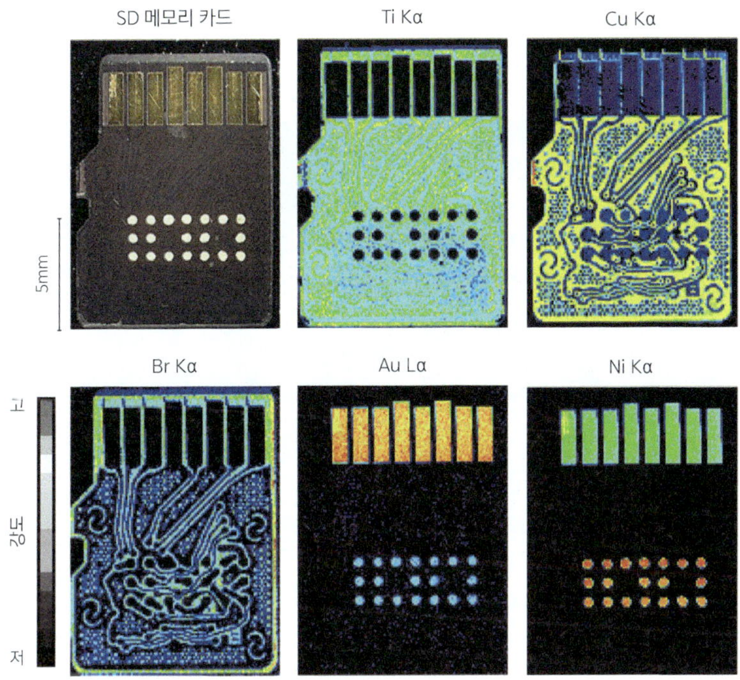

그림 6.13 원소 이미징의 예
본문 96페이지 참조.

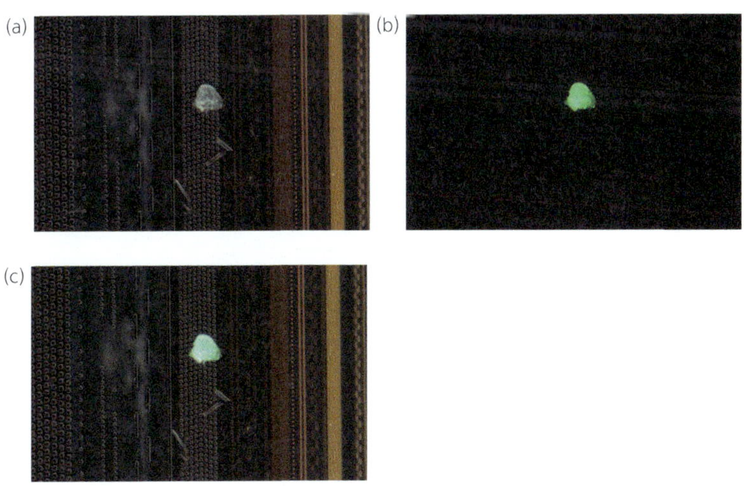

그림 9.13 형광, 암시야와 그 동시관찰의 비교
본문 142페이지 참조.

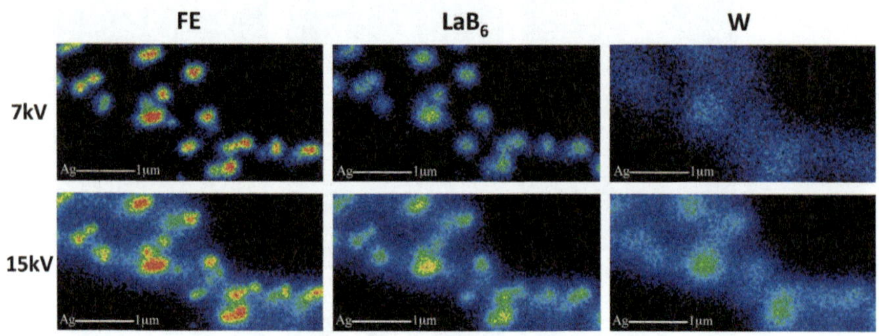

그림 10.20 전자총 비교

본문 161페이지 참조

기기분석 핸드북 3

고체·표면분석 편

오승호 역

Handbook of
Instrumental
Analysis

무네바야 시유우키·츠지 코오이치
후지와라 노마나부·미나미 히데아키 편

化学同人
신일서적(주)

집필자 일람

1章 鈴木　晴 (近畿大学理工学部)
専門は物性物理化学, 熱力学

1章 中野元裕 (大阪大学大学院理学研究科)
専門は新規伝導性錯体の合成, 分子磁性

2章 南　秀明 ((地独) 京都市産業技術研究所金属系チーム)
専門は分析化学

3章 加賀谷重浩 (富山大学学術研究部工学系)
専門は分析化学, 水処理工学

3章 井上嘉則 (富山大学工学部)
専門は分析化学, 高分子合成 (主に吸着剤合成)

4章 今井昭二 (徳島大学大学院創成科学研究科)
専門は原子スペクトル分析学, 環境分析化学

5章 千葉光一 (関西学院大学理工学部)
専門は環境分析化学, 原子スペクトル分析

6章 辻　幸一 (大阪市立大学大学院工学研究科)
専門は物理分析化学, X線分析

7章 井田　隆 (名古屋工業大学先進セラミックス研究センター)
専門は粉末X線回折, 物理化学

8章 藤原　学 (龍谷大学先端理工学部)
専門は分析化学, 錯体化学

9章 田中隆明 (侊技術士事務所)
専門は物理化学, 光学, 光学顕微鏡, 偏光顕微鏡

10章 中野裕美 (豊橋技術科学大学教育研究基盤センター)
専門は無機材料, 材料工学

11章 小林　圭 (京都大学大学院工学研究科)
専門は薄膜・表面・界面物性

『기기분석 핸드북』 시리즈 간행에 있어서

『기기분석 핸드북』 시리즈에서는 화학연구에 빼놓을 수 없는 분석기기를, 처음 다루는 초보자도 알 수 있도록, 3분책으로 해설했습니다. 일본분석화학회 킨키지부의 유지 선생님들의 편집에 의해, 각각의 기기의 전문 분들이 집필해 주실 수 있어, 초학자부터 현장의 연구자까지, 폭넓은 요구에 응할 수 있는 내용으로 되어 있습니다.

【유기 · 분광 분석편】

적외선 분광법
NMR 분광법
질량 분석법
가시·자외선 분광법, 형광
근적외선 분광법
라만 분광법
ESR 분광법
스펙트럼에 의한 화합물의 구조 결정법

【고분자 · 분리분석법】

유기 원소 분석
가스 크로마토그래프법
고속 액체 크로마토그래프법
박층, 종이, 컬럼 크로마토그래프법
전기영동
동적 광산란법(DLS), 겔 침투 크로마토그래피(GPC)
표면 플라즈몬 공명(SPR)
선광도와 원편광 이색성법(CD)
전기화학

【고체 · 표면 분석편】

열 분석법
시료 준비
원자 흡광 분석법
ICP 발광 및 질량 분석법
형광 X선 분석법
X선 회절법
X선 광전자 분광법
광학 현미경
전자 현미경
프로브 현미경

본 시리즈의 전작이라 할 수 있는 『제2판 기기분석의 지렛대』 시리즈(1996년)의 간행 이후 약 4반세기가 지나 그 후계로서 새롭게 본시리즈가 써내려갔습니다. 레이와 시대에도 분석기기의 발전은 계속되어 갑니다. 이 시리즈가 그 일에 도움이 되기를 바랍니다.

2020년 3월

화학동인 편집부

머리말

각종 재료의 물리적·기계적 성질, 전기적 물성 등은 재료를 구성하는 원소 조성과 그 구조에 크게 의존하다 새로운 고기능 재료를 개발하려면, 재료 설계·제조와, 이에 지침을 주고 분석·구조 해석이 동시에 두바퀴로 되어 일하고 있어야 한다.

그러므로 이러한 분석방법을 배우는 것은 중요하다. 덧붙여서 촉매 반응과 광화학 반응, 재료의 부식 현상은 그 표면에서 일어나며 접착, 접합이나 윤활, 마모 등의 재료 표면의 특성이 크게 관련된 재료개발에서는 표면형태의 관찰이나 표면분석도 필수적이다. 또, 산업 및 사회 인프라의 고도화에 따른 반도체 디바이스 등의 전자부품의 미세화나 고기능화가 진행되어, 재료개발 및 그 불량해석에 대응한 미소부의 분석도 중요성이 커지고 있다.

이러한 배경을 바탕으로 기기분석 핸드북의 제3권에서는 고체 표면분석에 초점을 맞추기로 했다. 본서에서 다룬 분석기기는 모두 대학 등에서 교육·연구나 기업에서의 개발 연구나 제조 현장에서 일상적으로 이용되는 기본적인 것으로 알려졌다.

본서에서는, 우선 고체물질의 상변화 및 열물성에 대해서 중요한 정보를 주는 열분석 법, 재료의 조성을 분석하는 원자흡수분석법, ICP발광·질량분석법, 형광X선 분석법, 더 재료의 구조정보를 주는 X선 회절법에 대해서 해설한다. 이어, 표면분석법으로서 이용 빈도가 높은 X선 광전자분광법, 표면형태를 관찰하는 수단으로서 필수적인 광학현미경, 전자현미경, 프로브현미경을 소개한다. 또 단순히 각 기기분석법을 열거하고 설명할 뿐만 아니라, 필요한 시료 조제법 및 주의점에 대해서도 각각의 장으로 허용되는 한 기재했다. 특히 원자흡수분석법과 ICP발광·질량분석법에서는 기본적으로 고체를 균일하게 용해시킨 용액 시료를 대상으로 삼고, 측정에서는 매트릭스의 영향이 무시할 수 없는 경우도 있다. 그래서, 실제로 고체 시료를 이들의 방법으로 원소분석하는 경우에 필요라고 여겨지는 시료준비(용해와 분리)에 대해서는 독립된 장으로서 자세하게 해설했다. 이러한 샘플 전처리를 올바르게 수행함으로써 정확한 분석값을 얻을 수 있다.

최신 분석기기에서는 시료를 세팅하고 버튼을 누르면 해석된 정량값이 자동으로 표시되는 경우가 많다. 즉, 분석기기의 내용물이 보이지 않아 블랙박스화되고 있다. 편리하긴 하지만, 표시된 데이터를 어떻게 해석하고 어떻게 취급할지는 사용자에 달려 있다. 일단 분석 결과가 보고되면 데이터는 혼자 다니기 때문에 위험한 면도 있다. 따라서 분석기기의 원리, 장치구성을 잘 이해해 두는 것이 중요하다. 이 책에서는 대학에서 배우는 학부생·원생 외에 기업의 젊은 연구자나 분석에 종사하는 초보자를 대상으로 하여 각 분석법의 원리, 장치구성, 분석치가 주어지는 구조를 가능한 한 정성스럽게 설명하도록 유의하였다. 본서의 내용을 이해하고 있다면 얻어진 분석결과에 대해 어떠한 주의가 필요한지 알 수 있을 것이다.

현재 만능의 분석법은 없으며, 하나의 시료에 대해 복수의 분석수단을 구사한 다면적인 평가가 불가결하다. '기기분석 핸드북 1 유기·분광분석편' 및 '기기분석 핸드북 2 고분자·분리분석편'도 참조하면서, 이 책을 분석기기 옆에 두면서 일상적으로 이용하기를 강력히 바란다.

마지막이 되었지만, 제일선에서 활약하고 있는 저자 여러분께서 알기 쉽게 집필해 주신 점, 깊이 감사드린다. 또, 화학동인 편집부의 오바야시 후미히코 님은 끈기있게 각 분담 저자와 연락을 취해 주셔서 출판에 이르게 된 것에 대해, 감사의 말씀을 드린다.

2021년 3월

고체·표면분석 편 편자
무네바야 시유우키
츠지 코오이치
후지와라 노마나부
미나미 히데아키

역자 소개

오승호
吳承鎬

- 성균관대학교 화학공학과 졸업
- 화공기술사
- 기술지도사(화공분야)
- 현대자동차㈜ 기술연구소 근무(1986~1990)
- 현대정공㈜ 중앙실험실 근무(1990~1993)
- 한국 다이오넥스㈜ 학술부 이사
- 써모사이언티픽 코리아㈜ 학술지원부 상무(2011~2017.10)
- 연세대학교 약학대학원 제약산업학 협동과정 기기분석학 강사 (2021년-현재)
- 현재 기기분석, 시료전처리, 연구실 안전 전문강사로 활동 중
- 연락처– 이메일: shoh2121@hanmail.net 전화: 010–8937–7860

■ 저서

- 기기분석을 위한 시료전처리 기초와 실무(기기분석 전문가 커뮤니티) – 2003년
- 이온 크로마토그래프, 국가연구시설장비진흥센터 – 2014년

■ 역서

- 분석시료 전처리 핸드북 (아카데미 서적/2008년)
- 현장에서 도움되는 화학분석의 기초 (신일북스/2010년)
- ICP 발광분석 · ICP 질량분석의 기초와 실제 (신일북스/2010년)
- 조금 상세한 액체 크로마토그래피 (신일북스/2011년) [I 아무도 가르쳐 주지 않는 노하우, Ⅱ 검출편, Ⅲ 전처리편, Ⅳ 분리편] – 2012년 대한민국 문화체육관광부 우수학술도서 선정 –
- 가스 크로마토그래피 자유자재 Q&A [준비, 시료도입편/분리, 검출편]
- (신일북스/2011년)
- 도움되는 이온크로마토그래피 (신일북스/2012년)
- 도움되는 기체 크로마토그래피 (신일북스/2012년)
- 분석화학 실기 시리즈 원자흡광 분석 (신일북스/2012년)
- 기기분석 실기 시리즈 ICP 발광분석법 (신일북스/2013년)
- 유도결합 플라즈마 질량분석법 (신일북스/2013년) – 2014년 대한민국 학술원 우수학술도서 선정 –
- 화학실험에 있어서 사고예와 안전 (신일서적㈜/2013년)
- 크로마토그래피에 의한 이온성 화학종의 분리분석 (신일서적㈜/2015년)
- 분석화학 실기 시리즈 ICP 발광분석법(개정판) (신일서적㈜/2015년)
- 분석화학 실기 시리즈 ICP 열분석 (신일서적㈜/2015년)
- 현장에서 도움되는 화학분석의 기초(제2판) (신일서적㈜/2016년)

- 이공계를 위한 화학 (신일서적㈜/2017년)
- LC/MS, LC/MS/MS의 메인테넌스와 트러블 해결 (신일서적㈜/2017년)
- LC/MS, LC/MS/MS Q & A (I) (신일서적㈜/2017년)
- 현대 질량분석학 (신일서적㈜/2017년)
- 도움되는 화학시리즈 분석화학 (신일서적㈜/2018년)
- 기초부터 배우는 분석화학 (신일서적㈜/2018년)
- 화학 시작의 첫걸음 분석화학 (신일서적㈜/2018년)
- 질량분석의 원류 [기초부터 배우는 매스 스펙트로메트리] (신일서적㈜/2018년)
- 질량분석학 [기초편] (신일서적㈜/2018년)
- 바이오 의약품의 품질관리 전략 [Qulity by Design을 도입한 제조 품질관리] (신일북스/2018년 12월)
  – 2019년 세종도서 우술학술도서 선정 –
- 매스 스펙트로메트란 무엇인가 (신일북스/2018년 12월)
- 화학 안전 노트 (신일북스/2019년)
- 이온 크로마토그래피 (신일북스/2019년)
- 화학 실험 현장의 안전 공학 (성안당/2019년)
- 안전한 화학실험을 위한 수칙 (성안당/2019년)
- 화학실험실의 안전 (성안당/2019년)
- 입문 기기 분석 화학 (신일북스/2019년)
- LC/MS, LC/MS/MS Q & A [II–중급] (신일서적㈜/2020년)
- 분석화학 실기 시리즈 [응용분석편 4 고분자 분석] (2020년)
- 플라스틱 분석 입문 (신일서적㈜/2021년)
  – 2021년 세종도서 우술학술도서 선정 –
- 고분자 첨가제 분석 가이드북 (신일서적㈜/2021년)
- 이것이라면 알 수 있다. [Mass Spectrometry] (신일서적㈜/2021년)
- LC/MS, LC/MS/MS 기초와 응용 (성안당/2021년)
- 현장에서 도움이 되는 환경분석의 기초 (성안당/2021년)
- 현장에서 도움이 되는 수질분석의 기초 (성안당/2021년)
- 현장에서 도움이 되는 대기 분석의 기초 (성안당/2021년)
- 현장에서 도움이 되는 화학 분석의 기초기술과 안전 (성안당/2021년)
- 가스 크로마토그래피 (신일서적㈜/2021년)
- 전기화학분석 (신일서적㈜/2021년)
- 형광 X선 분석 (신일서적㈜/2021년)
- 고상 추출 (SPE) 가이드북 (신일서적㈜/2022년)
- LC/MS, LC/MS/MS에 있어서의 스펙트럼 해석 (신일서적㈜/2022년)
- LC/MS, LC/MS/MS Q & A [III–고급] (신일서적㈜/2022년)
- 흡광·형광분석 (신일서적㈜/2022년)
- 유도결합 플라즈마 질량분석 (신일서적㈜/2022년)
- 바이오 의약 (신일서적㈜/2024년)

목 차

※ 부록 '스펙트럼에 의한 화합물의 구조 결정법'을 화학동인 웹사이트에서 다운로드 할 수 있습니다.

1 열분석

1.1 처음에

열분석이란 물질의 온도를 임의의 프로그램에 따라서 변화시켰을 때에, 물질의 물리적 성질이 온도와 함께 어떻게 변화하는지를 조사 분석하는 기법이다. 분석 대상이 되는 성질에는 질량, 치수, 전기적 특성 등 다양한 것이 있다(표 1.1). 그러나 일반적으로 물질의 질량 변화와 에너지 변화를 대상으로 하는 것을 열분석이라고 부르는 것이 많다(이에 기계적 특성인 탄성, 점성 변화를 더하는 경우도 있다)[2].

온도 변화에 따라서 일어나 시료의 질량 변화(기체의 흡수와 도산)을 조사 기법은 열무게분석(Thermo Gravimetric Analysis: TGA)으로 불리며, 가스의 공기 탈착이나 화학 반응, 열분해, 증발 등의 질량 변화를 따른 화학 변화·물리적 변화의 검출 및 그 정량적 해석한다. 변화의 대상이 무엇이든, 출입하는 물질(기체)의 양을 정밀하게 결정하는 것은 어떤 현상이 진행됐는지를 이해하기 위한 기초 정보가 되는 것이므로 TGA는 가장 기본적인 분석 도구로 해도 좋다.

온도 변화에 따라서 일어나는 시료에의 열유입·열유출을 조사 기법은 시차주사열측정(Differential Scanning Calorimetry: DSC)으로 불리며, 화학 반응뿐만 아니라 용해와 응고 등을 포함한 상전이의 검출과 그 전이열의 정량적 해석한다. 온도, 열량은 열역학 체계에 직접 연관 짓는 중요한 물리량이다, 거기서 각각의 상대 안정성과 전이에 의한 분자 간 힘의 변화, 분자 운동의 변화 등을 알 수 있다. 열량의 정량적 측정은 하지 않지만, 어느 온도에서 흡열 발열이 일어난지를 검출하는 정성적인 수법으로서 시차열분석(Differential Thermal Analysis: DTA)이 있다. 오늘날에는 DTA단독으로 측정하는 것은 적고 TGA와 세트가 된 TG-DTA장치로 측정하는 경우가 많다. 그러나 DTA의 측

표 1.1 열분석의 종류와 얻어지는 정보

대상으로하는 물리량	측정법	얻어지는 정보
질량	열중량 측정(TGA)	흡탈착, 화학반응, 열분해, 발열 등에 의한 질량변화
	발생 기체분석(EGA)	발생가스의 종류
온도(온도차)	시차열분석(DTA)	전이온도, 반응온도 등
열량(엔탈피)	시차주사열량측정(DSC)	전이온도, 전이열량, 열용량, 반응온도, 반응열량
역학적 측정	열기계분석(TMA)	팽창계수, 전이온도, 경화·연화온도
	동적열기계측정(DMA)	탄성율, 전이온도, 경화·연화온도
길이	열팽창 측정	팽창계수, 전이온도
전기적 특성	열유전 측정	유전율, 완화시간, 전기전도도
자기적 측성	열자기 측정	경화율, 자기완화 거동

1

정 원리는 DSC와 매우 유사하기 때문에 양자의 원리를 함께 이해하는 것이 좋을 것이다.

본장에서는 처음에 열 측정의 기초를 간단히 설명한 후 다음으로 TGA에 대해 마지막으로 DTA와 DSC에 대해 해설한다.

1.2 열측정의 기초

온도가 다른 두개의 계가 물질 교환함 없이 접촉하면 두 계의 각각의 에너지가 변화한다. 이 에너지 변화를 「열」과 두 계의 온도가 같으면 이 에너지 변화는 일어나지 않는다(열역학 제0법칙). 이런 상태는 「두 계가 서로 열평형 상태에 있다」으로 표현된다. 즉, 온도가 다른 계의 한쪽은 에너지를 잃고 강온하고 다른 쪽은 에너지를 얻고 승온하고, 최종적으로 같은 온도로 수속하는 것으로 열평형 상태에 도달한다.

열이라는 개념은 어렴풋이 상상하는 것은 쉽지만, 정확히 이해하는 것은 뜻밖에 어렵다. 이것은 원래 계의 에너지(내부에너지 U)가 화학결합이나 분자진동, 혹은 전자스핀 등 다수의 에너지 성분의 총합이며, 또한 열로서의 에너지 이동도 고체 열전도(결정의 격자진동이나 금속전자의 이동에 따른 열전도 등)나 기체의 대류, 복사(적외선 등) 등 다양한 경로를 통해 일어나 미시적인 기구를 하나로 한정하기 어렵기 때문이다.

열역학은 이러한 에너지의 내역이나 이동경로의 세부사항에 의하지 않고 에너지 보존법칙(열역학 제1법칙)이나 자발적 변화의 방향을 지배하는 법칙(열역학 제2법칙)이 일반적으로 성립하는 점이 특징이다. 한편 물질과학적인 입장에서는 관측된 변화가 어떤 에너지 성분과 관계되는지가 중요해지므로 열역학적 측정결과를 해석함에 있어서는 에너지 성분의 분리가 필수적이다. 한마디로 「계」라고 불렀는데, 열역학적인 계(특히 큰 계의 일부로서의 부분계)에는 여러 종류가 있다. 예를 들어 용기에 갇힌 기체나 액체이거나 장치의 일부 금속 블록이나 1개의 단결정 등이기도 한다. 일반적으로는 「어떤 경계에서 격리된 일정량의 물질」이라고 생각해 두면 된다. 여기서 전형적인 경계로서 단열벽과 등온벽을 구별해 둔다.

단열벽은 열로서의 에너지 이동을 차단하는 경계로서 벽 자체의 온도는 정의할 수 없다. 반면 등온벽은 계와 외부 환경과의 열교환을 허용하고 외부 환경과 동일한 온도로 유지된 경계이다. 열역학적 측정에서는 단열벽에 둘러싸인 계안에서 어떠한 변화(화학반응이나 액체의 혼합, 물질의 연소, 줄열의 발생 등)를 일으켜 그 결과 일어나는 온도 변화를 측정하거나 등온벽을 통해 계로 유입·유출되는 열량을 평가하거나 혹은 반대로 열을 주거나 빼앗았을 때 계안에서 일어나는 변화를 관측한다.

단열계 안에서 발생하는 열량이나 등온계를 출입하는 열량 자체를 정량하는 방법을 열량측정(Calorimetry)이라 하며, 등온계에서 외부 환경의 온도를 서서히 변화시키면서 계로 열 유입·유출을 했을 때의 물질의 성질(질량, 점탄성, 자화율 등) 변화를 조사하는 방법을 널리 열분석(Thermal Analysis)이라 부른다. 또한 열량측정과 열분석을 아울러 열측정이라고 부른다. 어느 측정이든 계가 따뜻해지기 어려운 지표가 되는 열용량 $C = \mathrm{d}U / \mathrm{d}T$를 항상 고려할 필요가 있다. 계로의 열유입 Q가 온도상승 ΔT를 가져올 때,

이것을 현열이라고 하며 $Q = C \cdot \Delta T$로 관련지어진다. 한편, 계 내부에서 상평형이 이루어지고 있는 경우(예를 들어 얼음과 물의 2상 공존 상태)에는 계에 열의 유입·유출이 있어도, 그 에너지는 한 상의 일부를 (내부에너지가 다른) 다른 상으로 변화시키는데 사용되기 때문에 계의 온도는 일정하게 유지된다. 이때 출입한 열량은 잠열이라고 불린다.

오늘날에는 현열이라는 용어는 많이 사용되지 않으며 잠열이라는 개념도 상전이 엔탈피 $\Delta_{trs}H$의 일부로 생각하는 경우가 많다. 엔탈피 변화 ΔH는 물질의 내부 에너지 변화 ΔU와 비슷한 정도로 간주될 수 있으며 전이 엔탈피 $\Delta_{trs}H$로부터 상전이에 의해 분자간 상호작용이나 분자 운동이 얼마나 변화했는지를 알 수 있는 단서를 얻을 수 있다. 또한, 전이 온도 T_{trs} 및 전이 엔탈피 $\Delta_{trs}H$로부터 상전이 전후로 분자 배향이나 분자 배열의 「요동의 정도」가 얼마나 변화하는지를 나타내는 전이 엔탈피 $\Delta_{trs}S(\approx \Delta_{trs}H / T_{trs})$도 구해진다.

본상에서는 계(시료물질)의 온도를 적극적으로 변화시켰을 때의 응답을 조사하는 것과 같은 측정방법을 해설하는데, 이때에는 검출된 신호가 현열의 변화(즉 열용량 C의 변화)에 기인하는 것인가, 잠열을 수반하는 변화(즉 상전이나 열분해)에 의한 것인가 하는 점을 의식하면 측정장치 안에서 일어나고 있는 현상을 이해하는 데 도움이 된다.

1.3 열중량 분석(TGA)

1.3.1 TGA 원리

열중량 분석(TGA)이란 물질의 온도를 임의의 프로그램에 따라 변화 혹은 유지시키면서 그 물질의 질량을 온도 혹은 시간의 함수로 측정하는 기법이다. TGA는 물질의 열분해 반응 프로세스나 탈수·가스 흡착 변화를 해석하는 데 도움이 된다는 점에서 기초적인 물성 연구에서 재료 개발에 이르기까지 폭넓은 분야에서 활용되고 있다. 또한 실제로 측정되는 것은 중량이지만 해석할 때는 특별한 보정 없이 그것을 질량으로 취급하는 것이 일반적이다.

TGA장치는 저울계, 시료계, 가열계, 기록계의 4계통으로 구성되며(그림 1.1), 가열계(전기로 등) 내부에 놓인 시료계(시료, 시료용기 및 용기 설치대 등)의 질량변화를 저울계로 정밀하게 측정하여 기록계에서 데이터(온도와 질량의 시간변화)를 보존하는 기구로 되어 있다. 높은 정밀도로 TGA측정을 실시하려면 온도를 변화시키면서 시료 질량 변화를 얼마나 정밀하게 측정할지가 관건이다.

질량 측정 방법으로는 ① 걸이형 ② 윗접시형 ③ 수평형 3종류가 있다(그림 1.1(a)~(c)). 각기 장점과 단점이 있다. 가령 ①의 걸이형은 시료의 발생 방법이나 부력의 영향을 받기 어렵지만, 원자로의 열이 저울계에 영향을 미치기 쉽다. ②의 윗접시형은 시료의 취득이 쉽지만, 부력의 영향을 받기 쉽다. ③의 수평형은 원자로의 열과 대류의 영향이 작지만, 부력이나 장치의 열팽창의 영향을 받기 쉽다[3]. 또, 부력 등의 오차를 줄이는 목적으로, 측정 시료와 기준 물질을 동일한 원자로 내에서 가열되고, 그 질량 차이를 나타내 차동 방식을 채용하는 경우도 있다(그림 1.1(d)).

시판장치에서는 윗접시형이나 수평형 저울에 차동방식을 조합하는 경우가 많다. 차동

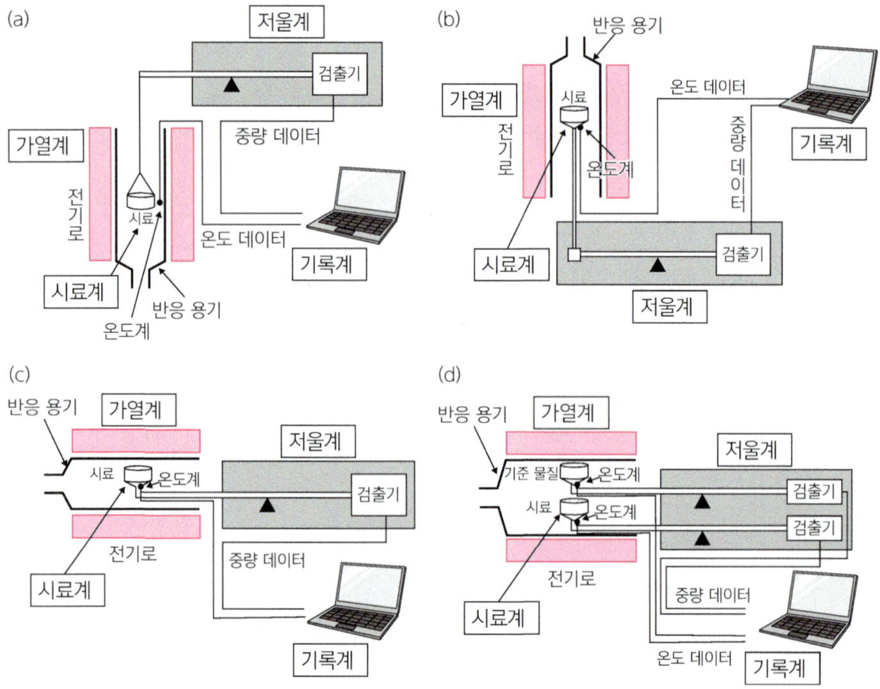

그림 1.1 TGA 장치의 개념도

(a) 걸이형, (b) 윗접시형, (c) 수평형, (d) 차동식 수평형 장치

방식을 채용하면 부력의 영향이나 장치의 열팽창에 의한 영점의 차이가 측정시료와 기준물질에서 같은 정도이기 때문에 양자의 질량차를 측정함으로써 이러한 영향을 상쇄할 수 있다는 이점이 있다. 또한 차동방식으로 한 후 측정시료와 기준물질 사이의 온도차를 동시 측정하면 DTA 측정도 가능해진다. 이는 시판 장비에서 TG-DTA가 널리 보급되고 있는 한 요인이기도 하다.

1.3.2 TGA의 측정 조작과 주의점

TGA는 정밀한 질량 측정이므로 측정 중에는 장치에 불필요한 진동을 주지 않도록 배려할 필요가 있다. 장치는 안정된 실험 책상 또는 스톤 테이블에 두고 측정 중에는 책상에 기대지 않도록 한다. 실험실 문을 열고 닫는 진동에도 주의해야 하며 측정 몇 시간 전에 전원을 켜고 장치를 웜업해야 한다.

측정 전이 되면 시료를 넣을 용기를 세팅하여 질량을 측정한다. 시료 용기는 장치마다 지정되어 있는 경우가 많고 재질은 알루미늄, 백금, 알루미나 등이 일반적이며 뚜껑은 이용하지 않는다. 알루미늄 용기는 저렴하나 660℃에서 융해되므로 온도 지연 효과도 고려하면 600℃ 이상의 측정에는 적합하지 않다(통상 알루미늄 용기의 측정 상한 온도는 500℃로 정해져 있다). 용기가 용융되면 저울부나 전기로 등에 현저한 손상을 입혀 장치 전체의 수리가 필요하다. 시료 용기의 질량을 측정하면 용기를 장치에서 꺼내 시료를 넣고 다시 장치 내에 세팅하여 질량을 측정한다. 빈 용기와의 질량 차이로 측정할 시료 질량을 구할 수 있다. 최적의 시료량은 장치마다 다르므로 매뉴얼이나 사양서를 꼼꼼히 읽어두는 것이 좋다. 샘플량이 너무 적으면 측정 정확도가 낮아지고, 너무 많으면 탈가스 반응으로 응답 속도가 느려지고 표본 자체의 자발적 온도 변화의 영향은 무시할 수 없다.

분말 시료의 경우 입도나 입도 분포가 측정 결과에 영향을 미칠 수 있으므로 주의해야 한다. 시료 용기를 세팅할 때에는 저울에 불필요한 역학적 부하를 주지 않도록 세심한 주의를 기울일 필요가 있다. 예를 들어, 용기 외부에 시료가 부착되어 있으면, 고온에서 반응이 진행되었을 때, 반응한 시료가 용기와 용기 설치대를 고착시킬 수 있다.

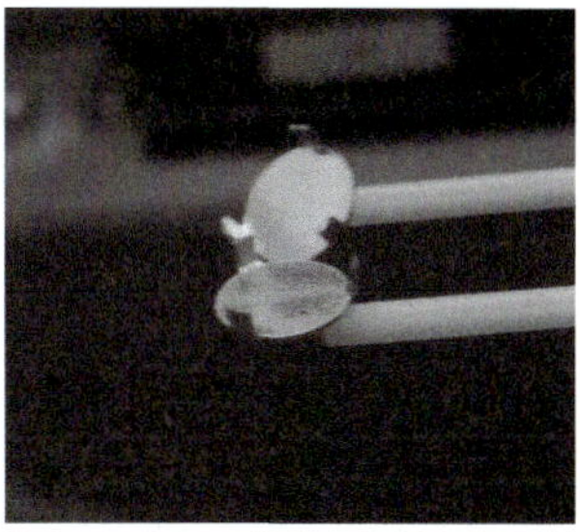

그림 1.2 변형된 설치대

시료 용기를 떼어낼 때 큰 부하가 걸려 변형되어 버린 TGA 장치의 시료 설치대(수평 차동형 TG-DTA). 안쪽 설치대가 비스듬히 일그러졌다(긴키대학 키무라 타카라 명예교수 제공).

이러한 때에 시료 용기를 힘으로 떼어내려고 하면 저울 자체에 부하가 걸려 측정 정밀도를 떨어뜨릴 뿐만 아니라 최악의 경우는 저울을 변형시켜 버릴 수도 있다(그림 1.2). 예방 대책으로는 시료 용기 설치대에 소량의 알루미나 분말을 묻혀 두는 방법이 제안되어 있다.

시료가 세팅되면 용기를 노 안으로 이동시키고 측정목적에 맞는 기체를 시료 주위로 흘려보낸다. 질량의 시간 변화를 모니터하여 측정값이 안정하기를 기다렸다가 온도 프로그램에 따라 측정을 시작한다. 온도 프로그램은 측정 목적에 따라 다양하게 설정될 수 있다 일반적으로 일정한 승온 속도로 시료 온도를 변화시키는 경우가 많고, 그 결과로부터 어떤 온도에서 어떤 질량 변화가 일어나는지를 알 수 있다. 승온 속도는 분당 10℃ 정도 이하가 바람직하다고 알려져 있다[4]. 온도계가 시료 용기의 설치대에 붙는 것이 많아 승온 속도가 너무 빠르면 온도계가 가리키는 온도와 실제의 시료 온도 차가 커지기 때문이다.

복수의 반응이 다단계적으로 진행하는 경우도 승온 속도가 너무 빠르면 처음의 반응이 종료하기 전에 다음 반응이 시작되어 각 반응의 질량 변화를 분리하기가 어려워진다. 반응 과정의 상세를 해석하는 경우에는 시료를 반응 온도로 유지하고, 질량 변화의 시간 의존성을 조사하는 방법도 있다.

또, 반응에 의한 질량 변화 속도가 일정하도록 온도를 제어하는 시판 프로그램도 존재한다. 측정 중에는 저울부에서 반응부를 향해 기체를 흘린다. 이는 측정 중에 발생하는 기체 생성물이 저울부를 부식하는 것을 막는 것이 주된 목적이다. 간이적인 측정에서는 공기를 흘려보내면 되지만 공기 중의 산소에 의한 산화반응이나 수분의 흡착반응 등이 질량의 증감에 영향을 준다는 점에 유의할 필요가 있다. 보통은 불필요한 반응을 피하기 위해 불활성 가스(헬륨, 질소, 아르곤 등)를 흘리는 경우가 많다. 반대로 반응의 상세를 알아보기 위해 반응성 가스(산소 등)를 흘릴 수도 있지만 폭발 등의 안전성을 충분히 배려할 필요가 있다.

장기간 사용하지 않았던 TGA 장치에서 측정을 수행할 때나 얻어진 데이터를 신뢰할 수 없는 경우에는 장치가 올바르게 작동하고 있는지를 체크하는 장치 교정을 실시할 필요가 있다. 온도 변화나 시간 경과에 따라 저울의 영점이 변화하는 것을 드리프트라고 부르는데, 이 드리프트 변화량이 어느 정도인지를 빈 용기를 세팅한 상태에서 확인(블랭크 측정)하면 좋다. 저울계의 열팽창 등에 기인하는 드리프트는 장치 고유의 성질로서 보정하면 보다 정확한 질량 변화를 논의할 수 있다. TGA의 질량변화량 교정은 기준분동을 이용하여 수행한다. 장치가 정상인지를 체크하는 간단한 방법으로는 옥살산칼슘1수화물(CaC_2OHO)과 같이 다단계로 열분해하는 표준시료를 이용하여 측정을 하고, 얻어진 결과가 질량감소의 이론값과 허용범위 내에서 일치하는지 확인하면 된다. 온도교정은 TG-DTA 장치의 경우는 DTA 데이터를 참조하면 되고, 순도가 높은 금속 시료의 융점 등으로 확인하는 것이 간단하다. TGA 단독 장치로는 큐리점법(자석이 자성을 잃는 온도점을 이용한 온도 교정법)이나 선재 용융법(고순도 금속 선재의 융점을 이용한 온도 교정법) 등이 있다.

측정 후에는 실온까지 강온한 후 시료 용기를 꺼낸다. 저렴한 알루미늄 용기는 일회용이지만, 고가의 백금 용기나 알루미나 용기는 세척하여 재사용한다. 시료가 유기물인 경우 용기에 부착된 잔류물(주로 그을음인 경우가 많다)을 버너 등으로 구워내면 된다. 시료에 금속이 포함되는 경우는 구워내는 것만으로는 불충분하며, 산처리 등 시료와 용기의 재질에 적합한 세정 조작을 실시한다. 마지막으로 용기 설치대에 오염이 묻어 있지 않은지 확인하고 오염이 확인되었을 때는 저울에 부하를 끼치지 않도록 주의하면서 세척한다.

1.3.3 TGA 해석방법 및 측정 예

한 단계의 질량 감소가 관측된 경우의 질량의 온도 의존성 그래프를 그림 1.3에 나타낸다. 이러한 데이터를 TG 곡선이라고 부른다. 질량이 크게 감소하고 있는 온도 영역(그림 1.3의 B~C) 에서, 어떠한 화학반응 또는 탈부착반응이 진행된 것을 알 수 있다. 반응 전 영역(A~B) 및 반응 후 영역(CD)에서는 질량변화는 거의 보이지 않고, TG곡선은 평탄하다. 이 영역은 플라토(plateau)라고 불린다. 다단계 반응이 진행되는 경우 등에서 연속적인 반응의 분리가 가능한지는 플라토 영역의 유무로 판단할 수 있다. 반응이 어느 온도에서 시작되었고 어느 온도에서 최대 가속되었는지를 알려면 TG 곡선의 시간에 대한 1차 미분을 보면 알기 쉽다. 이는 미분열 중량(Derivative Thermogravimetry: DTG) 곡선이라고 불리며, 미세한 질량 변화 확인이나 근접한 다단계 반응 판별에도 도움이 된다. DTG 곡선을 그림 1.3의 상부에 나타낸다. 질량 변화는 DTG 곡선에서는 하향 피크로 나타나고, TG 곡선의 플라토 영역에서는 DTG 곡선은 제로가 된다. DTG 곡선이 제로를 벗어나는 온도(T_i)를 반응 개시 온도, 피크 정점의 온도(T_p)를

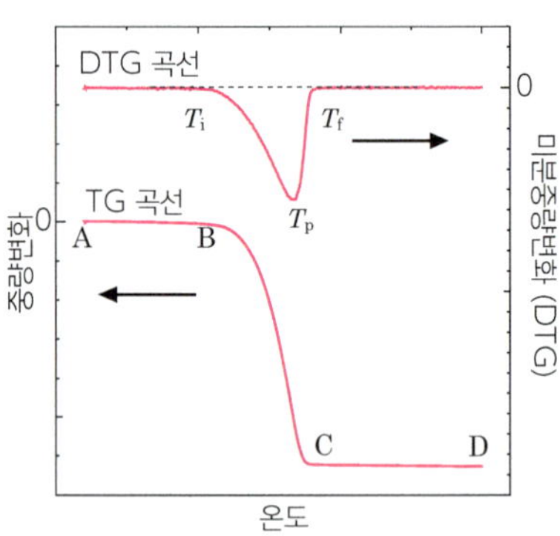

그림 1.3 1단계 질량 감소가 관측된 경우의 TG 곡선 및 DTG 곡선

최대 가속 온도, 제로로 돌아가는 온도(T_f)를 반응 종료 온도로 볼 수 있다. 또한 연소 반응이나 열분해가 급속히 일어날 때에는 소폭발 양상을 보여 저울계의 삿대(빔)를 눌러 해석이 곤란한 신호를 줄 수 있다. 측정 후 시료의 모습도 잘 관찰된다.

그림 1.4에 TG 측정 결과의 예로서 옥살산칼슘 1수화물($CaC_2O_4 \cdot H_2O$)의 측정 결과를 나타낸다. TG 및 DTG 곡선 모두에서도 1000℃까지의 승온 과정에서 3단계의 질량 변화가 진행되는 것을 알 수 있다. 이 3반응은 아래의 반응식으로 나타낸다.

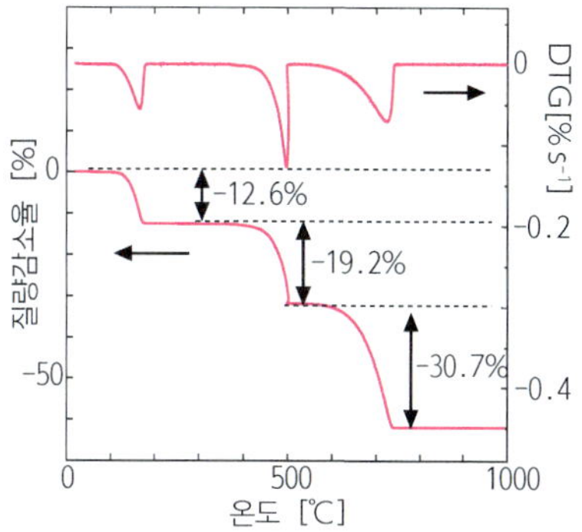

그림 1.4 옥살산칼슘1수화물($CaC_2O_4 \cdot H_2O$)의 TG 측정결과
승온 속도: 10℃ min^{-1} TG 및 DTG 곡선에서 3단계 반응이 진행되는 모습을 알 수 있다.

① $CaC_2O_4 \cdot H_2O \rightarrow CaC_2O_4 + H_2O \uparrow$
② $CaC_2O_4 \rightarrow CaCO_3 + CO \uparrow$
③ $CaCO_3 \rightarrow CaO + CO_2 \uparrow$

각 단계에서 물(H_2O), 일산화탄소(CO), 이산화탄소(CO_2)가 이탈하기 때문에 그 분의 질량이 감소했다고 이해할 수 있다. 이론적으로는 ①의 반응으로 질량이 12.34%감소, ②에서는 19.18%감소, ③에서는 30.14%감소할 것으로 예상된다. 실측값은 각각 12.6%, 19.2%, 30.7%이다, 이론값과 거의 일치한다. DTG곡선에서는, 각각의 반응 개시 온도(최대 가속 온도)가 ①은 100℃(165℃), ②는 365℃(500℃), ③ 540℃(725°)으로 판단된다.

1.3.4 TGA의 응용과 발전

TGA측정은 반응 과정의 해석에도 도움이 된다. 이를테면 승온 속도를 다양하게 바꾸면서 TG곡선을 측정하기로 반응 속도의 온도 의존성을 알기 때문에 거기에서 반응의 활성화 에너지를 구할 수 있다. 또, 시료를 반응 온도로 유지하고 시료 질량의 시간 변화를 측정함으로써 반응 속도 상수를 결정할 수도 있다.[5] 게다가 다양한 승온 속도로 얻어진 TG곡선 또는 DTG곡선을 반응 속도 모델에서 동시에 맞춤으로써, 모델의 타당성이나 반응 속도, 활성화 에너지 등의 파라미터를 결정할 수도 있다. 상세는 보다 전문적인 교과서와 학술 논문을 참조한다[6,7]

TGA의 장점은 승온의 질량 변화를 정량적으로 해석할 수 있는 점에 있으며, 일어날 수 있는 반응 모델 후보가 한정되어 있으면 질량 변화량에서 어떤 모델이 타당한지를 판단할 수 있다. 한편, 어떤 반응을 하는지 상정하기 힘든 신규 화합물이나 복수 단계의 반응이 동시에 진행되는 화합물의 경우 TGA의 결과만으로 무슨 일이 일어났는지를 동정하기가 쉽지 않다. 거기에서 이 TGA의 단점을 보완하기 위해서 분해, 제거에 의해서 생성한 기체 분자를 다른 분석 방법으로 동시에 조사하는 수법이 개발되어 있다. 이는 발

1

생 가스 분석(Evolved Gas Analysis: EGA)으로 불리며, TGA과 조합한 TG-EGA장치도 시판되어 왔다. EGA에는 여러가지 분석법이 있고 발생하는 기체의 분자 내 진동 모드를 조사하는 푸리에 변환 적외 분광(Fourier Transform Infrared Spectroscopy: FT-IR), 생성 기체 분자의 질량을 결정하기로 분자종을 동정하는 질량 분석(Mass Spectrometry: MS), 여러 종류의 분자가 동시 발생했을 때, 분자종별로 분리한 후 질량 분석을 실시하는 가스 크로마토그래피 질량 분석(Gas Chromatography)-Mass Spectrometry: GC-MS) 등이 있다. 또한 반응의 모습을 녹화할 수 있도록 카메라를 내장한 TGA 장치도 시판되고 있다.

1.4 시차열분석(DTA)와 시차 주사 열량 측정(DSC)

1.4.1 DTA와 DSC의 원리

시차열분석(DTA)와 시차 주사 열량 측정(DSC)는 모두 물질로부터 열의 출입을 조사하는 분석법이다. 화학 반응이나 가스 공기 탈착뿐 아니라 소화나 결정화 등의 상전이도 열의 출입을 따르기 때문에, 그 검출 수단으로서 TGA처럼 여러 분야에서 활용되고 있다.

DTA와 DSC는 공통점이 많고 DTA을 보다 정량적으로 한 수법이 DSC라고 생각해도 좋다. 최근에는 DTA는 TGA의 보조적인 의미에서 사용되는 것이 많고 DTA단독을 분석 수법으로서 채용하는 예는 적다. 그러나 DSC의 측정 원리를 생각할 때에 DTA의 원리를 이해해 두면 도움이 되고 본절에서는 처음에 DTA의 원리를 설명하고 그 다음에 DSC의 원리에 관해서 해설한다.

DTA에서는 지금부터 성질을 조사하고 싶은 미지 시료와 이미 열적인 성질이 밝혀진 기준 물질을 같은 열환경하에 두고, 양자의 온도차를 측정한다. 고전적인 DTA 장치의 개념도를 그림 1.5(a)에 나타낸다.

미지시료와 기준물질은 모두 열전도율이 높고 시료보다 훨씬 열용량이 큰 금속블록(히트싱크)과 열접촉하고 있으며, 각각 온도계가 부착되어 있다. 히트싱크에는 히터가 부착되어 있어 일정한 속도로 승온할 수 있도록 되어 있다. 기준물질에는 상전이 등이 없는 물질이 이용된다(TG-DTA 등에서는 빈 용기를 기준물질의 대용으로 하는 경우도 많다).

측정은 설정한 온도 프로그램에 따라 히트싱크를 승온(또는 강온)하여 측정시료와 기준물질의 온도차를 기록한다. 시료가 융해 등의 상전이를 일으키면 전이의 진행에 일정한 열량이 사용되므로 시료의 온도가 기준물질보다 낮아진다(그림 1.6(a)). 기준물질과 시료의 온도차를 시간에 대해 플롯하면 그림 1.6(b)과 같이 되어 상전이 영역에서 피크를 관측할 수 있다. 이것을 DTA 곡선이라고 부른다. 전이에 필요한 열량이 클수록 시료와 기준 물질의 온도차는 커지고 DTA 곡선의 피크도 커진다. 이 피크의 크기에서 전이에 필요한 열량의 크기(전이 엔탈피 $\Delta_{trs}H$)를 결정할 수 있도록 개선된 열분석법이 DSC이다.

DSC의 원리를 해설하기 전에 DTA및 DSC의 이름에 대해서 보충 설명한다. 양자에게 공통되는 D는 Differential의 머리 글자이며, 일본어로 「시차로 번역된다」. 이는 시료와 기준 물질이 나타내는 거동의 차이를 측정하는 것을 의미한다. 차분을 측정하는

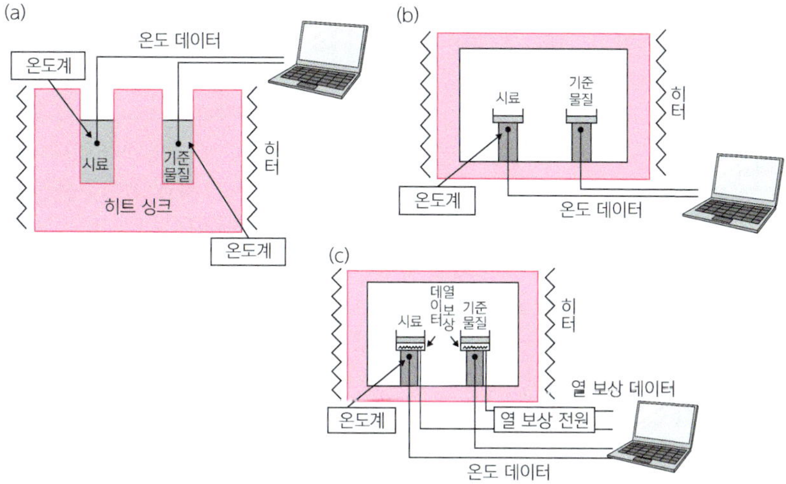

그림 1.5 DTA 및 DSC 장치의 개념도
(a) DTA 장치, (b) 열 유속 DSC 장치, (c) 입력 보상(열 보상) DSC 장치

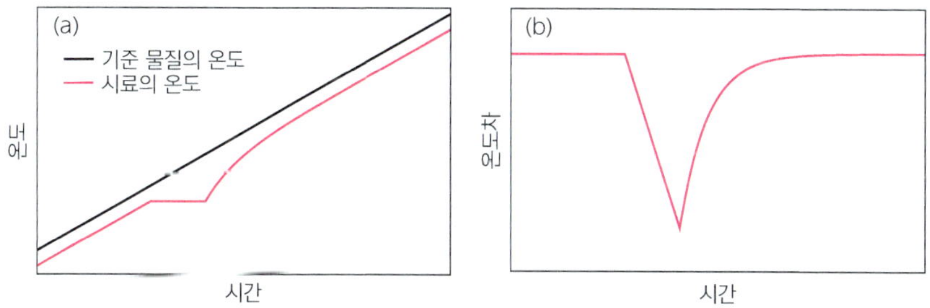

그림 1.6 DTA 측정에서 시료와 기준 물질의 온도 변화를 나타내는 모식도
(a) 시료의 열용량이 기준물질보다 크면 시료온도가 기준물질의 온도보다 낮아지고 시료가 상전이를 보이면 그 흡열에 의해 온도가 더 낮아진다. (b) 이 결과, 기준 물질과 시료의 온도차(DTA 곡선)에 하향 피크가 생긴다.

메리트는 상전이 등의 열이상을 감도 좋게 검출할 수 있는 점이다. 온도 변화에 따른 열의 출입에는 상전이나 화학 반응뿐만 아니라 물질의 열용량 C가 큰 영향을 미친다(그림 1.6(a)에 있어서 상전이 이외의 영역에서도 시료와 기준 물질로 온도차가 생기는 것은 양자의 열용량의 차이가 반영됐기 때문이다). 시료에 출입하는 열량을 단독으로 측정하는 것이 상전이에 사용되는 열량보다 온도 상승으로 사용되는 열량이 커지면서 상전이 검출 감도가 떨어진다.

DTA나 DSC에서는 시료와 기준 물질에 출입하는 열량의 차이를 측정하기에 이러한 감도 저하를 피하고 있다. DTA의 TA는 Thermal Analysis이다, 일본어로는 「열분석」이라고 번역되는 여기에는 어떤 온도에서 열적인 이상(상전이 등)이 일어날지 「검출하는」이라는 의미가 크다. 한편, DSC의 SC는 Scanning Calorimetry에서 「주사 열량

1

측정」로 번역되는 「주사」는 연속적으로 온도 변화를 시킨다는 의미이며 「에너지 측정법」는 출입하는 열량의 「크기를 결정한다(정량한다)」이라는 의미가 크다. DTA는 정성분석법인 것에 대해서 DSC는 정량 측정법이라는 점이 크게 다르다.

DSC에는 열유속 DSC와 입력보상(열보상) DSC라고 불리는 두 종류의 측정원리가 다른 장치가 있다. 각각의 장치의 개념도를 그림 1.5(b), (c)에 나타낸다. 열유속 DSC에서는 시료와 기준물질을 가열 냉각로(히트싱크) 내부에 두고 시료와 기준물질의 온도차로부터 각각 흘러드는 열유속(단위시간당 출입하는 열량)의 차이를 알면 열유속차를 알면 그 시간적분을 계산함으로써 출입한 열량차의 총량을 산출할 수 있다. 입력보상(열보상) DSC에서는 시료와 기준물질 각각이 입력보상(열보상) 히터를 갖추고 있어 가열 작업은 둘 사이의 온도를 동일하게 유지할 수 있다. 이때 소요된 입력보상(열보상) 에너지의 차이로 시료를 출입한 열량이 직접 결정된다. 덧붙여 입력 보상 히터로 프로그램대로의 승온을 시킬 수도 있으므로 그 경우에는 반드시 히트 싱크는 필요하지 않다.

DTA와 열유속 DSC는 주위 온도를 상승시켰을 때의 시료와 기준물질의 온도차를 측정하고 있다는 점에서는 같다. 이 때문에 열유속 DSC를 정량 DTA라고 부르기도 한다. 열유속 DSC에서 열량을 산출하는 원리를 이하에 간단히 정리한다.

시료(sample)에 출입하는 열량을 Q_s, 시간을 t라고 하면, 열유속은 $\mathrm{d}Q_s/\mathrm{d}t$로 나타낼 수 있다. 이는 기준물질(reference)에서도 같으며, 열량을 Q_r라고 하면 열유속은 $\mathrm{d}Q_r/\mathrm{d}t$가 된다. 시료나 기준물질로 유입되는 열량은 각각의 온도 T_s, T_r와 가열냉각로(furnace)의 온도 T_f와의 차이에 비례하므로 각각 다음과 같이 표현된다.

$$\frac{\mathrm{d}Q_s}{\mathrm{d}t}=\frac{1}{R}(T_f-T_s) \quad \text{(시료에 출입하는 열유속)} \tag{1.1}$$

$$\frac{\mathrm{d}Q_r}{\mathrm{d}t}=\frac{1}{R}(T_f-T_r) \quad \text{(기준물질에 출입하는 열유속)} \tag{1.2}$$

여기서 $1/R$은 비례계수이고, R은 열저항이라 불린다. R은 시료나 기준물질과 가열냉각로 사이의 열이 전달되기 어려운 것을 나타내고 있으며, 양자를 연결하는 고정구의 열전도율 등에 의존한다. R은 장치마다 다르므로 장치상수라고 부를 수도 있다. 식 (1.1) 및 (1.2)의 차이를 취하면 이웃하고, 좌변은 시료와 기준물질의 열유속차가 되며, 우변 괄호 안이 온도차가 된다.

$$\frac{\mathrm{d}Q_s}{\mathrm{d}t}-\frac{\mathrm{d}Q_r}{\mathrm{d}t}=-\frac{1}{R}(T_s-T_r) \tag{1.3}$$

즉, 미리 장치 상수 R의 값을 알고 있으면 온도차로부터 열유속차를 이끌 수 있게 된다. R의 값은 고순도의 표준시료(인듐 등)의 융해 엔탈피 등으로 결정할 수 있다. 이것을 장치의 엔탈피 교정이라고 부른다. 식 (1.3)의 도출에 있어서 식 (1.1) 및 (1.2)의 비례 상수가 같은 R로 기술할 수 있었다는 것에는 주의가 필요하다. 이는 시료와 가열 냉각로 사이의 열저항 R_s과 기준물질과 가열 냉각로 사이의 열저항 R_r이 같은 값 R로 표현되는 것을 의미하며 시료와 기준물질의 열환경이 똑같다는 것을 전제로 하고 있다. 시판 장치에서는 시료와 기준 물질의 위치가 시료실 내에서 공간적(열적)으로 대칭되도록 디자인되어 있으며, 열환경은 거의 같다고 생각해도 무방하다.

그러나 장기간 사용함에 따라 열환경이 달라지는 경우도 많다. 열저항이 동일한지는 시료와 기준물질 모두에 (같은 질량의) 빈 용기를 놓고 측정하여 열유속차가 항상 0이 되는지를 확인하면 된다. 제로가 되지 않는 경우는 그만큼 열저항이 달라지게 되어 데이터 해석에 보정이 필요하다. 시판장치 중에는 R_s과 R_r의 차이를 자동 보정할 수 있도록 설계된 것도 있다. 자세한 내용은 카탈로그 등에서 확인하는 것이 좋다.

열유속차에서 열량차를 구하려면 열유속차의 시간적분을 취하면 된다.

$$\int\left(\frac{\mathrm{d}Q_s}{\mathrm{d}t}-\frac{\mathrm{d}Q_r}{\mathrm{d}t}\right)\mathrm{d}t = Q_s - Q_r \tag{1.4}$$

기준물질이 흡수한 열량 Q_r은 기준물질의 열용량 C_r을 알면 그 온도 적분으로 견적을 낼 수 있으므로 식 (1.4)의 결과로부터 시료를 출입한 열량 Q_s를 구할 수 있다. 보통은 Q_s의 크기 자체가 아닌 상전이 등으로 출입한 열량(전이 엔탈피 $\Delta_{trs}H$)이 문제가 되므로 상전이에 무관한 열량 변화는 기준선으로 분리 제거한다(자세한 내용은 다음 항에서 설명한다). 그러므로 상전이가 없는 기준물질의 Q를 일부러 견적하지는 않고 Q_r도 포함한 기준선을 견적하여 시료의 전이 엔탈피 $\Delta_{trs}H$를 구하는 것이 일반적이다.

입력보상(열보상) DSC에서는 시료와 기준물질에 가하는 열량을 직접 측정한다. 열유속 DSC와 입력보상(열보상) DSC의 사용법은 측정 스타일이나 장치 제조사의 사양에 의존한다 입력보상(열보상) DSC에서는 외부 열원이 되는 열용량이 큰 가열 냉각로를 사용하지 않아도 되므로 고속의 온도변화 측정에 적합하며 열유속 DSC는 가열 냉각로의 존재에 따라 온도제어가 안정된다고도 하는데, 각각의 장치가 어떻게 설계되어 있는지에 따라 그 영향은 다르다. 자세한 사항은 제조사의 기술담당자에게 문의하는 것이 좋을 것이다.

1.4.2 DSC의 측정 조작 및 주의점

TGA 장치와 마찬가지로 DSC 장치도 안정된 실험대에 설치하여 측정 몇 시간 전에 전원을 켜고 웜업을 해 두는 것이 바람직하다. 또한 측정 전에 시료실이 더러워지지 않았는지 확인해 둘 필요가 있다. 특히 수분 등이 묻어 있으면 승온과 함께 증발에 의한 흡열이 측정 결과에 큰 영향을 미친다. 수분의 부착이 의심되는 경우 시료실 내를 사전에 100℃ 이상으로 승온(베이킹)하면서 불활성 가스를 흘려보내면 영향을 줄일 수 있다.

측정 시료는 전용 시료 용기에 넣어 측정한다. 미리 질량이 같은 용기를 2개 선택하여 그 질량을 기록해 둔다. 그런 다음, 한쪽 용기에 시료를 넣고 다시 질량측정을 하여 용기에 담은 시료량을 구한다. 시료를 용기에 넣을 때는 시료와 용기 사이의 열전도(열접촉)를 잘 하도록 배려한다. 열접촉이 나쁘면 시료 설치대에 부착된 온도계가 시료온도를 반영하기 어려워지기 때문이다.

열접촉을 좋게 하는 방법은 시료의 형상 등에 따라 다양하다. 예를 들어, 삐뚤어진 형상의 고체 시료의 경우 시료를 용기 내에 두는 것만으로는 몇 군데 점접촉에 그치기 때문에 양호한 열전도를 기대할 수 없다. 이럴 때는 유동성 열매체(그리스 등)를 시료와 용

1

기 사이에 바르거나 뚜껑과 함께 시료를 용기에 압착하는 등의 연구가 필요하다. 필름 형태의 시료의 경우 용기 바닥면 사이즈에 필름을 잘라내고 가급적 평탄한 면이 용기 바닥면에 접촉하도록 세팅하는 것이 권장된다. 이때 필름은 여러 장을 겹치지 않는 것이 좋다. 분말 시료의 경우 용기 바닥면에 얇게 퍼지도록 시료를 넣고 필요 이상으로 시료를 넣지 않도록 주의할 필요가 있다.

액체 시료의 경우에는 열접촉 불량의 염려가 적지만 시료의 증발에 주의해야 한다. 측정 중의 시료 증발은 측정 결과에 악영향을 미칠 뿐만 아니라 시료실을 오염시키는 원인이 된다. 통상 액체 시료는 전용 밀봉 용기를 사용한다. 시판되고 있는 밀봉 용기는 어느 정도의 내압이 보장되고 있으나, 용기의 밀봉 조작이 불완전하면 온도 상승과 함께 용기 내압이 상승하여 시료가 누출되기도 한다. 만약을 위해 측정 후에 시료의 누출이 없는지(측정 전후로 질량이 변화하고 있지 않은지) 확인하는 것이 좋다.

시료 용기의 재질은 TGA와 마찬가지로 알루미늄, 백금, 알루미나 등에서 선택할 수 있다. 측정 온도 영역과 측정 조건에 맞추어 적절한 것을 선택할 필요가 있다. 다시 말하지만 600℃ 이상의 측정에 알루미늄 용기를 이용해서는 안 된다. 시료를 용기에 넣으면 기준물질을 다른 용기에 넣고(빈 용기를 기준물질로 하는 경우도 있다), 2개의 용기를 시료실 내에 세팅한다. 지정된 장소에 세팅되면 시료실 뚜껑을 닫고 온도가 안정될 때까지 기다린다. 시료실 내에는 산화를 막을 목적으로 불활성 가스(건조 질소가스를 이용하는 경우가 많다)를 흘린다. 가스 유량이 너무 크면 온도 흔들림이 생겨 측정 데이터가 흐트러지므로 최적의 유량을 찾아두는 것이 좋다. 준비가 된, 온도 프로그램에 따라 승온 또는 강온하면서 측정을 개시한다.

온도 프로그램은 측정 목적에 따라 적절히 설정한다. 승온 및 강온 속도(주사 속도)도 다양하게 바꿀 수 있다. 일반적으로는 1~10℃ min^{-1}의 범위를 채용하는 경우가 많다. 주사 속도가 높으면 열량 변화에 소요되는 시간이 짧아지기 때문에 열유속차로서의 신호가 커지고 전이 엔탈피의 작은 상전이의 검출이 가능해진다(즉, 상전이의 검출 감도가 높아진다).

한편, 주사 속도가 높으면 시료와 온도계 주위의 온도차도 커지기 때문에 판독 온도 오차가 커지게 된다. 주사 속도는 측정 목적에 맞게 결정할 필요가 있다. 또한 액체질소나 펠티어 소자 등의 냉열원을 가지지 않는 DSC 장치의 경우 자연 방냉이 최대의 강온속도가 되기 때문에 실제 강온속도가 설정값보다 크게 작아지는 경우도 있다. 온도 프로그램은 어디까지나 설정값이며 실제 주사속도는 데이터를 확인하지 않으면 알 수 없다. 냉열원이 구비된 저온 DSC 장치에서도 도달할 수 있는 저온 한계 근방에서는 같은 문제가 생긴다.

저온 DSC 장치에서 0℃ 이하의 측정을 할 경우에는 외부로부터의 수증기의 유입에 주의할 필요가 있다. 비록 유입 속도가 느리더라도 한번 시료실에 들어온 수분은 저온 부분에 응결되기 때문에 장시간 측정으로 다량의 얼음(서리)이 축적된다. 이러한 상황에서 승온 방향을 측정하면 0℃ 부근에서 시료실 내의 서리가 융해되는 피크가 관찰되게 된다. 이 신호는 서리가 시료와 기준물질의 어느 쪽에 있느냐에 따라 DSC 신호로서는 발열 피크나 흡열 피크가 될 수 있다. 저온 측정을 하고 있어 재현성이 잡히지 않는 피크가 이 온도 영역에 나타난 경우에는 수분의 가능성을 먼저 의심해 보는 것이 좋을 것이다. 수분의 유입을 막으려면 불활성 가스의 순도를 확인하고 유량을 크게 하는 등 연구하는 것이 좋다. 또한 시료실 내부에 서리가 끼었을 경우에는 베이킹 처리로 수분을 제거할 필요가 있다.

측정이 종료되면 시료와 기준물질을 꺼낸다. 직전까지 저온 측정을 하고 있다면 시료실 내부가 실온으로 돌아올 때까지 불활성 가스를 흘리면서 대기하는 것이 좋다. 꺼낸 시료 용기를 재사용하는 경우는 TGA 때와 같은 조작을 하면 된다.

1.4.3 DSC의 해석방법과 측정 예

그림 1.7에 전형적인 DSC 측정 결과를 나타낸다. 가로축을 온도, 세로축을 열유속차로 잡고 있다(보통 「열 유속차」라고 쓰지 않고 단순히 「열 유속(Heat Flow)」이라고 쓰는 경우가 많다). 열 유속은 단위 시간당 출입하는 열량이므로 단위는 J s^{-1} 즉 W(와트)가 된다. 세로축은 발열을 올바르게 취하는 경우와 흡열을 올바르게 취하는 경우가 있다(여기서는 발열을 올바르게 취하고 있다). 그림을 그릴 때는 반드시 어느 쪽이 발열(흡열) 방향인지를 명기해야 한다.

그림 1.7은 승온 측정과 강온 측정을 모두 합쳐서 열 유속차의 온도 의존성을 나타낸 것이다. 이러한 데이터는 DSC 곡선이라고 불린다. 승온 측정과 강온 측정 모두 DSC 곡선을 그릴 경우 측정 방향을 알 수 있도록 화살표를 그리며 추가해 두는 것이 바람직하다. 같은 상전이를 검출한 경우에도 승온 측정이냐 강온 측정이냐에 따라 검출되는 피크의 발흡열 방향이 반대가 되기 때문이다.

승온 방향의 DSC곡선에 흡열 피크가 관측된 경우에는 어떠한 상전이가 일어났다고 생각하는 것이 타당하다(분해 반응이나 흡탈착 가능성도 있지만 이는 미리 TGA측정

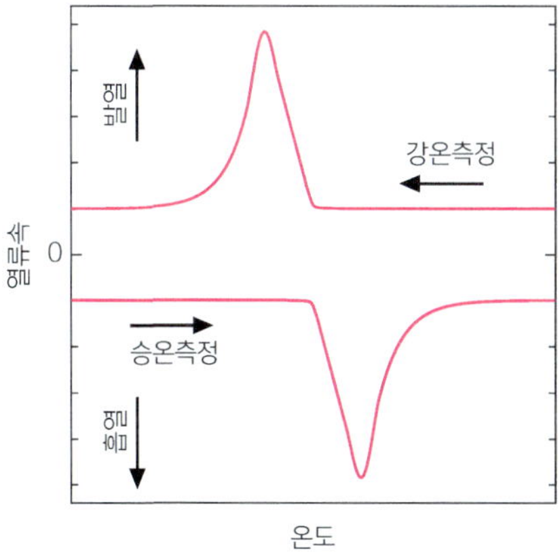

그림 1.7 DSC 측정에서 열 유속차의 온도 의존성(DSC 곡선) 을 나타내는 모식도
시료가 상전이를 보이면 승온 측정에서는 흡열 피크가 강온 측정에서는 발열 피크가 검출된다. 강온 피크는 승온 피크보다 저온 쪽에서 관측되지만 과냉각 등이 없으면 피크의 상승온도(상전이 온도 T_{trs})는 같아진다.

을 실시하고 질량 변화의 유무를 조사해 두면 확인할 수 있다). 같은 온도에서 강온 방향의 DSC곡선에 발열 피크가 확인 가능하면 가역 상전이를 승온과 강온의 두 프로세스에서 확인된 가능성이 높다. 각각의 피크의 열량(전이 엔탈피 $\Delta_{trs}H$)을 비교하여 그 크기가 비슷하다면, 같은 상전이였다는 확신이 더 강해진다. 전이 온도와 전이 엔탈피가 크게 다른 경우는 복합적 요인을 생각할 필요가 있다. 예를 들어 전이 엔탈피 $\Delta_{trs}H$값은 가깝지만 전이 온도가 강온 측정에서 더 저온으로 관측되는 경우가 있으며, 이때는 강온 측정에서 한번 과냉각 상태가 형성되고 자발적 안정화(결정화 등)가 진행되었다고 해석할 수 있다.

첫 번째 온도 주사에서는 관측된 신호가 온도 주사를 반복해도 재현되지 않는 경우도 있다. 이는 준비된 시료가 준안정 상태에 있고 첫 번째 온도 주사에서 안정상으로 침착해졌기 때문이다(단변 전이). 이 또한 시료의 중요한 정보 중 하나가 된다. DSC 곡선에는 상전이뿐만 아니라 유리 전이도 스텝상의 변화로 관측된다.

이는 고온에서 열용량에 기여하던 분자운동이 유리전이온도(T_g) 이하에서 급격히 느려져 열 여기가 불가능해지기 때문이다. 전이온도 T_{trs}와 전이 엔탈피 $\Delta_{trs}H$를 결정하려면 가로축에 시간, 세로축에 열 유속차를 플롯한 그림을 이용한다(그림 1.8) 전이온도 T_{trs}는 상전이 개시 전의 직선부분과 상전이 중의 직선부분을 각각 연장한 교점의 보외 개시시간(t_e)에서의 온도(그림 1.8의 삽입도)로 하는 경우가 많은데 상전이 종류에 따라서는 피크(parket)로 한다. 여기에는 상전이의 온도 폭이 밀접하게 관련되어 있다. 순물질의 융해 등의 1차 전이의 경우는 가열을 계속해도 상전이가 완료될 때까지 시료온도는 변화하지 않는다(상전이가 잠열로 일정온도로 진행된다). 이때 기준물질의 온도는 상승을 계속하기 때문에 DSC 곡선에 나타나는 상전이 피크는 일정한 구배로 일어난다. 따라서 피크의 상승 시각 t로부터 상전이 온도 T_{trs}를 추정하는 것이 타당하다고 할 수 있다. 그러나 많은 상전이에서는 전이 온도보다 저온(또는 고온) 영역에서 열용량이 커지기 시작하고(이를 「열용량의 전이 피크에 밑단이 있다」고 표현하는 경우가 있다), 이것이 DSC 피크

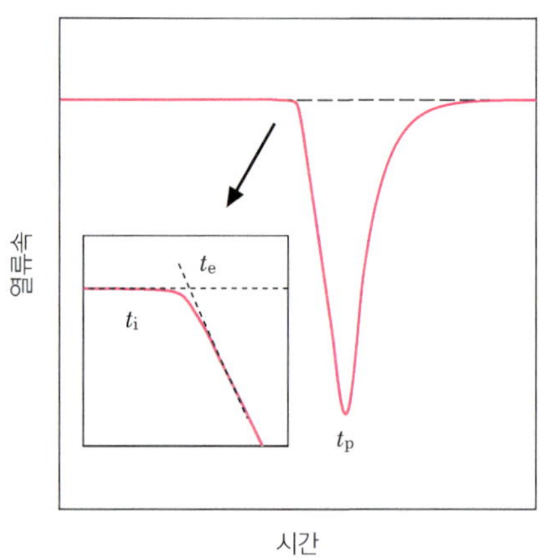

그림 1.8 DSC 측정에서 열 유속차의 시간 의존성을 나타내는 모식도
1차 상전이의 경우에는 피크 시작 시간, 또는 보외 시작 시간, t_p는 피크 톱 시간을 각각 나타낸다.

의 상승에 반영된다. 이럴 때는 DSC 피크의 상승이 일정 구배가 된 영역에서 상전이가 진행되고 있다고 생각하여 보외 개시 시간 t_e에서 전이 온도 T_{trs}를 견적하는 것이 타당하다고 할 수 있다. 그러나 경우에 따라서는 상전이 자체가 매우 넓은 온도 범위(수 10℃)에 걸쳐 일어나기도 한다. 예를 들어 단백질의 변성 등이 이에 상당한다. 이 경우에는 DSC 피크의 폭은 열용량 피크의 온도 폭과 같은 정도로 볼 수 있으며, 피크의 정점 시각 t_p에서 전이 온도 T_{trs}를 도출하는 것이 타당하다고 판단된다.

또한 시료와 온도계의 온도차에 따라 효과를 검증하려면, 주사 속도를 다양하게 바꾸어 측정하고, 전이 온도 T_{trs}의 주사 속도 의존성을 확인한다. 주사 속도와 전이 온도 사이에 직선적인 관계가 발견되면 속도 제로에 외삽한 온도를 진정한(주사 속도에 의존하지 않는다)전이 온도로 간주할 수 있다.

전이 엔탈피 $\Delta_{trs}H$는, 1.4.1항에서 말했듯이, 열유속 차이를 시간 적분하여 구하는데, 이는 그림 1.8에 있어서 피크의 면적에 상당한다. 열 유속 차에는 상전이 이외에 열용량의 크기도 영향을 주기 때문에 상전이의 기여만을 분리하기 위해서 베이스라인(그림 1.8의 파선)을 제하고 면적을 계산한다. 베이스라인을 취하는 방법에는 임의성이 있고 선형 함수를 이용하는 경우, 다항식 함수를 이용하는 경우, 지수함수를 이용하는 경우, 전이의 안팎에서 2종류의 선형 함수를 이용하여 전이 온도로 바꾸는 경우 등 여러가지 방식이 있다.

전이 전후에 열 유속차가 거의 같고 안정적이라면 직선 함수를 사용하는 것이 가장 솔직한 방법이라고 할 수 있다. 장치의 열 저항 차이($R_r - R_s$)가 현저한 온도 의존성을 나타내고 있거나 전이 전후로 시료 열용량이 크게 변화할 경우는 단순한 선형 함수에 의한 베이스라인의 견적은 타당하지 않다. 열 저항 차이의 문제가 클 경우, 상전이 전후의 열 유속 차이를 부드럽게 연결하게 다항식 함수를 이용하는 경우가 많다.

시료 열용량이 전이의 안팎에서 스텝 함수적으로 변화하는 경우는 지수 함수를 채용하는 것이 좋다고 권장하는 이론 모델도 있다[8]. 베이스라인 잡는 요령은 전이 온도 T_{trs}이 원하는 대로, 상전이 온도 범위에 의해서 크게 바뀌기 때문에 어떤 현상을 관측하느냐는 점에 유의한 데로 방침을 정할 필요가 있다. 전이 온도 T_{trs}, 전이 엔탈피 $\Delta_{trs}H$의 어느 해석에서도 가능하면 어느 방식을 채택했는지를 논문이나 보고서에 명기한다. 같은 현상이라도, 해석 방법에 의해서 결과가 달라지기 때문이다. 구체적인 측정 예로서, 액정 물질로 알려진 4-cyano-4'-*n*-octyloxybiphenyl(약칭 8OCB)의 DSC측정 결과를 나타낸다(그림 1.9). 측정 조건은 주사 속도 ±3℃ min^{-1}, 온도 범위는 40~90℃을 나타내고 있다. 다만 75℃ 이하의 때 온도 측정은 −3℃ min^{-1}보다 늦어지고 있다.

결과를 보면 승온 측정 DSC 곡선에는 53℃, 66℃, 79℃의 3온도점에서 흡열 피크가 관측되고 있음을 알 수 있다. 3개의 피크 사이즈는 크게 다르며, 특히 66℃의 피크가 작은 것을 볼 수 있다. 강온 측정에서는 66℃와 79℃ 피크는 승온 측정과 같은 온도에서 관측되고 있으며(강온 측정이므로 발열 피크로 관측되고 있다), 전이 엔탈피도 승온 측정과 강온 측정과 같은 정도임을 알 수 있으나 53℃의 상전이는 강온 측정에서는 관측되지 않고 있다. 이는 1차 전이에 특유의 과냉각 상태이기 때문이다.

8OCB의 3가지 상전이는 저온으로부터 「결정⇔스멕틱A 액정」, 「스멕틱A 액정⇔ 네매틱 액정」, 「네매틱 액정 ⇔ 액체」인 것으로 알려져 있다. DSC 측정 결과는 「결정 ⇔

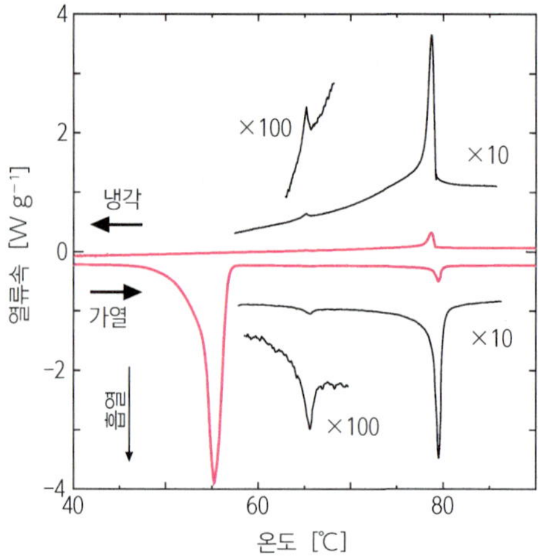

그림 1.9 액정물질 4-cyano-4'-n-octyloxybiphenyl (8OCB)의 DSC 측정결과
승온 측정에서는 53℃, 66℃, 79℃의 3온도점에서 흡열 피크가 관측되었으며 각각「결정→스맥틱 A액정」,「스맥틱 A액정→네매틱액정」,「네매틱 액정→액체」의 상전이에 대응한다. 강온 측정에서는 66℃와 79℃의 전이가 관측되고 있으나 53℃의 전이는 과냉각에 의해 관측되지 않았다.

스멕틱A 액정」의 전이가 과열이나 과냉각을 나타내는 1차 전이라는 점과 스멕틱A 액정과 네매틱 액정의 에너지적인 차이(전이 엔탈피 $\Delta_{trs}H$)가 작음을 보여준다.

1.4.4 DSC 측정의 응용과 발전

DSC 장치는 흔히 사용되는 등속도의 가열 냉각 측정 외에도 다양한 사용법이 있다. 예를 들어 단속 가열함으로써 시료의 열용량을 구하는 방법이나 융해 피크의 폭으로부터 시료 순도를 구하는 방법, 고분자의 결정화 등을 등온 측정으로 추적하는 방법 등이 있다.

모두 사용하는 장치의 구조나 시료 주위의 열환경을 충분히 이해한 후에 측정·해석하면 정밀도 높은 데이터를 얻을 수 있다. 이 책에서는 이러한 발전적인 측정방법에 대한 상세한 설명은 하지 않지만, 여러 서적에 꼼꼼히 설명되어 있으므로 참고하기 바란다[3,4). 근래에는 보다 사용하기 쉽고, 보다 다양한 옵션을 갖춘 DSC 장치가 판매되고 있으며, 그 사용방법의 폭은 더욱 넓어지는 것을 보이고 있다. 예를 들어 온도변조 DSC(Temperature Modulated DSC: TM-DSC)라 불리는 측정법에서는 시료를 등속도로 가열냉각하는 것이 아니라 짧은 주기로 가열냉각을 반복하면서 평균온도를 상승 또는 하강시켜 나간다. 주기가 짧은 가열 냉각 조작을 온도 변조라고 하며, 그 변화의 속도(주파수)로 상전이 등의 열현상이 뒤따를 수 있는지 여부에 따라 열적인 응답을 분리할 수 있다고 생각되고 있다. 예를 들어 결정성 고분자의 융해 거동에서 융해와 결정화가 동시에 진행되는 것으로 알려져 있으며, TM-DSC를 이용하여 각 성분을 분리하는 시도가 이루어지고 있다.

최근의 눈부신 발전으로는 주사 속도를 매우 빠르게 한 고속 DSC의 개발을 들 수 있다. ng 오더의 시료를 1000℃ s^{-1}의 속도로 측정할 수 있는 장치도 시판되고 있다. 주사 속도가 매우 높기 때문에 보통은 결정화되어 버리는 시료라도 그 유리화 거동 등을 조사하는 것이 가능하며 새로운 기술 혁신으로 기대되고 있다[10].

1.5 끝에

본장에서는 대표적인 열분석방법으로 TGA와 DTA 및 DSC를 거론하고 장치구성의 개요와 기본적인 사용법, 사용상의 주의점에 중점을 두고 해설하였다. 처음 열분석에 임하는 분들을 예상하여 도입적인 내용으로 좁혔기 때문에 구체적인 장치설계나 고도의 측정·해석방법의 설명은 생략했다. 자세한 내용은 실험화학 강좌나 열량측정·열분석 핸드북[3], 열분석에만 초점을 맞춘 전문서적[11.12] 등을 참조하면 좋을 것이다.

또 실제로 측정하면 사용하는 장치의 종류나 상태, 측정하는 시료의 물성이나 보고 싶은 현상에 따라 세세한 기법이 조금씩 달라진다는 것도 알게 될 것이다. 측정이나 데이터 해석의 구체적인 고안은 학술잡지 「열측정」의 기사 등(아카이브스를 웹상에서 열람할 수 있다)에 소개되어 있으므로 꼭 참조하기 바란다.

열분석을 실시하는데 있어서 의식해야 할 중요한 점 중 하나로 「장치 내부의 열환경을 이미지」할 수 있는 것을 들 수 있다. TG-DTA나 DSC에서는 직접 계측하고 있는 것은 저울이나 온도계(또는 열보상 히터의 전류와 전압)의 판독값이며, 이를 시료의 질량변화나 온도변화, 나아가 열량변화로 환산하고 있다.

이 환산 과정에서 열전달에 의한 시간 지연이 무시되고 있거나 일정한 열저항 R이 가정되고 있는데, 이는 모델 근사이며 반드시 현실 측정 상황을 반영하고 있다고는 할 수 없다. 현실과 모델과의 차이가 커지면 측정 결과의 신뢰도는 저하되고 만다. 실제 측정에서는 시료 온도를 일정 속도로 변화시키는 경우가 많기 때문에 장치 내부에서는 항상 온도 구배가 발생하고 있어 열전달 문제는 피할 수 없다. 이를 염두에 두고 얻은 데이터와 해석의 타당성을 면밀히 살펴보는 것이 좋을 것이다.

【참고 문헌】

1) T. Lever et al, *Pure Appl. Chem.*, **86**, 545 (2014).
2) 熱分析通則, JIS, K 0129 (2005).
3) 日本熱測定学会編,『熱量測定·熱分析ハンドブック　第3版』, 丸善(2020).
4) 日本化学会編,『実験化学講座〈6〉温度·熱、圧力　第5版』, 丸善(2005).
5) 小澤丈夫, 熱測定, **28**, 175(2001).
6) 古賀信吉, 熱測定, **42**, 2(2015).
7) http://www.netsu.org/JSCTANetsuSokutei/
8) 齋藤一弥他, 熱測定, **14**, 2(1987).
9) 石切山一彦, 繊維と工業, **65**, 428(2009).
10) 古島圭智, 熱測定, **47**, 58(2020).
11) 齋藤一弥, 森川淳子,『熱分析　分析化学実技シリーズ　機器分析編13』, 共立出版(2012).
12) 吉田博久, 古賀信吉,『熱分析　第4版』, 講談社(2017).

2 시료 준비 1 고체 시료의 용해

2.1 처음에

금속, 세라믹, 유기물 등의 재료에 포함되는 미량 무기성분을 측정하는 방법으로서 유도 결합 플라즈마 발광 분광 분석법(ICP-OES)나 유도 결합 플라즈마 질량 분석법(ICP-MS) 등이 이용되고 있다. 이들의 측정법은 용액 시료를 분석 대상으로 하고 있어 시료 용액의 조제(수용액화)이 필요하다.

시료 용액의 조제법에는 건식 분해법(회화법), 습식 분해법(산분해법), 가압 산분해법, 초단파 가열 분해법, 용융법 등이 있고 시료의 재질, 측정 성분, 정량법 등을 고려하여 적절한 방법을 선택하고 필요에 따라서 여러 분해법을 병용하다 예를 들어 JIS G1258-1:2014 「철 및 강-ICP 발광 분광 분석 방법 제1부: 다원소 정량 방법-산분해·2황산칼륨 용융법」에서는 혼합산에 의한 산분해를 실시한 후, 아직 분해 잔사(잔사)에 대해서 용해법을 적용하고 있다.

시료 용액의 조제법의 주의점은 다음과 같다.

① 주성분 및 분석 대상원소가 완전 용해할 것.
② 시료 용액의 조제에 필요한 시약이 정량을 방해하지 않을 것.
③ 분석 대상원소가 휘산하지 않기.
④ 분석 대상원소의 침전이나 흡착 등이 일어나지 않는 것.
⑤ 컨테미네이션(오염)이 가능한 한 적고, 공시험에 의해 보정할 수 있는 범위여야 한다.
⑥ 시료, 용액의 비산을 일으키지 않을 것.

이러한 주의 사항은 금속에 국한되지 않고 세라믹스, 유기물 등 모든 시료에 공통적이다. 여기서는 시료 용액의 조제법에 관한 실험 기구, 시약 등의 기본 항목 및 분해법, 융해법에 대해 소개한다. 특히 융해법은 그림을 섞어 소개한다.

2.2 기구와 시약[1,2]

2.2.1 실험 기구

시료용액의 조제에는 비커, 도가니, 메스 플라스크, 피펫 등의 실험기구를 사용하며, 그 재질에는 붕규산유리, 석영유리, 불소수지(PTFE, PFA 등), 지르코니아, 백금, 니켈, 폴리에틸렌수지(PE), 폴리프로필렌수지(PP) 등이 있다. 융해법에 사용하는 도가니의 재질에는 백금, 니켈, 지르코니아, 석영유리 등이 있으며, 사용하는 융제에 따라 선택한다. 사용방법을 잘못하면 도가니가 손상될 우려가 있다. 습식분해법에서는 붕규산 유리

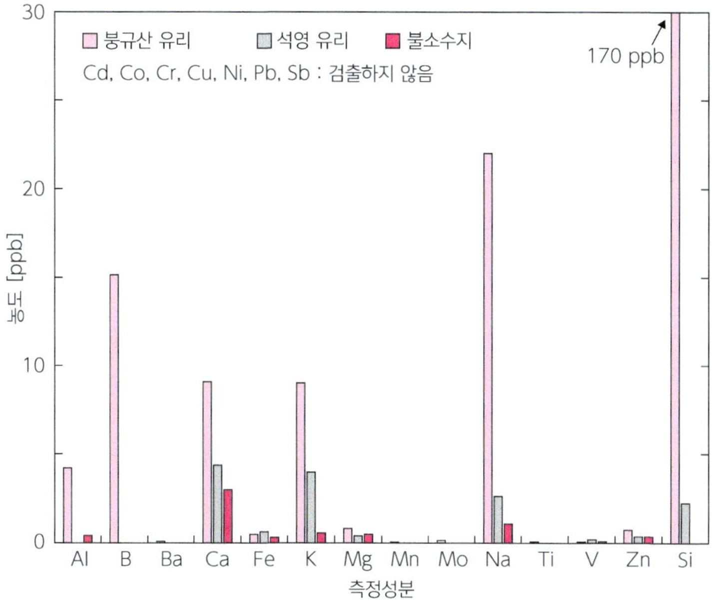

그림 2.1 재질차이가 용출성분에 미치는 영향

각 비커에 질산(전자공업용 질산1, 물1)을 4 mL 첨가하여 약 30분간 핫플레이트 상에서 가열 환류시킨 후 PP제 원심관에 처리액을 회수하였다. 증류수를 첨가하여 50 mL로 하여 시험액을 조제하였다.

제 비커를 사용하는 경우가 많은데 Na, B, Si, Al 등의 성분이 용출된다. 이들 성분의 용출이 측정에 영향을 주지 않는지 확인할 필요가 있다. 예로서 저자가 일반적인 실험실에서 확인한 결과를 그림 2.1에 나타낸다.

붕규산 유리, 석영 유리, 불소 수지(PTFE)제의 각 비커에 질산(전자공업용 질산 1부피+물 1부피) 4 mL를 가하여 핫플레이트 상에서 약 30분간 가열 환류시키고 처리액을 PP제 원심관에 회수하였다. 증류수를 첨가하여 시험액(50 mL)을 조제하고 시험액에 포함된 금속성분을 측정하였다. 환경이나 시약으로부터의 영향도 포함한다고 생각되는데 붕규산 유리제 비커에서는 Al, B, Ca, K, Na, Si 등의 각 성분의 용출이 확인되었다.

한편, 석영 유리나 불소 수지 비커를 이용하면 이들의 용출이 상당히 억제되었다. 기구로부터의 오염의 사례로 용액의 정용에 사용되는 메스 플라스크의 목과 마개의 맞물림 부분에 오염이 묻어날 수 있다. 특히 농도가 높은 용액을 제조한 경우에는 메스 플라스크의 목 및 마개의 산세척은 필수적이다. 그러므로 철강용, 비철금속용, 미량용 등 목적별로 전용 비커나 메스 플라스크 등을 준비하는 것은 오염을 막는 방법 중 하나이다.

2.2.2 세척방법

실험기구는 구입한 상태에서도 재료에 포함된 촉매나 제조에 사용된 금형 등의 영향으로 청정하지 않다고 생각하는 편이 좋다. 그러므로 JIS 규격에 기재된 방법 등을 참고하여 사용 전에 세척할 필요가 있다.

비커와 같은 세척 방법의 일례를 제시한다.

① 시중에서 파는 기구 세척액에 반나절 담가 둔다.
② 물로 씻어 산용액(적당한 농도의 황산, 약 1.1%)에 반나절 담근다.

황산은 잘 휘발하기 어렵기 때문에 실험 환경에 덜 영향을 준다.
또한, 일반적으로 ICP-OES에 미치는 영향도 인정되지 않는다. 다만, ICP-MS 등에서는 유황의 영향을 받을 가능성이 있다.
백금 도가니 세척 방법의 일례를 제시한다.

① 백금 도가니에 약 숟가락 1스푼 분량의 탄산나트륨-탄산칼륨 혼합 융제(1:1)를 넣고 융해한다. 실온까지 방냉한 후 염산(1+1)을 첨가하여 융성물을 용해하고 제거하고 수세한다.
② 500 mL 비커에 염산(희석 없음)을 넣고 백금 도가니와 백금 도가니 뚜껑을 담가 전열기 위에서 5분 정도 가열한다. 여기서 사용한 염산은 세척용으로 반복 사용한다.
③ 백금 도가니와 백금 도가니 뚜껑을 증류수로 세척하고 버너로 가열하여 수분을 제거한다.
④ 데시케이터 안에서 방냉한 후 제자리에 보관한다.

보관하기 전에 백금 도가니의 변형이나, 백금 도가니와 백금 도가니 뚜껑의 밀착성 등을 확인한다. 필요에 따라 그림 2.2와 같이 백금 도가니 뚜껑의 가장자리를 평평하게 한다.

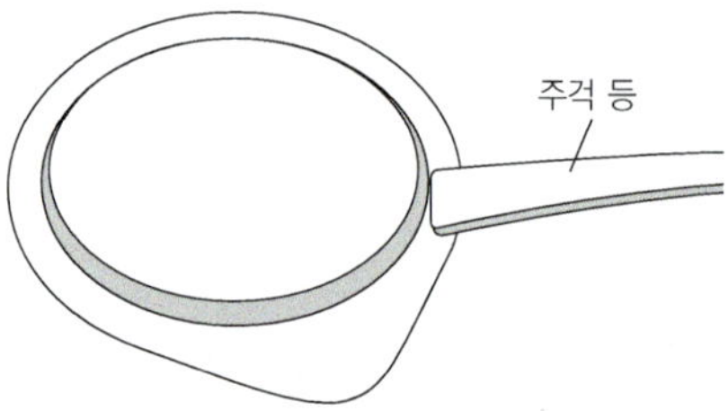

그림 2.2 백금 도가니 뚜껑 유지보수
뚜껑 가장자리를 평평하게 한다

2.2.3 시약

시료 용액을 제조하는 데 사용되는 물이나 질산과 같은 시약은 측정할 성분이나 농도 영역에 따라 크기가 준비되어 있으며, 최적의 것을 선택해야 한다. 질산 등 일부 시약은 독극물이나 극물로 지정된 위험한 것이 있으므로 취급에 충분히 주의한다. 특히 불화수소산은 피부에 침투력이 높으므로 두꺼운 고무장갑이나 고글 등의 보호구를 착용하고 신체나 착의에 달라붙지 않도록 조심한다. 화학약품에 관한 안전데이터시트(SDS)를 필요할 때 바로 확인할 수 있도록 준비한다. 약품을 사용할 때 주의할 점은 시약병 내 시약을 오염시키지 않는 것이다. 그러므로 피펫을 이용하여 시약병에서 직접 채취하는 것이 아니라 미리 세척한 비커 등에 필요한 최소량의 시약을 나누어 거기에서 채취한다.

2.2.4 산

시료 용액의 제조에 사용되는 염산, 질산 등의 시약의 특징을 나타낸다.

(1) 염산(공비점 108℃)

수소보다 이온화 경향이 큰 금속은 용해될 수 있다. 환원성을 가진다. 염화물의 대부분은 휘발성이 있으므로 가열 건고는 피한다.

(2) 질산(공비점 121℃)

많은 금속의 용해에 적합하다. 이온화 경향이 작은 Ag까지 용해할 수 있다. 산화성의 용해 작용이 있다. Sn은 메타주석산으로서 침전한다. Al, Cr, Mo, W 등은 부동태화하기 쉽다.

(3) 왕수(염산 3부피, 질산 1부피의 혼산)

다음 반응으로 산화력이 높은 용해 작용이 있다.

$3HCl + HNO \rightarrow Cl_2 + NOCl + 2H_2O$

(4) 황산(공비점 338℃)

산화 또는 환원을 수반하지 않고 용해될 수 있다. 황산염의 대부분은 융점이 높으므로 휘산을 억제할 수 있다. 진한 황산보다 물로 황산(1+5) 정도로 희석하는 것이 분해력이 증가한다.

(5) 과염소산(공비점 203℃)

고온에서 강한 산화성을 나타낸다. 유기물과 과염소산만의 혼합물을 가열하면 폭발할 위험이 있다. 예를 들어, Si분석에서 과염소산 탈수처리를 했을 경우 여과처리 시 염산, 물로 충분히 세척해 두지 않으면 여과지의 회화 시 폭발할 수 있다.

(6) 불화수소산(공비점 120℃)

금속과 착염을 생성하므로 Ti, Nb, Ta, W, Mo 등의 용해에 효과적이다. 다만, As, B, Te, Mo, Os 등의 불화물은 휘산하므로 주의가 필요하다.

2.3 시료용액의 조제(분해법)[1)]

2.3.1 시료 채취

① 절단 : 정밀절단기(수냉커터), 전단기, 볼트클리퍼, 볼반, 선반 등을 이용한다. 절단용 숫돌은 탄화규소질계, 알루미나질계가 있으며 재료, 측정항목에 따라 선택한다.

② 분쇄 : 자기, 마노, 알루미나, 무라이트, 탄화텅스텐, 탄화붕소 등의 재질의 절구통을 이용한다.
주의: 마노제 절구에서는 Si의 혼입에 주의한다. 탄화텅스텐제 절구에서는 Co와 W 등이 섞이는 것을 주의한다.

③ 탈지 : 에탄올, 아세톤, 디에틸에테르 등을 이용한다.

④ 에칭 : 여기에서는 시료 표면의 산화피막 제거법으로서 구리 지금의 예를 나타낸다.

2

분석 시료를 비커에 취하고 아세트산(1+50)을 가한다. 시료의 표면이 담홍색이 되면 디켄테이션으로 증류수로 세척하고, 그 다음에 에탄올, 아세톤으로 세척한다. 이를 송풍 또는 자연건조하고 데시케이터 안에서 2~3시간 보존한다. 단, 놋쇠 등 합금의 경우에는 Pb 등 일부 성분만 용출되므로 주의가 필요하다.

2.3.2 휘산 침전

시료용액의 조제에서 목적원소가 산과의 반응에 의해 휘산하거나 침전되지 않도록 주의가 필요하다. 예를 들어 휘산하기 쉬운 화합물에는 Zn, Cd, Al 등의 염화물이나, Si, B, As 등의 불화물이 있다. 한편 침전을 일으키기 쉬운 화합물은 Ba, Pb, Ca 등의 황산염, Al, Ca 등의 불화물, Ag, Pb 등의 염화물이나, Ti, Zr 등의 인산염 등이다.

2.3.3 건식 분해법(회화법)

건식 분해법은 시료를 도가니와 증발 접시에 넣고 가열하여 회화시키는 방법이다. 고분자 재료를 포함한 대부분의 유기물에 적용할 수 있다. As, Se 등은 휘산하기 쉽기 때문에 황산의 첨가에 의한 할로겐화물을 황산염으로 변환시키는 휘산을 억제할 수 있다. 회화 시에 시료가 급격히 타오르면 휘산될 수 있기 때문에 전열기 상에서 서서히 온도를 올리면서 조용하게 연소시킨다. 탄화되어 연기가 안 나올 때까지 전열기 상에서 예비 회화한다.

예비회화 후, 신속하게 전기로 등에서 회화한다. 회화 온도가 높다고 원소의 휘산과 회화 용기에 흡착 등이 일어나기 쉽기 때문에 500~600℃ 정도로 처리하는 것이 바람직하다. 또, Na, K의 측정을 목적으로 하는 경우는 석영 또는 백금 도가니를 쓴다.

2.3.4 습식 분해법(산분해법)

습식 분해법은 질산, 염산, 황산 등의 산을 홀로 또는 적정하게 조합하여 분해하는 방법이다. 여기에서는, 철강 재료, 비철 금속 재료(Al, Cu, Ni, Ti), 유기물의 예를 나타낸다.

(1) 철강 재료

철강 재료 중의 목적 원소를 ICP-OES에서 측정하기 위한 시료 용액의 조제법에는 염산과 질산의 혼합산을 이용하여 가열 분해하고 미분해 잔사를 2황산칼륨 또는 황산수소칼륨, 탄산나트륨으로 융해하는 방법 외, 염산과 질산의 혼합산을 이용하여 가열 분해한 후, 황산과 인산의 혼합산에 의한 황산 흰 연기를 처리하는 방법, 황산과 인산의 혼합산에 의한 황산 흰 연기를 처리하는 방법 등이 있다. 또, 분해 후 분해 방지를 위해 주석산, 구연산, 과산화수소 등을 첨가한다.

(2) Al 및 Al 합금

금속 Al은 염산이나 황산에 녹는다. 또, 수산화나트륨, 수산화칼륨에도 녹는다. 진한 질산에는 표면에 산화 피막을 형성하여 부동태화한다.

JIS H1306이나 H1307에서는 염산(1+1) 과산화수소, 염산(1+1)과 질산(1+1)의 혼산이 이용되고, JIS H1352에서는 20~40% 수산화나트륨 수용액이 이용되고 있다.

(3) Cu및 Cu 합금

금속 Cu 및 Cu 합금은 질산에 녹는다. JIS법에서도 질산이 많이 이용되고 있으나 Sn, Fe, As, Be, Sb가 측정 성분일 때는 염산과 과산화수소의 혼산이 이용되는 경우도 있다.

JIS법(ICP-OES)의 시료용액 조제에는 염산과 질산의 혼산이 이용되고 있다. JIS법(Cu분석)에는 질산과 황산의 혼산 혹은 질산과 플루오르화수소산과 붕산의 혼산이 이용되고 후자는 Pb, Sn, Si를 포함하는 시료에도 적용할 수 있다.

(4) Ni 및 Ni 합금

금속 Ni는 묽은 질산에는 신속하게 반응하여 분해한다. 그러나 진한 질산에서는 부동태화된다. JIS법(원자흡광법, ICP-OES)의 시료용액 제조에는 질산이나 질산과 염산, 질산과 염산과 불화수소산과의 혼산 등이 이용되고 있다.

(5) Ti 및 Ti 합금

금속 Ti는 염산이나 황산에 서서히 녹아 가열하면 쉽게 분해된다. 불화수소산과는 격렬하게 반응하고 분해한다. 질산과는 난용성 메타티타늄산을 만든다.

JIS법(Si분석)에서는 염산(1+1)과 황산(1+4)의 혼산이 이용되고 JIS법(Fe 등)에서는 염산(1+1)과 플루오르화수소산(1+1), 질산(1+1)과 플루오르화수소산(1+1)과 플루오르화수소산(1+1) 등의 혼산이 이용되고 있다.

(6) 유기물

유기물은 질산, 황산, 과산화수소, 과염소산 등의 산의 조합에 의해 분해된다. 비교적 저온에서 분해처리가 가능하다. 그러므로 As 등 휘산하기 쉬운 성분의 측정에도 이용할 수 있다. 산의 조합으로는 질산과 황산, 질산과 과염소산이 일반적이지만, 과염소산의 사용은 폭발의 위험성이 있어 주의가 필요하다. 질산과 황산의 혼산을 이용하는 절차의 일례를 나타낸다. 시료 1~2 g 정도를 톨비커로 칭량하고 질산 10 mL를 더해 핫플레이트 상에서 가열 분해한다. 반응이 가라앉으면 핫플레이트에서 일단 내리고 방냉한 후 황산 2 mL를 첨가하여 다시 가열 분해한다. 내용물이 검어지면 질산 1~2 mL를 가한다. 황산 백연이 생기는 상태에서 검게 되지 않을 때까지 이 조작을 반복한다. 내용물이 무색~담황색이 되면 분해를 종료한다.

발포성 시료를 분해할 때는 톨비커와 같은 키가 큰 용기를 사용하거나 시료의 양을 적게 한다. 또한 톨비커와 함께 그림 2.3에 나타낸 다리 달린 시계접시를 이용함으로써 분해 시 시약의 환류효과를 높이고 돌비를 막는 효과를 기대할 수 있다[3].

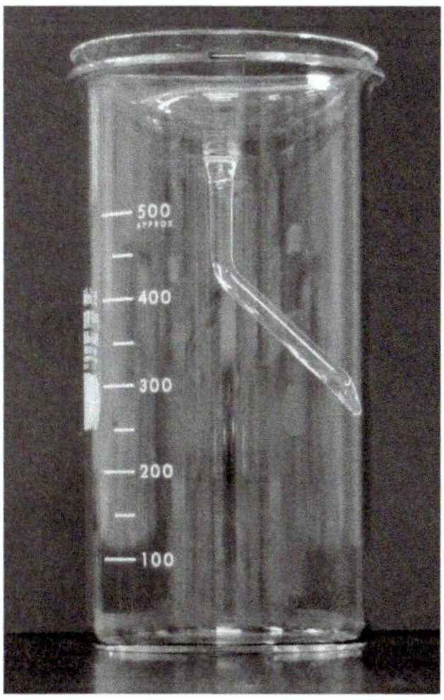

그림 2.3 다리 달린 시계 접시

2

2.3.6 가압산분해법

가압산분해법은 가압분해 용기를 이용한 산분해법이다. 가압분해 용기는 불소수지제 내부용기(내통)와 시료분해 중의 내압을 견디고 밀폐하기 위한 스테인리스제 외부용기(외통)로 구성되어 있다. 불소수지의 내열온도는 250℃로 내약품성도 높다. 그러나 고온 고압하에서는 염산, 질산 등이 불소수지 내부로 침투하여 외부용기에 녹이 발생할 수 있다. 또한 불소수지의 전기절연성이 높아 정전기가 생기기 쉽고 분말시료를 측정할 때 시료가 비산될 우려가 있다. 이를 방지하는 방법으로 이오나이저의 사용은 유효하다. 외부용기 바닥에 나사 구멍을 내어 놓으면 분해처리 후 나사를 사용하여 내부용기를 간편하게 제거할 수 있다.

가압산분해법의 장점은 다음과 같다.

① 고온 고압 처리가 가능하다.
② 휘산하기 쉬운 원소의 전처리에 효과적이다.
③ 외부로부터의 오염이 적다.

반대로 단점은 다음과 같다.

① 분해되는 것을 볼 수 없기 때문에 반응 종료를 알 수 없다.
② 한꺼번에 다량의 시료를 처리할 수 없다.
③ 유기물 분해에 과염소산을 이용하면 폭발 위험이 있다.

또한 사용 시의 유의점은 다음과 같다.

① 시료량은 1 g 이하로 하고, 처음에는 0.1 g 정도부터 검토한다.
② 용기 내부의 온도가 설정 온도가 되기까지는 약 2시간이 소요된다.

다음으로 각 파인세라믹에 가압산분해법을 적용한 사례를 소개한다.

(1) 알루미나 미분말(JIS R1649 : 2002)

시료 100 g을 백금 도가니에 넣고 황산(1+3) 15 mL를 가한다. 백금 도가니째 가압분해 용기의 수지 용기에 넣는다. 가압산분해 처리(230℃, 16시간)를 한다.

(2) 질화규소 미분말(JIS R1603 : 2007)

시료 0.50 g을 백금 도가니에 넣고 백금 도가니째 가압분해 용기의 수지 용기에 넣고 질산 1 mL, 불화수소산 10 mL를 가한다. 가압산분해 처리(160℃, 16시간)를 한다.

냉각 후 내용물을 백금접시로 옮긴다. 황산(1+1) 2 mL를 첨가하여 백연처리하고 증발건고한다. 염산(1+1) 4 mL와 증류수를 첨가하여 용해한다.

(3) 탄화규소 미분말(JIS R1616 : 2007)

시료 0.50 g을 백금 도가니에 넣는다. 백금 도가니째 가압분해 용기의 수지 용기에 넣고 불화수소산 5 mL 및 질산 8 mL를 더하고 이어서 황산 5 mL를 서서히 가한다. 가압산분해 처리(240℃, 16시간)를 한다.

가압산분해 처리 후 백금접시로 옮겨 담고 사욕 상에서 가열하여 황산백연이 거의 나오지 않을 때까지 증발한다. 방냉 후 염산(1+1) 5 mL 및 물 약 20 mL를 첨가하여 수욕상에서 가열 용해한다.

(4) 질화알루미늄

시료(① 0.3 g, ② 0.75 g)를 불소수지(PTFE 등)제 가압분해 용기에 넣고(① 염산 10 mL, ② 황산(1+2) 15 mL)을 가한다. 가압 산분해 처리(200℃, ① 13시간, ② 16시간)를 한다.

(5) 질화붕소

시료 0.5 g을 불소수지(PTFE 등)제 가압분해 용기에 넣고 불화수소산 5 mL, 염산 2.5 mL를 가한다. 가압산분해 처리(170℃, 16시간)를 한다.

(6) 지르코니아

시료 0.2~0.5 g을 불소수지(PTFE 등)제 가압분해 용기에 넣고 황산(1+1) 5~10 mL를 가한다. 가압산분해 처리(230℃, 4~24시간)를 한다.

(7) 산화티타늄(티타니아)

시료 0.5 g을 불소수지(PTFE 등)제 가압분해 용기에 넣고 불화수소산 2.5 mL, 염산 2.5 mL를 가한다. 가압산분해 처리(150℃, 3시간)를 한다.

(8) 티타늄산바륨

시료 0.5 g을 불소수지(PTFE 등)제 가압분해 용기에 넣고 염산 15 mL를 첨가한다. 가압산분해 처리(150℃, 16시간)를 한다.

2.3.7 마이크로파 가열 분해법

마이크로파 가열 분해법은 마이크로파 가열을 이용한 가압산분해법이다. 조사된 마이크로파 에너지가 시료 및 용매에 흡수되어 분자 진동에 의해 열로 변환하고 내부 가열 및 내부 교반을 일으키기 때문에 기존의 가압산분해법에 비해 분해를 촉진할 수 있는 이점이 있다. 분해 용기에는 불소수지(PTFE 등)나 석영유리가 이용되고 있다. 시판되고 있는 마이크로파 가열 분해 장치는 분해 용기 내의 온도를 온도 센서나 적외선 센서로 모니터하고 설정한 온도 프로그램에 따라 마이크로파의 출력이 자동으로 조정된다.

통상 마이크로파는 PTFE 등의 불소수지 용기에는 흡수되지 않는다. 그러나 분해 조작을 반복하다 보면 질산 등의 용매가 불소수지 내부로 흡수되고 마이크로파가 불소수지 용기에도 흡수되게 된다. 따라서 불소수지 용기의 사용 이력에 차이가 있으면 불소수지 용기로의 마이크로파의 흡수가 달라져 결과적으로 도달 온도에 불균형이 생긴다.

2

일반적으로 온도 제어용 센서는 하나의 분해 용기에만 세팅된다. 다른 분해 용기에 비해 온도 제어용 용기의 사용 이력이 적을 경우, 다른 분해 용기의 온도는 더 높아지고 설정 온도를 초과할 위험이 있다. 반대로 사용 이력이 많을 경우 마이크로파의 출력이 억제되고 분해 용기에 따라서는 분해가 충분히 진행되지 않을 우려가 있다. 따라서 가능한 한 분해용기의 사용이력이 균일하도록 한다. 분해용기의 사용이력 확인방법이나 불소수지 내부에 침투한 산을 제거하는 방법 등은 제조사에 확인하는 것이 좋다. 또한 미분말 유기물 시료에서는 급격한 반응에 의해 용기의 내압을 초과할 수 있으므로 분해 프로그램 설정에 주의한다.

2.4 시료용액의 조제(용해법)

2.4.1 준비

(1) 트라이앵글(삼각가) 만드는 법

백금 도가니를 버너로 가열할 때 사용하는 트라이앵글(삼각가)은 니크롬선, 석영관, 자제관으로 제작한다. 그림 2.4와 같이 니크롬선을 자제관과 석영관으로 이중으로 덮고 연결부의 니크롬선을 비틀어 제작한다. 석영관이 더러워지면 오염이 백금 도가니에 부착되어 백금 도가니의 질량이 변하므로 주의한다.

(2) 폴리스맨(교반봉) 만드는 법

폴리스맨은 도가니의 세척, 침전 회수, 여과할 때 고형분을 누르기 등을 위해 사용한다(그림 2.5). 만드는 방법의 일례를 나타낸다.

① 굵기 6 mm 정도의 유리막대를 길이 약 17 cm 정도로 자른다. 한쪽 끝을 둥글게 하고 사탕고무를 묻힌다.
② 반대쪽 끝부분은 열을 올리고 내열판에 눌러 납작한 면을 만든다.
주의: 유리막대는 약한 불로 예비 가열해 두지 않으면 열이 날 때 깨진다.

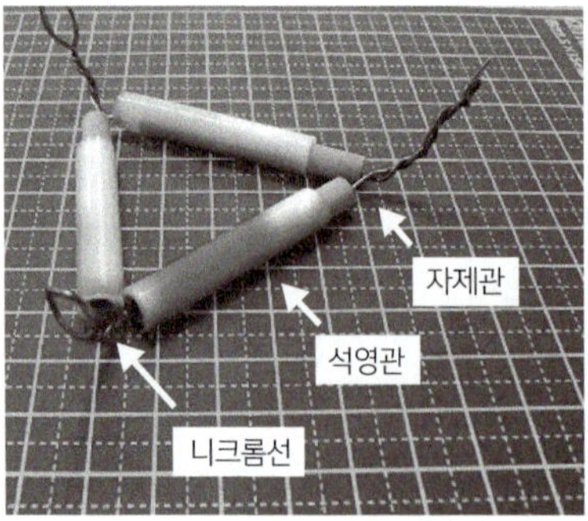

그림 2.4 트라이앵글(삼각대)

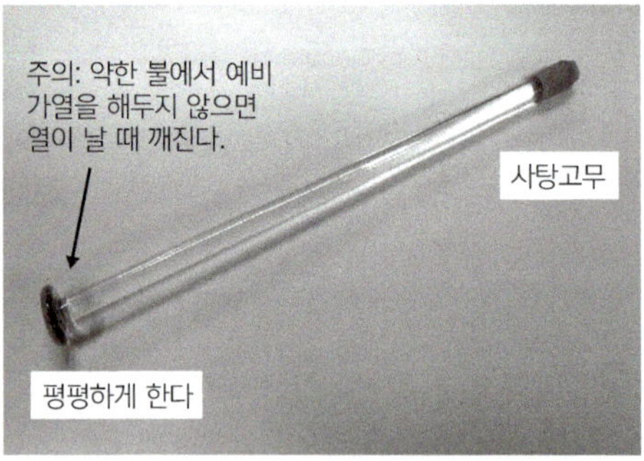

그림 2.5 자작 폴리스맨

(3) 백금 도가니 준비

① 뚜껑과 용기의 밀착성을 확인한다. 필요하면 백금 도가니 뚜껑의 가장자리를 주걱 등으로 평평하게 한다.
② 증류수로 세척한다.
③ 버너로 가열하여 수분을 제거한다(5분간).
④ 데시케이터 안에서 30분간 방냉한다.

(4) 시료의 준비

① 계량병을 증류수로 세척한 다음 핫플레이트로 가열하여 수분을 제거한다.
② 칭량병에 시료를 넣고 건조기로 온도 105~110℃ 설정에서 2시간 이상 건조시킨다.
③ 데시케이터 안에 보관하고 칭량병 번호를 기록한다.

2.4.2 알칼리융해/탈수중량법 조작 절차[4)]

이 조작 절차는 장석 등의 무기재료 중의 SiO_2 및 기타 성분을 측정하기 위한 시료 용액의 제조 방법의 일례이지만, 산분해 후의 미분해 잔사 처리에도 이용될 수 있다.

(1) 융해 처리

①「칭량병+시료」를 칭량하고 시료를 백금 도가니로 옮긴다. 그 후 칭량병을 칭량한다. 칭량값의 차이를 시료량으로 한다.
주의: 시료 중에 유기물이나 황화물을 포함할 우려가 있는 시료의 경우에는 주의가 필요하다.
②그림 2.6과 같이 탄산나트륨(Na_2CO_3) 약 2 g을 재어 그 2/3 정도를 백금 도가니에 넣고 시료와 탄산나트륨을 스팻튜라나 백금선 등으로 잘 섞는다. 탄산나트륨은 미리 암자 절구 등으로 미분말로 해둔다.
③ 그림 2.7과 같이 스팻튜라에 붙은 시료를 붓 등으로 백금 도가니 안에 떨어뜨린다.

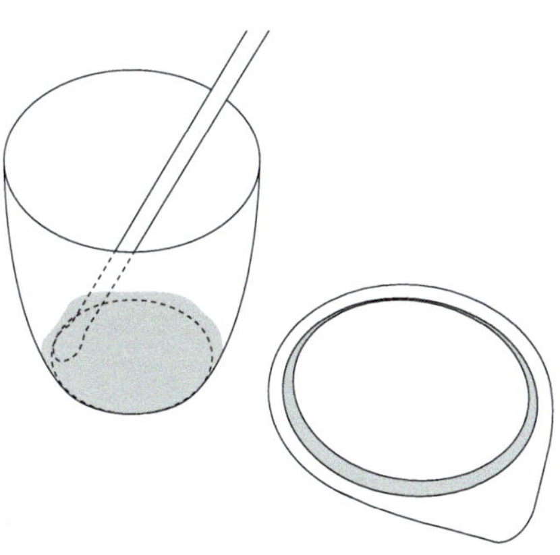

그림 2.6 시료와 융제의 혼합

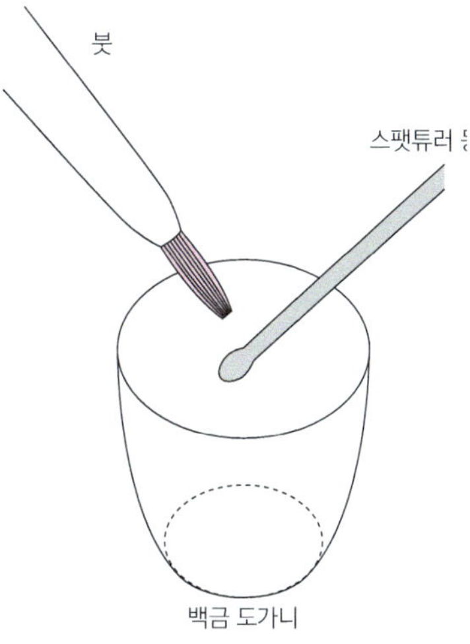

그림 2.7 융해처리 준비
스팻튜라에 묻은 시료를 붓 등으로 털어낸다.

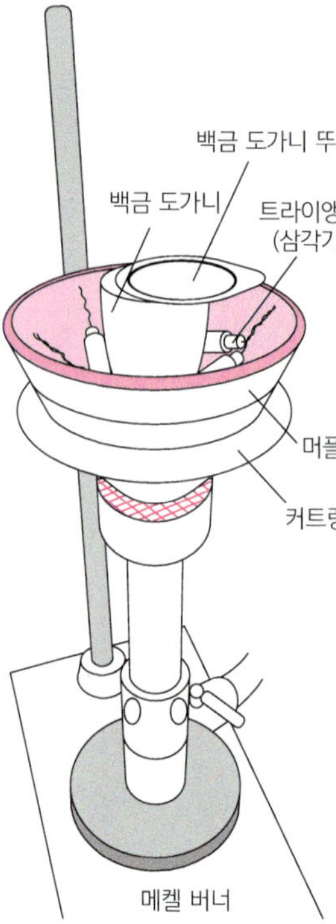

그림 2.8 융해처리 1
처음에는 약한 불로 수분을 제거한다(5분간). 메켈 버너는 분젠 버너에 비해 온도가 더 높다.

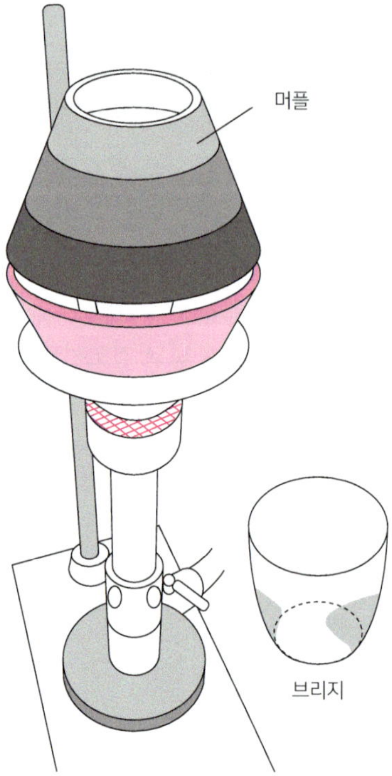

그림 2.9 융해처리 2
내용물이 브리지를 만들 때는 머플 뚜껑을 덮는다 (10분 정도까지).

④ 시료를 덮도록 나머지 1/3의 탄산나트륨을 넣는다.

⑤ 그림 2.8과 같이 백금 도가니를 놓고 백금 도가니 뚜껑을 덮고 약불로 5분간 가열한다. 도가니 안의 시약 등에 포함된 수분이 제거된다.

⑥ 중불로 가열한다(5분간) 그림 2.9와 같이 내용물이 브리지(선반 걸이)를 만들 때는 머플 뚜껑을 씌워 가열한다. 또한 내용물이 잘 떨어지지 않게 되므로 가열시간은 길어도 10분 정도까지가 좋다.

⑦ 머플 뚜껑을 씌우고 버너를 전부 열어 시료를 완전히 융해한다(5~10분간).

⑧ 일단 버너를 멈추고 방냉한다. 다시, 센 불로 도가니 밑이 붉어지는 정도까지 가열한다. 이때, 그림 2.10과 같이, 백금 도가니를 돌려 융성물이 벽면에 닿도록 하면 융성물을 꺼내기 쉬워진다. 탄산나트륨 융해에 있어서의 화학 반응[1,5,6]은 다음과 같다.
MSiO(산에 불용) + $Na_2CO_3 \rightarrow MCO_3$(산에 가용) + $NaSiO_3$(물에 가용)
(M: 금속 원소)

⑨ 그림 2.11과 같이 백금 도가니와 백금 도가니 뚜껑을 그대로 증발접시에 넣고 염산 (1+1) 20 mL, 증류수 10 mL를 더한다. 시계접시로 증발접시에 뚜껑을 덮고 수욕으로 가열하여 융성물을 녹인다.

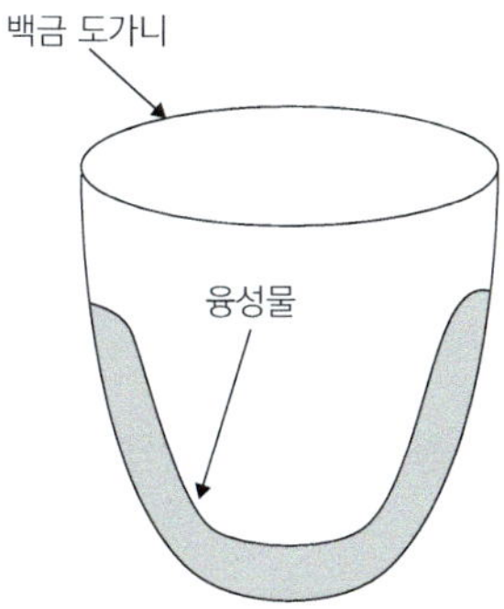

그림 2.10 융해 후 융성물

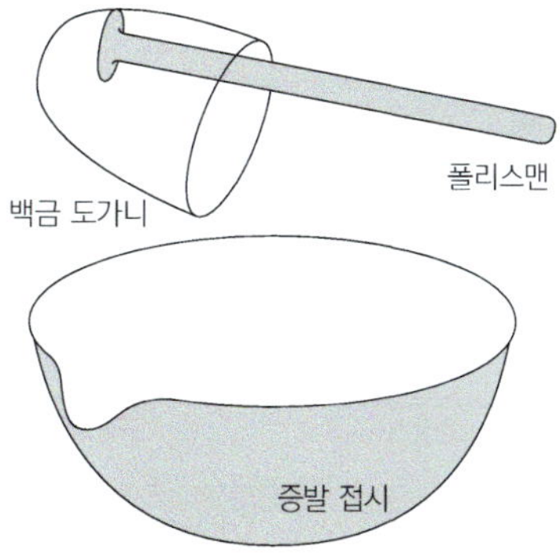

그림 2.12 백금 도가니 꺼내는 법
도가니를 회전시키면서 증류수를 바닥면에 뿌린다.

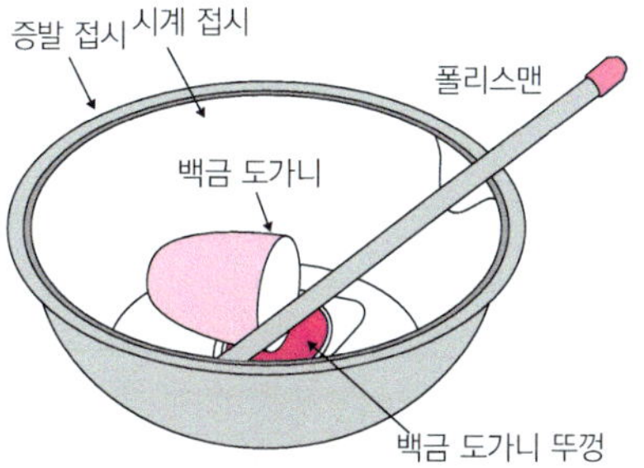

그림 2.11 융성물의 산용해
백금 도가니, 뚜껑을 그대로 증발 접시에 넣는다.

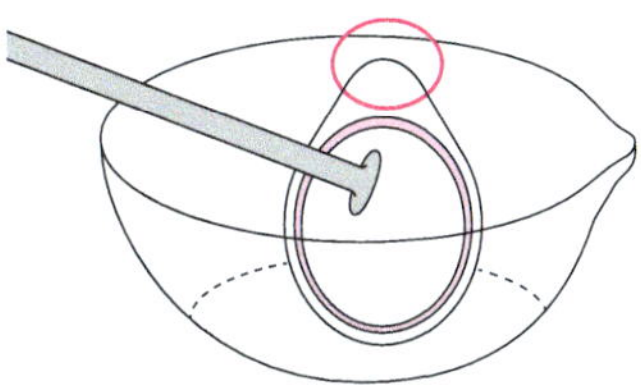

그림 2.13 백금 도가니 뚜껑 꺼내는 법
폴리스맨을 사용하여 뚜껑을 증발 접시 옆면에 세운다. 주위에 증류수를 뿌리고, 세정한다. 세척한 곳을 잡고 뚜껑 전체를 세척한다.

주의: 망간 함량이 많은 시료의 경우 미리 온수로 용해하고 에탄올 2 mL를 첨가한 후 염산을 첨가한다.

⑩ 융성물이 백금 도가니에서 완전히 녹기 시작하면 그림 2.12, 13에 나타낸 바와 같이 백금 도가니와 백금 도가니 뚜껑을 폴리스맨으로 끌어올려 증류수로 세척한다. 이 세액도 증발접시에 첨가한다.

⑪ 시료를 수욕 위에서 1~2시간 가열하여 증발 건고시킨다.

⑫ 그 사이 시료가 건고해지면 그림 2.14와 같이 폴리스맨의 평평한 쪽으로 석출한 염을 눌러 분쇄한다.

⑬ 증발접시를 수욕에서 꺼내어 방냉 후 염산 5 mL를 첨가하여 1분간 방치한다. 따뜻한 증류수 20 mL를 첨가하고 다시 5분간 수욕으로 가열하여 가용성 염을 용해한다. 여과지 분말(약간)을 첨가한 후 여과한다. 그림 2.15와 같이 처음에는 디

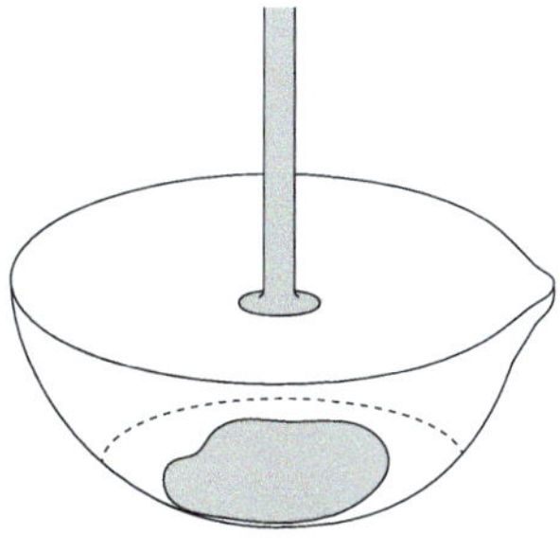

그림 2.14 석출한 염 분쇄방법
폴리스맨의 평평한 면으로 석출된 염을 눌러 으깬다.

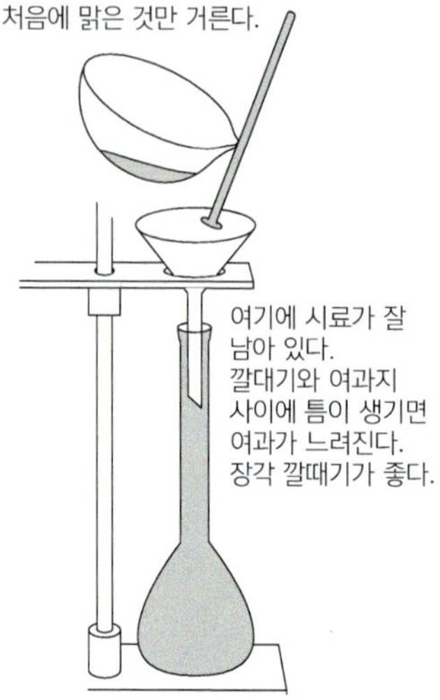

그림 2.15 여과

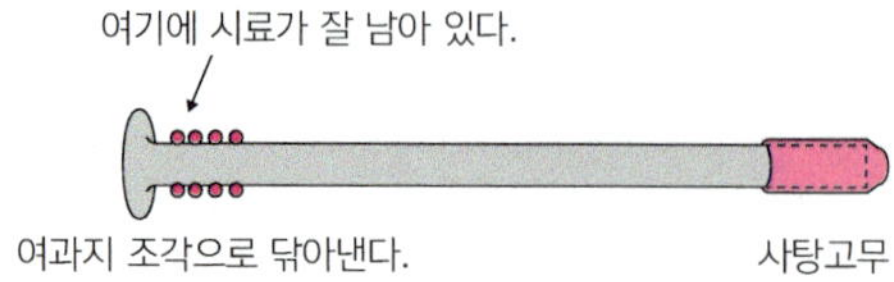

그림 2.16 폴리스맨 사용 시 주의점

켄테이션에 의해 상청액만을 여과한다. 여액은 250 mL 메스 플라스크에 회수한다. 장각 깔때기를 이용하면 여과시간이 짧아진다.

⑭ 증발접시에 약 60℃의 염산(1+50)을 넣고 증발접시를 세척한다. 이 액도 여과하여 여액에 첨가한다. 소량으로 나누어 반복 세척한다. 이때 여과지에 남아 있는 침전이 세척된다, 그림 2.16과 같이 폴리스맨의 시료가 잘 남아있는 곳을 여과지 조각으로 닦아내고 여과지 상의 침전에 가한다. 증발접시 안에 열수를 넣고 폴리스맨의 사탕 고무 쪽을 사용하여 바닥을 닦아내고 침전에 가한다. 여과지 및 침전을 열수로 충분히 세척한다.

⑮ 그림 2.17과 같이 침전을 포함한 여과지와 깔때기를 200 mL의 비커에 옮기고 건조기 온도 110℃에서 건조시킨다.

주의: 완전히 건조시키면 다음 작업이 어려워지므로 여과지를 약간 습한 상태에서 멈춘다.

⑯ 침전을 포함한 여과지를 2.4.2항(1) ⑩의 융해처리에 사용한 백금 도가니에 옮기고, 전열기 상에서 여과지가 타는 정도까지 가열한다.

주의: 백금 도가니는 세척하지 않고 그대로 사용한다.

⑰ 1100℃로 설정한 머플로에서 약 1시간 동안 열을 올린다.

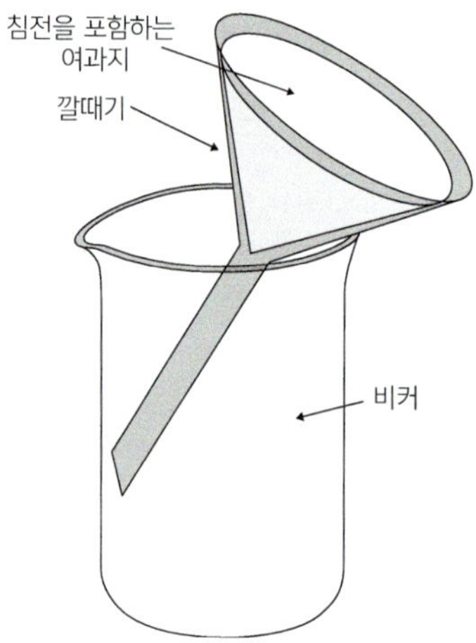

그림 2.17 여과지 건조

⑱ 데시케이터 중에서 실온까지 냉각한 후 백금 도가니를 칭량한다(w_1). 항량이 될 때까지 강열을 반복한다.

주의: 연소 조건은 규격에 따라 다름.

(2) HF 처리

① 백금 도가니의 내용물을 물에 적시고 황산(1+1) 3방울을 더하고 불화수소산을 5 mL 더한다. 수욕상에서 가열하여 불화규소로 증발시킨다(2~3시간) 대략 줄어들었을 때 다시 불화수소산을 5 mL 더하고 조작을 반복한다.

② 습기를 띤 상태가 되면 수욕에서 백금 도가니 바깥쪽에 부착된 물때를 제거하기 위해 백금 도가니 바깥쪽을 묽은 염산에 담근 다음 증류수로 백금 도가니 바깥쪽을 세척한다.
③ 드래프트 내에서 백금 도가니를 약한 불 버너로 5분간 가열한 후 버너를 완전히 열고 5분간 더 가열한 후 남아있는 불화수소산을 증발시킨다. 1100℃로 설정한 머플로에 약 5분간 넣는다.
④ 백금 도가니를 데시케이터 안에서 30분간 방냉한 후 칭량한다(w_2). 칭량차(w_1-w_2)가 주산화규소의 양이다. 다음 항 (3)의 시험액 중에 포함된 용존 산화규소의 양을 구하고, 양자의 합으로부터 시료 중의 산화규소의 함유율을 산출한다.

2

HF 처리의 화학반응[7]은 다음과 같다.

$$SiO_2 + 4HF \rightarrow SiF_4\uparrow + 2H_2O$$
$$SiO_2 + 6HF \rightarrow H_2SiF_6 + 2H_2O$$

H_2SiF_6는 증발건고시키면 다음 반응을 일으켜 휘산한다.

$$H_2SiF_6 \rightarrow SiF_4\uparrow + 2HF$$

(3) 백금 도가니 속 Si 이외의 잔성분의 회수

주의할 점은 일반적으로 탈수 분리된 규산은 순수하지 않고 미량의 Fe, Al, Ti 등의 산화물을 포함하는 것이다. 또한 극히 미량의 Cd, Ni, Cr 등도 흡착되어 혼입된다.
① 이산화칼륨 약 2 g을 2.4.2항(2)④에서 사용한 백금 도가니에 넣는다.
② 드래프트 내에서 백금 도가니를 약한 불 버너로 가볍게 가열한 다음 내용물을 녹인다. 그 다음 중불에서 도가니의 바닥이 약간 붉어지는 정도까지 가열한다.
③ 백금 도가니를 방냉 후 2.4.2항(1)⑮에서 사용한 비커에 증류수 50 mL를 넣고 융성물을 백금 도가니째 담근다. 이 비커를 핫플레이트에 가열하고 융성물을 녹인다. 이 용액을 250 mL 메스 플라스크 여액에 가한다. 이황산칼륨 융해에서의 화학반응은 다음과 같으며, 이때 발생하는 SO_3가 시료에 작용한다[6,7].

$$2KHSO_4 \xrightarrow{400\sim600℃} K_2S_2O_7 \xrightarrow{50℃\ 이상} K_2SO_4 + SO_3$$

④ 250 mL 메스 플라스크의 여액에 증류수를 표선까지 첨가하여 정용으로 하고 이를 시험액으로 한다.

2.4.3 알카리 융해/응집중량법 조작 순서[4]

(1) 시약

사용하는 시약은 탄산나트륨, 붕산, 폴리에틸렌 옥사이드 용액이다. 폴리에틸렌 옥사이드 용액은 다음과 같이 조제한다. 폴리에틸렌 옥사이드 0.05 g을 대략 칭량하여 200 mL 비커에 취한다. 증류수 70 mL를 첨가하고, 수욕으로 가열하여 용해한다. 이 용액을 100 mL 메스 플라스크에 넣는다. 이 용액은 2주 이상 경과했을 때는 사용하지 않는다.

2

(2) 융해 처리

① 백금 도가니에 시료를 칭량하고 탄산나트륨 1.8 g과 붕산 0.2 g을 첨가하여 섞는다. 이 혼합물을 처음에는 저온에서 가열하다가 점차 온도를 높여 1000℃에서 약 10분간 강열한다.
주의: 2.4.2항(1)①과 동일.

② 백금 도가니를 방냉하여 증발접시에 넣고 염산(1+1) 20 mL와 증류수 10 mL를 첨가하여 수욕상에서 가온한다. 백금 도가니의 융성물을 용해시킨다. 그 후 백금 도가니를 폴리스맨으로 끌어올려 증류수로 세척한다.
주의: 2.4.2항 (1)⑨와 동일.

③ 이 용액을 수욕 상에서 가열하여 젤리 상태가 될 때까지 농축시킨다. 그 다음 여과지 분말(한 집게)과 폴리에틸렌 옥사이드 용액 10 mL를 첨가하여 충분히 혼합한다. 5분간 방치 후 No.5B 여과지로 침전(SiO_2 + 불순물)을 분리한다.

④ 여과한 후 침전을 뜨거운 염산(1+50)으로 여러 번 세척하고 열수로 충분히 세척한다. 여액은 250 mL 메스 플라스크에 받는다. 지금까지의 액량은 150~180 mL 정도로 한다.
주의 : 붕산은 규산 중에 공침하기 쉽고 이산화규소 중에 산화붕소로 혼입됩니다. 이 상태에서 불화수소산 처리를 하면, 다음의 반응에 의해 불화붕소로 휘산한다. 그러므로 이산화규소가 높은 값이 되므로 주의해야 한다.

$$B_2O_3 + 6HF \rightarrow 2BF_3\uparrow + 3H_2O$$

⑤ 침전(SiO_2+불순물) 여과지를 건조기로 건조한 후 백금 도가니에 옮겨 넣고 저온에서 회화한 후 1100℃에서 1시간 강열한다. 항량이 될 때까지 반복한다. 데시케이터 안에서 방냉 후 백금 도가니를 칭량한다.

(3) HF 처리

① 2.4.3항(2)⑤에서 사용한 백금 도가니에 소량의 물을 부드럽게 가하여 내용물을 적신다. 황산(1+1) 3방울과 불화수소산 5 mL를 첨가하여 수욕상에서 가열하고 SiO_2를 SiF로 휘산시킨다. 다시 불화수소산 5 mL를 넣고 조작을 반복한다. 습기를 띤 상태가 되면 전열기 상 혹은 버너로 가열하여 증발 건고시킨 후 머플로에서 약 5분간 1100℃에서 강열한다. 데시케이터 안에서 방냉한 후 백금 도가니를 칭량한다.

② 백금 도가니 내의 잔사에 대하여 알칼리 융해/탈수 중량법의 조작 순서(3) 이후와 같은 조작을 실시한다.

2.5 끝에

이상 시료용액의 조제법에 대해 망라적으로 정리하였다. 조작방법 등의 기능뿐만 아니라 물질의 화학형태에 따라 휘산의 용이성이 다른 등의 화학반응을 의식하는 것이 중요하다. 본 장이 시료용액의 제조기술을 더욱 발전시켜 분석화학에 과학·기술·기능의 삼위일체로서 기여할 수 있기를 바란다.

【참고 문헌】

1) 中村洋監修,『分析試料前処理ハンドブック』, 丸善(2005), p. 54, p. 85, p. 888, p. 892.
2) 高純度試薬試験方法通則, JIS K8007：1992, 化学分析方法通則, JIS K0050：2019.
3) 南秀明他, 分析化学, **54**, 1107 (2005).
4) 藤貫正, 大森貞子, 地質ニュース, No.215, 32 (1972).
5) 椿勇,『鉱石分析法』, 内田老鶴圃(1975), p. 8.
6) 本浄高治,『基礎分析化学』, 化学同人(1998), p. 25.
7) 稲本勇, ぶんせき, 357(2005).
8) 渡辺光義, 大槻聡子, 分析化学, **57**, 31 (2008).

【참고 도서】

金属標準溶液の調製法の一覧表がある.

·原口紘炁,『ICP発光分析の基礎と応用』, 講談社サイエンティフィック(2001).
·高橋　務, 村山精一編:『日本分光学会測定法シリーズ5　液体試料の発光分光分析—ICPを中心として』, 学会出版センター(1983).
·日本分析化学会編,『機器分析実技シリーズ　ICP発光分析法』, 共立出版 (1988).
·不破敬一郎, 原口紘炁編,『ICP発光分析　化学の領域, 増刊127号』, 南江堂 (1983).

JIS規格の項目ごとの試料溶液の調製法の一覧表がある.

·中村洋監修,『分析試料前処理ハンドブック』, 丸善 (2005).
·日本分析化学会編,『試料分析講座　鉄鋼分析』, 丸善 (2011).

元素ごとに溶解剤の記載および反応式の記載がある.

·高木誠司,『新訂　定性分析化学　中巻·イオン反応編』, 南江堂 (1995).

元素ごとに試料溶液の調製法の記載がある.

·無機応用比色分析編集委員会編,『無機応用比色分析』, 共立出版(1974).

試料溶液の調製法全般の記載がある.

·日本分析化学編,『改訂五版　分析化学便覧』, 丸善 (2003).
·上本道久監修,『ICP発光分析·ICP質量分析の基礎と実際—装置を使いこなすために—』, オーム社 (2008).
·平井昭司監修,『現場で役立つ金属分析の基礎, 鉄·非鉄·セラミックスの元素分析』, オーム社 (2007).
·日本分析化学会編,『分析化学実技シリーズ　機器分析編·17　誘導結合プラズマ質量分析』, 共立出版 (2015).

金属, セラミックスなど材料別の試料溶液の調製法の記載がある.

·梅澤喜夫他監修,『最新の分離·精製·検出法, 原理から応用まで』, エヌ·ティー·エス (1997).
·田崎裕人企画編集,『微量金属分析とその前処理技術』, 技術情報協会 (2015).

食品, 有機物などの試料溶液調製法の記載がある.

·日本薬学会編,『衛生試験法·注解, 1990　付.追補(1995)』, 金原出版 (1995).
·日本食品科学工学会, 新·食品分析法編集委員会編,『新·食品分析法』, 光琳 (1996).

その他, JIS規格の解説や日本分析化学会の「ぶんせき」には試料溶液調製法の入門講座, 解説, ミニファイルなどの特集がある. 特に, JIS規格の解説は検討した内容が詳細に記載されている.

3 시료준비 2 분리조작

3.1 처음에

고체 시료를 용해한 시료 용액(대부분 수용액)에는 그 시료에 포함된 여러 성분들이 다양한 비율로 존재한다. 또한 이 용액에는 시료의 용해에 이용한 산 등의 시약도 다량으로 포함된다. 기기분석에서 소량 또는 미량의 성분을 정량할 경우 이 용액을 그대로 분석기기에 도입하면 다량으로 존재하는 성분(매트릭스성분) 등에 의한 간섭으로 정량값의 정확도가 떨어진다. 최근 분석 기기에는 이러한 간섭을 억제하기 위한 기능을 갖춘 것이 증가하고 있으나, 그래도 억제하지 못할 수도 있다. 이러한 경우 간섭을 일으키는 성분(간섭성분)과 정량하는 성분(정량성분)을 아래와 같이 분리하는 것이 해결책의 하나이다(그림 3.1).

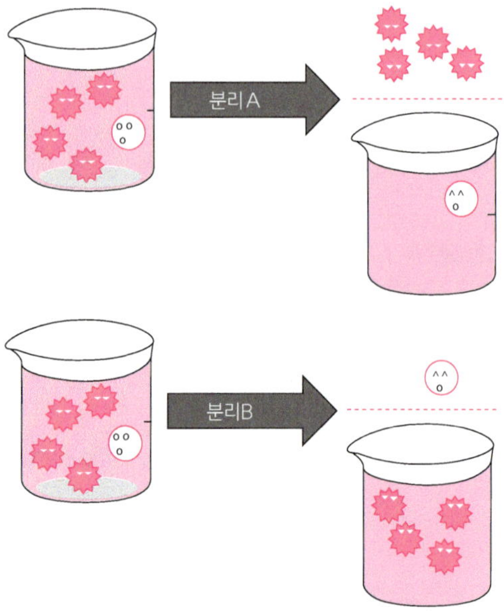

그림 3.1 간섭 성분과 정량 성분의 분리 예

① 간섭성분을 제거하고 정량 성분을 용액에 잔존시킨다(분리 A).
② 간섭성분을 용액에 잔존시켜 정량성분을 회수한다(분리 B).

다량의 고체 시료를 용해하여 시료 용액을 조제하는 경우에는 어느 쪽의 분리도 적용할 수 있지만, 소량의 고체 시료를 취급하는 경우는 시료 용액 중의 정량 성분량이 적어지기 때문에 분리 B를 적용하고 동시에 농축도 하는 경우가 많다. 여기서는 수용액에 포함된 미량 원소(특히 금속 이온)의 정량을 위해 유용한 분리 방법을 소개한다.

3.2 액-액 추출법

시료용액에 물과 혼화되지 않고 2상으로 나뉘는 유기용매 등을 첨가하여 격렬하게 저어줌으로써 그 용매에 간섭성분 또는 정량성분을 이행(분배)시키는 방법이다. 이 방법은 위의 분리 A, B 모두에 적용될 수 있다.

3.2.1 원리

통상 수용액 중의 금속 이온은 유기 용매를 가하는 것만으로는 유기상에 분배하지 않는다. 분배를 시키기 위해서는 물에 불용하고 유기 용매에 가용한 형태로 전환되어야 한다. 예를 들어, 유기 용매에 가용한 배위자(킬레이트 시약)를 첨가하여 수용액 중의 금속 이온 M^{n+}와 무전하 착체를 형성시키면 금속 이온을 유기상에 분배시킬 수 있다(킬레이트 추출계), 킬레이트 시약 HL을 포함한 유기상을 수상(水上)에 가하여 격렬하게 저으면 식 (3.1)에 나타내는 반응이 일어나 평형에 이른다.

3

$$M^{n+}{}_{aq.} + n\,HL_{org.} \rightleftarrows ML_{n\ org.} + n\,H^{+}{}_{aq.} \tag{3.1}$$

여기서, aq., org.는 각각 수상, 유기상을 의미한다. 식 (3.1)의 평형상수를 K_{ex}, 분배비 D를 $[ML_n]_{org.} / [M^{n+}]_{aq.}$라고 하면, D는 식 (3.2)에 나타낸 바와 같이 수용액의 pH 및 유기상 중의 킬레이트 시약농도에 지배되는 것을 알 수 있다.

$$D = [ML_n]_{org.} / [M^{n+}]_{aq.} = K_{ex}\,[HL]^{n}_{org.} / [H^{+}]^{n}_{aq.} \tag{3.2}$$

D가 큰 조건에서 추출을 하면 금속 이온을 유기상에 더 많이 분배시킬 수 있다. 추출률 E(%)를 이용하면 전량 중 얼마나 유기상에 분배되었는지를 알기 쉬워진다. E는 D를 이용하여 식 (3.3)과 같이 나타낼 수 있다.

$$E = 100\,D / (D + V_{aq.} / V_{org.}) \tag{3.3}$$

여기서 $V_{aq.}$, $V_{org.}$는 각각 수상, 유기상의 부피이다. 킬레이트 시약 HL을 이용하여 복수의 금속 이온을 포함하는 시료 용액에서 추출을 행하는 경우, 일반적으로 착체 ML_n,의 안정도 상수가 큰 것일수록 추출되기 쉽고, D, E 모두 큰 값이 된다. 단, 안정도 상수가 큰 배위자(특히 환상 배위자)에는 착체의 생성 속도가 작은 것이 있으므로 주의가 필요하다.

또한 금속 이온 M^{n+}와 반대의 전하를 갖는 부피가 높은 이온(이온 회합성 시약)을 정전 상호작용에 기초하여 회합시켜 무전하의 이온쌍(이온 회합체)을 형성시킴으로써, 큰 분배비 D를 얻을 수 있다(이온쌍 추출계). 이온 회합성 시약 A^{-1}를 이용한 추출은 식 (3.4)과 같이 나타낼 수 있다.

$$M^{n+}{}_{aq.} + n\,A^{-}{}_{aq.} \rightleftarrows M^{n+}\,A^{-}{}_{n\ org.} \tag{3.4}$$

3.2.2 조작방법

킬레이트 액-액 추출법의 기본적인 조작은 다음과 같다(그림 3.2).

① pH를 조절한 수용액과 킬레이트 시약을 포함한 유기 용매를 분액깔때기에 첨가한다.
② 분액깔때기 상부의 마개를 장착하고 이것이 아래가 되도록 손에 들고 몇 번 진탕을 한 후 콕을 열어 가스를 빼낸다. 이 조작을 여러 번 반복하여 가스가 거의 나오지 않는 것을 확인한다.

3

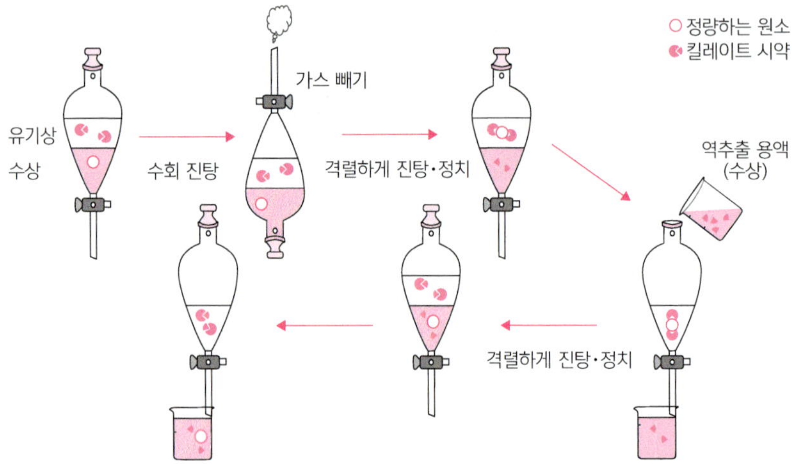

그림 3.2 액-액 추출 조작의 개요(킬레이트 추출계)

③ 분액깔때기를 일정 시간 동안 격렬하게 진탕한다.
④ 분액깔때기의 콕을 아래로 향하게 하여 정지하고 수상과 유기상을 분상한다.
⑤ 콕을 열고 분액깔때기 내의 하상을 꺼낸다.

마개에는 홈이 있어 이 마개를 장착한 채로 회전시키면 분액깔때기의 공기 빼기 구멍을 여닫을 수 있다.

진탕 때는 공기 빼는 구멍을 확실히 닫고, 또 내부의 용액을 꺼낼 때에는 잊지 않고 연다. 위의 조작은 디에틸에테르와 4-메틸-2-펜탄온(메틸이소부틸케톤, MIBK)처럼 유기용매의 밀도가 물보다 작을 경우에는 유기상 클로로포름처럼 유기 용매의 밀도가 큰 경우는 수상이 분별깔때기 안에 남는다.

또한 MIBK와 클로로포름은 특정 화학물질 장애 예방 규칙(후생 노동성)에서 특정 화학물질(제2류 물품 특별 유기용제 등)로 지정되어 있기 때문에 취급 등에 관해서는 규정에 따라야 한다. 정량하는 원소(정량 원소는 분리 A라면 수상에, 분리 B라면 유기상에 포함된다. 그 후, 필요에 대응하고 가열, 감압, 가스 분사 등에 의한 용매를 휘발시키고 정량 원소를 농축하고 기기분석에 이용. 이온-추출계에서의 조작도 비슷하다. 또한 킬레이트 시약이나 이온 회합 시약이 물에 잘 녹으면 수상에 첨가할 수 있다.

예를 들어, 시료용액에 매트릭스 성분이 다량 함유된 철(ⅢI) 이온은 고농도 염산용액 중에서 철(II)의 클로로 착이온과 용매화한 H+의 이온쌍을 형성시켜 이를 MIBK로 추출함으로써 제거할 수 있다(분리 A). 시료용액 중의 미량 구리(Ⅱ) 이온은 8-퀴놀리놀을 킬레이트 시약으로 이용하면 pH 2 이상에서 클로로포름으로 추출할 수 있다(분리 B). 미량원소의 분리에는 킬레이트 추출계가 널리 사용된다. 추출에 사용되는 킬레이트 시약의 예를 표 3.1에 정리한다.

유기 용매가 기기 분석에 의한 정량에 간섭을 미칠 경우, 다음의 역추출 조작을 한다.

표 3.1 액-액 추출에 사용되는 킬레이트 시약의 예

킬레이트 시약	유기용매의 예	추출가능 원소의 예
8-키노리놀(Oxine) 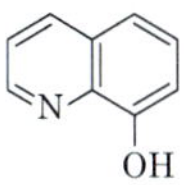	클로로포름, 톨루엔	Al, Cd, Co, Cu, Fe, Mn, Mo, Ni, Pb, V, Zn
디에틸디티오카르바민산나트륨(DDTC) 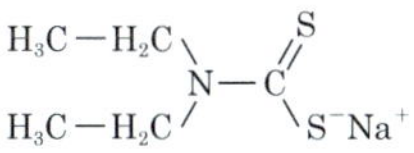	디이소부틸케톤, 3-부틸-1-부탄올, 클로로포름	As, Cd, Co, Cu, Fe, Mn, Ni, Pb, Zn
피롤리딘디티오카르바민산암모늄(APDC) 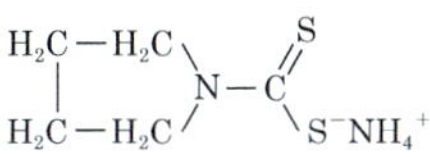	MIBK, 디이소부틸케톤	Ag, Cd, Co, Cr, Cu, Fe, Mn, Mo, Ni, Pb, V, Zn
N-니트로-N-페닐히드록실아민암모늄(Cupferron) 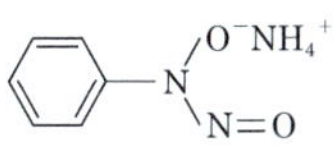	클로로포름, MIBK	Al, Co, Cu, Fe, Mn, Mo, Pb, V, Zn

① 초기 추출 조작 후, 분배비 D가 극히 작아지도록 조건(예를 들어 pH)을 갖춘 수상을 유기상에 첨가하여 진탕시킨다.
② 정치한 후, 수상을 써낸다.

이 수상을 기기 분석에 사용한다. 또한, 수상을 증발 건고하고, 잔사를 재용해하여 정량 원소를 농축하기도 한다.

추출 조작에는 대량의 유기 용매를 사용하기도 한다. 이용하는 유기 용매에는 위험물이나 유해물도 많다. 따라서 유기 용매의 사용량을 대폭 줄인 방법이나 유기 용매 대신에 이온 액체를 사용하는 방법이 제안되어 있다.[2)]

정량적 원소의 분배는 종종 장시간 진탕이 필요하다. 아세톤과 같은 분산제를 첨가하여 유기상의 분산도를 높임으로써 시간을 크게 단축시킬 수 있지만 분상에는 원심분리 등의 이용이 필요하다. 그 밖에 균일 용액에서 온도나 pH의 변화, 염의 첨가 등에 의해 상분리를 일으키고 생성한 상에 정량 원소를 추출하는 방법[3)], 추출 후의 유기상을 고화하여 분리하는 방법[4)] 등도 제안되어 있다.

3.3 고상 추출법

정량 성분을 포착하는 관능기를 가진 고체와 시료 용액을 접촉시킴으로써 정량 성분을 고체 표면에 분배시키는 방법이다. 이 방법은 분리 B에 적용되는 경우가 많다.

3.3.1 원리

3 스티렌과 디비닐벤젠을 저가교도로 공중합한 구상수지(스티렌계 수지) 등에 술폰기 등의 양이온교환기 또는 제4급 암모늄기 등의 음이온교환기를 도입한 것을 이온교환수지라고 부른다. 이들 수지와 양이온 M^+ 또는 음이온 X^-를 포함하는 수용액을 접촉시키면 식 (3.5) 및 식 (3.6)의 반응이 일어난다.

$$R{-}SO_3^{-}\cdot H^+ + M^+ \rightleftarrows R{-}SO_3^{-}\cdot M^+ + H^+ \quad (3.5)$$

$$R{-}N^+(R')_3\cdot OH^- + X^- \rightleftarrows R{-}N^+(R')_3\cdot X^- + OH^- \quad (3.6)$$

여기서 R은 수지, R'은 알킬기 등을 나타내고 있다. 일반적으로 양이든 음이든 전하가 큰 이온일수록 이온교환이 쉽다. 동일 가수의 이온의 경우 수화 이온 반지름이 작을수록 그 수화 이온의 전하 밀도가 커지므로 이온교환에 유리하며, 동족 이온이면 원자번호가 큰 것일수록 이온교환이 쉽다.

포획된 이온은 수지와 고농도의 산성 용액, 염기 용액 또는 염기 용액을 접촉시킴으로써 용출될 수 있다. 금속 이온과 배위 결합할 수 있는 기를 도입한 수지를 킬레이트 수지라고 부른다. 예를 들어, 금속 이온 M^{2+}와 배위자 HL이 1 : 2로 착형성할 경우, 이 배위자를 도입한 수지와 금속 이온을 포함한 시료 용액을 접촉시키면 식 (3.7)의 반응이 일어난다.

$$R{-}(LH)_2 + M^{2+} \rightleftarrows R{-}L_2M + 2\ H^+ \quad (3.7)$$

이온교환 반응 또는 착형성 반응을 이용하는 이들의 분리는 액-액 추출법에서의 이온쌍 추출계, 킬레이트 추출계와 유사한 원리에 기초한다. 액-액 간 분배 대신 고-액 간 분배를 이용하면 유기 용매의 사용량을 크게 줄일 수 있다.

3.3.2 조작방법

고상 추출법에 이용되는 시판수지의 예를 표 3.2에 정리한다. 이온교환수지에서는 양이온교환기로 카르복시기 등이 음이온교환기로 제3급 아미노기 등도 이용된다. 킬레이트수지에서는 많은 원소를 포착할 수 있는 아미노카르본산기, 보다 선택성이 높은 폴리아민기 등이 자주 이용된다. 분리 B에는 시료 용액에 수지를 넣고 교반하는 회분식 조작(배치법) 또는 충전한 고상 추출 카트리지(그림 3.3)에 용액을 통액하는 흐름식 조작(컬럼법)이 이용된다.

기본적인 회분식 조작은 다음과 같다.

① pH 등을 조정한 시료 용액에 수지를 넣고 일정 시간 동안 교반한다.
② 여과, 원심 분리 등으로 수지를 회수한다.
③ 회수된 수지에 산 등을 첨가하여 포착된 정량 원소를 용출한다.

표 3.2 고상 추출법에 이용되는 시판 이온교환수지 및 킬레이트 수지의 예

상품명	판매원	기재수지	관능기	포촉가능 원소의 예
【이온교환수지】				
Dowex 50W×8	후지필름 화광순약(주)	스틸렌계	술포기 $-SO_3M$	양이온 전반
Amberlite IRC76	오르가노(주)	아크릴계	카르복시기 $-COOH$	
Dowex 1×8	후지필름 화광순약(주)	스틸렌계	제4급 암모늄기 $-N^{+}(CH_3)_3\ X^{-}$	음이온 전반
Amberlite IRA67	오르가노(주)	아크릴계	제3급 아미노기 $-N(CH_3)_2$	
【킬레이트 수지】				
Chelex 100	Bio-Rad Laboratories	스틸렌계	아미노2초산기 $-N(CH_2-COOH)_2$	Cd, Co, Ca, Cu, Fe, Mg, Mn, Ni, Pb, Sr, Zn
무로 킬레이트 B-1	무로마치케미탈(주)			
InertSep ME-2	지엘사이언스(주)	메타크릴레이트계	아미노2초산기 + 제3급 아미노기 $-NR_2$	Cd, Co, Cu, Fe, Mn, Ni, Pb, Zn
Nobias Chelate PA-1	(주)히타치하이테크필딩	메타크릴레이트계	아미노2초산기 + 에틸렌디아민3초산기 $-N(CH_2-COOH)-CH_2-CH_2-N(CH_2-COOH)_2$	Al, Cd, Co, Cu, Fe, Mn, Ni, Pb, Zn, REEs
Presep Poly Chelate	후지필름 화광순약(주)	메타크릴레이트계	카르복시메틸화폴리에틸렌이민기 $-(NH-CH_2-CH_2)_x-(N(CH_2-CH_2-NH_2)-CH_2-CH_2)_y-(N(CH_2-COOH)-CH_2-CH_2)_z-N(CH_2-COOH)_2$	Cd, Co, Cu, Fe, Mn, Ni, Pb, Zn, REEs
Diaion CR20	미쓰비시케미칼(주)	스틸렌계	폴리아민기 $-CH_2-NH-(CH_2-CH_2-NH)_n-CH_2-CH_2-NH_2$	Ag, Cd, Co, Cu, Fe, Mn, Ni, Zn
Diaion CRB03	미쓰비시케미칼(주)	스틸렌계	메틸글루카민기 $-N(CH_3)-CH_2-CH(OH)-CH(OH)-CH(OH)-CH(OH)-CH_2-CH$	B

REEs: 희토류 원소

3

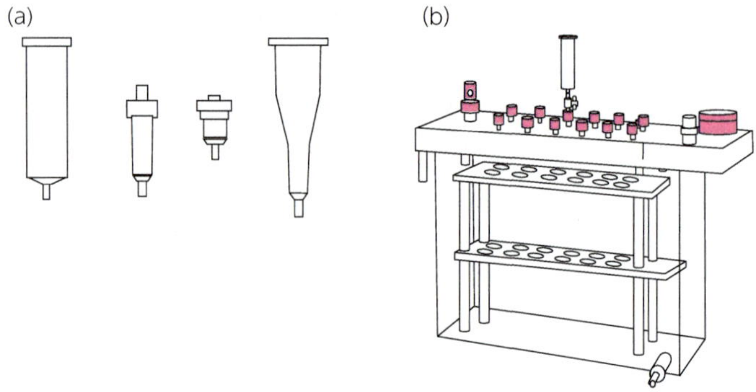

그림 3.3 시판되고 있는 고상 추출 카트리지와 고상 추출 매니폴드의 예
(a) 고상 추출 카트리지, (b) 고상 추출 매니폴드

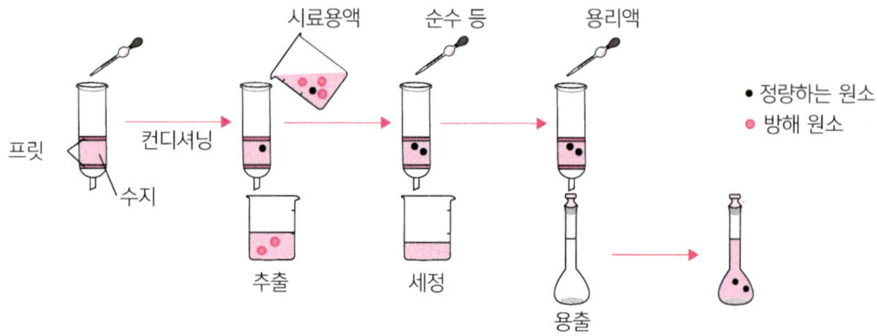

그림 3.4 고상 추출 조작 개요

용출 용액을 적절히 희석하여 기기 분석에 사용한다. 수지에는 미량의 불순물이 포착, 흡착되어 있을 수 있으며, 사용 전에 이들을 제거하는 조작(컨디셔닝)이 필요하다.

수지 속의 유기물을 제거하기 위해서는 메탄올과 같은 유기 용매에 침지한다. 양이온 교환수지의 경우는 염산 등의 산용액, 음이온 교환수지의 경우는 수산화나트륨 용액 등의 염기용액에의 침지, 염화나트륨 용액 등의 염용액에의 침지를 여러 번 반복한다. 아미노카르본산형 킬레이트 수지의 경우는 질산, 순수, 초산암모늄 용액 등에 순차적으로 침지한다. 약산성·약염기성 이온교환수지 또는 킬레이트 수지를 이용하는 경우는 정량원소의 포착률은 시료용액의 pH에 의존하므로 미리 pH와 포착률과의 관계를 확인한다. 또한, 수지를 가하면 용액의 pH가 변화하는 경우가 있다. 필요에 따라 시료용액에 완충액 등을 가하는데, 완충액 중의 각종 이온이 정량원소의 포착에 영향을 주지 않는지를 미리 확인해 둘 필요가 있다.

한편, 기본적인 흐름식 조작은 다음과 같다(그림 3.4).

① 적당량의 수지를 카트리지에 충전한다.
② 카트리지에 pH 등을 조정한 시료 용액을 통액하고 정량 원소를 수지에 포착시킨다.

③ 순수 등을 통액하여 카트리지 안을 세척한다.
④ 산과 같은 용리액을 통액하여 포획된 정량 원소를 용출한다.

카트리지 내의 수지는 수십 μm 사이즈의 기공을 가진 고분자제판(플릿)으로 끼워 사용하는 것이 일반적이다. 수지 충전된 카트리지도 시판되고 있다. 용액은 중력, 가압감압, 펌프송액 등에 의해 통액되는데, 시판되고 있는 고상 추출 매니폴드(그림 3.3) 등을 이용하면 편리하다.

3

수지의 컨디셔닝은 시료용액을 통액하기 전에 적절한 용액을 통액하여 실시한다. 또한, 기재가 저가교도인 스티렌계 수지에서는 시료용액의 통액속도(유량)가 빠를 경우 정량원소의 포착률이 저하될 수 있다. 고가교도의 메타크릴레이트계 수지의 경우는 유량의 영향을 받기 어렵지만, 유량과 포착률과의 관계는 미리 확인해 두어야 한다.

용출 시에 회수율을 높이기 위해 카트리지 내에 용리제를 첨가하여 잠시 방치하기도 한다. 용출 후의 카트리지는 다시 컨디셔닝함으로써 재사용될 수 있다. 컬럼법은 수지를 충전한 카트리지를 이용한 비교적 폐쇄된 계에서의 조작이므로 배치법에 비해 용기나 환경(분위기)으로부터의 오염(컨테미네이션)을 저감할 수 있다는 이점이 있다.

3.4 공침법

시료용액에 적절한 시약을 첨가하여 침전을 생성시키고 용액에 포함된 정량성분을 이 침전에 포집하는 방법이다. 이 방법도 대부분 분리 B를 목적으로 적용된다.

3.4.1 원리

많은 금속 이온 M^{n+}는 물에 난용한 수산화물 $M(OH)_n$을 형성한다. 이 침선은 수용액 중의 금속 이온 농도와 수산화물 이온 농도와의 용해도곱 K_{sp}보다 커지면 생성한다(식 (3.8)).

$$K_{sp} < [M^{n+}][OH^-]^n \tag{3.8}$$

어떤 금속 수산화물이 침전할 때 그 조건(pH)에서는 K_{sp}를 넘지 않기 때문에 침전되지 않을 금속 이온 등이 함께 침전하는 현상을 공침이라고 부른다. 공침은 침전 표면으로의 흡착, 침전이 생성하는 과정에서 취입(흡장), 침전의 금속 이온과 대체되는 형태의 취입(고용체 형성) 등에 의해 일어난다고 생각된다.

시료 용액에 다량 함유된 금속 이온을 침전시키는 경우도 있는데, 일반적으로 적절한 금속 이온(담체 원소, CE)을 가한다. 침전시키기 위해 가하는 시약을 침전제, 생성하는 침전을 공침제라고 부른다. 금속 수산화물 이외에도 여러 침전이 공침제로 이용되고 있다.

대표적인 공침제와 포집할 수 있는 원소를 표 3.3에 정리한다.

표 3.3 공침제의 예

분류	공침제	포집할 수 있는 원소의 예
무기침전	수산화철 (Ⅲ)	Al, As, Cd, Co, Cr, Cu, Mn, Ni, Pb, Se, Y, Zn, REEs
	수산화알루미늄	Cd, Co, Cr, Cu, Fe, Mn, Ni, Pb, Y, Zn, REEs
	수산화마그네슘	Cd, Co, Cr, Cu, Fe, Mn, Pb, Y, Zn, REEs
	황화구리 (Ⅱ)	As, Bi, Cd, Fe, Ga, In, Pb, Sb, Zn
	인산이트륨	Al, Bi, Cd, Cr, Fe, Pb, Zn
	금속 텔루르	Ag, Au, Hg, Pd, Pt
	금속 팔라듐	Ag, Au, Ge, Sb, Se, Sn, Te
유기침전	구리-8-퀴놀리놀 착체	Al, Ca, Cd, Cu, Fe, Hg, Mg, Mn, Zn
	코발토-피롤리딘디티오 카르바민산 착체	Ag, As, Cd, Dr, Cu, Mo, Ni, Pb, Pd, Se, Zn

REEs: 희토류 원소

3.4.2 조작방법

금속 수산화물을 공침제로 하는 공침법의 기본적인 조작은 다음과 같다(그림 3.5).

① 시료용액에 담체원소를 가한 후 염기용액(침전제)를 약간씩 가해 용액의 pH를 올린다.
② 생성된 금속 수산화물을 침전시키기 위해 용액을 정치한다.
③ 흡인 여과 또는 원심 분리 등에 의해 생성한 금속 수산화물을 모두 회수한다.
④ 회수된 금속 수산화물을 산 등으로 용해한다.

염기 용액으로 암모니아수가 종종 이용되는데, 암모니아와 착형성하는 금속 이온의 경우, 그 회수율은 높은 pH 영역에서 저하된다. 시료 용액의 pH를 급격히 상승시키면 생성하는 침전이 미세해져 침강과 회수에 오랜 시간이 걸릴 수 있다. 침전 회수에는 침전 용해에 사용되는 산 등에 내성이 있는 친수성 폴리테트라플루오로에틸렌(PTFE)제나

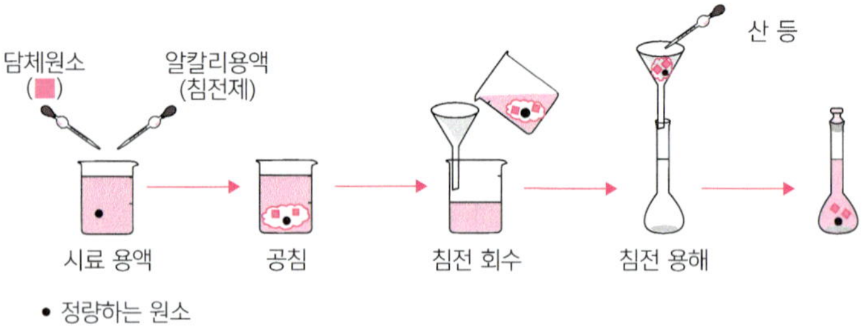

그림 3.5 공침 조작 개요
금속 수산화물 공침법

유리제 필터가 널리 사용된다.

용액량이 크지 않으면, 원심분리도 적용할 수 있다. 공침제를 용해한 후의 용액에는 다량의 담체원소가 포함되므로 담체원소의 선택 시에는 정량원소의 포집율 뿐만 아니라 이후의 기기분석에 미치는 영향도 고려해야 한다. 금속 수산화물 이외의 공침제를 이용하는 경우에도 담체원소, 침전제 및 침전조건, 침전용해에 사용하는 용액은 기기분석에 미치는 영향을 고려하여 선택한다. 일련의 조작 중에서 가장 번잡한 것은 침전 회수이다. 정량원소(TE)가 공침제에 포집되어 있기 때문에 침전을 모두 회수해야 한다. 금속 수산화물은 면상 침전이 되는 경우가 많아 여과하는데 오랜 시간이 걸린다.

또한 용기벽에 부착된 침전을 회수하는 데는 숙련이 필요하다. 그러나 일반적으로 정량원소는 공침제 중에 거의 균일하게 존재하며 공침제와 정량원소의 회수량 사이에는 강한 상관관계가 있으므로 이를 이용하면 침전을 모두 회수할 필요 없다[6]. 기지량의 담체 원소의 양(CE_0)을 더하고 공침한 후 침전을 용해한 용액 중의 정량 원소의 양(TE_1)과 함께 담체 원소(CE_1)를 정량한다. 시료 용액에 포함되어 있던 정량 원소의 양(TE_0)은 식 (3.9)으로 구할 수 있다.

$$TE_0 = TE_1 \times CE_0 / CE_1 \tag{3.9}$$

담체 원소가 시료 용액에 포함되는 경우나 기기 분석에 의해 정량적으로 곤란한 경우에는 공침제에 정량적으로 공침하는 원소(내부표준원소, ISE)를 담체 원소와 함께 가하고, 이를 담체 원소 대신 식 (3.9)에 이용할 수 있다. 이로써 침전 회수 조작은 현격히 신속하고 간편해진다.

3.5 기타 방법

증발·기화분리법, 전해분리법 등도 이용할 수 있다[7,8]. 그 중에서도 전해분리법은 유용하고 전극에 환원 석출하는 전위가 원소에 따라 다르다는 것을 이용한 방법이다. 시료용액에 전극을 삽입하고 이에 전위를 가함으로써 다량 함유된 원소를 전극 상에 석출시켜 제거할 수 있다(분리 A). 또한 정량 원소를 석출시킨 후 전위를 변화시킴으로써 그 원소를 용출시킬 수도 있다(분리 B).

3.6 끝에

이상 몇 가지 분리 방법에 대해 설명했다. 정확하고 고정밀도의 정량값을 얻기 위해서는 이용기기의 이해를 높이고 적합한 분리방법을 채택하는 것이 중요하다. 이때 시료용액에 포함된 간섭성분이나 정량성분의 종류나 함유량, 용해에 사용한 시약이나 그 농도, 기기분석에서의 각종 간섭 등 모든 것을 고려할 필요가 있다.

3

【참고 문헌】

1) 小島功, 鈴木章文, 分析化学, **42**, 435(1993).
2) 平山直紀, 分析化学, **57**, 949(2008).平山直紀, *J. Ion Exchange*, **22**, 73(2011).
3) 五十嵐淑郎, 押手茂克, ぶんせき, 702(1997).
4) 藤永薫, ぶんせき, 118(2008).
5) S. Kagaya *et al*, *Anal. Sci.*, **29**, 1107 (2013).
6) 加賀谷重浩, 分析化学, **65**, 13(2016).
7) 松宮弘明, 平出正孝, 鉄と鋼, **97**, 36(2011).
8) 小熊幸一, 上原伸夫, 鉄と鋼, **100**, 818(2014).

【자세히 공부하고 싶은 독자를 위해】

液液抽出法
· 関根達也, 長谷川佑子, 有機合成化学, **41**, 633(1983).
· 関根達也, 長谷川佑子, 鉄と鋼, **74**, 234(1988).

固相抽出法
· 田口茂, ぶんせき, 134(2001).
· 田口茂, ぶんせき, 343(2008).
· 高久雄一, ぶんせき, 604(2004).
· 古庄義明他, 分析化学, **57**, 969(2008).
· 井上嘉則, 分析化学, **64**, 811(2015).
· 加賀谷重浩, 井上嘉則, ぶんせき, 521(2016).

共沈法
· 芦野哲也, まてりあ, **44**, 125(2005).

全法共通
· 小熊幸一, ぶんせき, 110(2008).

4 원자흡광 분석법

4.1 처음에

일본에서의 원자흡광 분석 연구는 편광 제만 보정 원자흡광법의 선구적인 개발로 시작하여 역사도 길고 하드웨어 및 소프트웨어의 정보가 많이 축적되어 있다. 원자흡광법은 원자 증기를 발생시키는 원자화부가 프레임 방식 및 전기 가열 방식으로 분류된다. 진공계를 필요로 하지 않으므로 장치의 유지보수는 간편하다.

광학 시스템의 개량에 의해 밝은 광학계와 측정 노이즈의 저감이 실현되고 검출 한계는 대폭 개선되었다. 특히 유해 원소인 Cd, Pb, As의 검출 한계는 ICP-MS에도 필적한다. 측정에 필요한 시료량이 수 10 μL~sub mL로 소량이기 때문에 희귀한 시료의 분석을 특기로 하며 매트릭스 수식제가 복잡한 조성을 갖는 실시료의 전처리를 간소화할 수 있는 경우도 많다. 이제 샘플과 원소에 따라 다양한 상업 옵션을 통해 최적화가 가능하다.

4.2 원리

측정원리는 그림 4.1에서 알 수 있듯이 측정원소에 특유의 단색광 휘선 스펙트럼이 기저상태의 원자증기 중을 통과할 때 일어나는 공명 흡수를 이용한 람베르트 비어(Lambert-Beer) 법칙에 의한 흡광광도법이다. 흡광도(Abs)는 통과하는 기저상태의 원자의 증기길이(L)와 원자의 밀도(N_0) 곱에 비례하여 Abs = $\varepsilon \cdot L \cdot N_0$로 표현된다.

이것은 분광 광도법에서 몰흡광계수에 해당하는 비례 계수이다. 원자증기 중의 원자의 밀도는 원자화의 효율이 일정한 한 시료 중의 농도(C)에 비례한다. Abs = $\varepsilon' \cdot L \cdot C$이다. 목적원소의 휘선 스펙트럼의 방사광원은 측정원소마다 최적의 것을 선택한다.

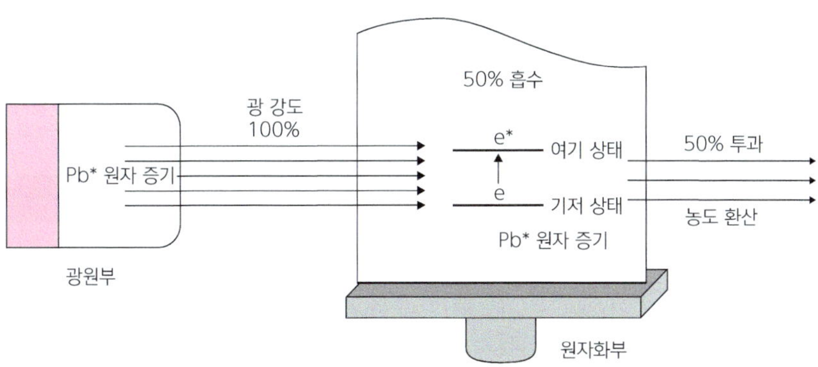

그림 4.1 원자흡광 장치 원리도(Pb 분석의 경우)

4.3 측정 가능 원소

원자흡광법으로 분석 가능한 69원소를 그림 4.2에 정리했다. 알칼리금속, 알칼리 토금속, 중금속, 반금속, 희토류 원소 등 다양하다. 프레임 원자 흡수 분석법에서는 ppm (mg L^{-1})~수 10 ppb(μg L^{-1}), 전기 가열 원자 흡수 분석법에서는 수 10 ppb, 서브 ppb의 농도로 결정할 수 있다.

측정의 기준으로 대표적인 원소의 검출 한계를 농도로 환산해서 표 4.1에 정리했다. 원소마다 프레임 원자흡광법(FAAS) 및 그래파이트로를 이용한 전기 가열 원자흡광법(GFAAS)의 검출한계를 측정 용액 중의 농도로 나타냈다. 유해 원소의 As, Cd, Cr, Cu, Pb 등의 환경 기준의 농도 측정에는 GFAAS이 효과적이다, GFAAS에서는 내열성 원소 Al, Mo, Si, Ti, V 등의 고감도 분석도 가능하다. 이온화 에너지가 비교적 낮은 Ca, Mg, Na, K 등의 알칼리·알칼리토금속의 분석에는 FAAS가 적합하다. 희토류 원소의 Dy와 희귀 원소의 Li의 분석도 실용적인 분석이 있다. 최근에는 GFAAS의 검출 한계가 매트릭스 수식제에 의한 향상된 원소도 있다.

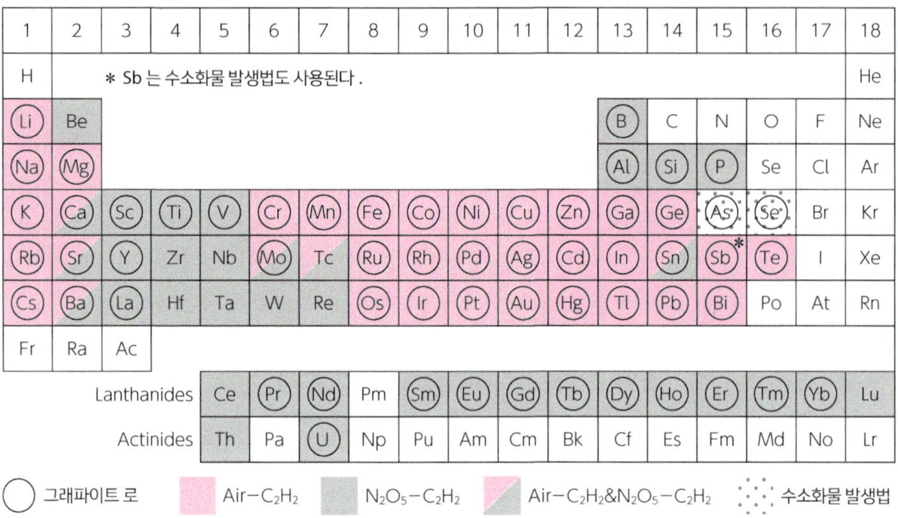

그림 4.2 원자흡광법으로 측정 가능한 원소

4.4 장치의 개요

4.4.1 원자흡광 장치

원자흡광 분석장치는 광원부, 시료원자화부, 분광부(광학계), 검출부, 데이터처리부(표시부) 겸 제어부의 PC스테이션으로 구성되어 있다. 분자흡수를 측정하는 가시자외선 분광광도계와 비교할 때, 광원부에는 분석원소를 음극에 포함하는 중공음극램프

표 4.1 플레임 원자흡광 분석법(AAS)과 그래파이트로 원자흡광 분석법(GFAAS)에 있어서 검출한계*1

원소	λ (nm)	FAAS (ppm)	GFAAS (ppb)*2,3	원소	λ (nm)	FAAS (ppm)	GFAAS (ppb)*1
Ag	328.1	0.005	0.005	La	670.8	0.005	0.3
Al	309.3	0.1	0.3	Mg	285.2	0.0005	0.001
As	193.7	0.2	1	Mn	279.5	0.003	0.01
Au	242.8	0.02	0.5	Mo	313.3	0.1	0.3
B	249.8	6	2.6*4	Na	589.0	0.005	0.01
Ba	553.6	0.05	2.5	Ni	232.0	0.005	1
Be	234.9	0.002	0.03	Pb	283.3	0.01	0.1
Bi	223.1	0.05	1	Pd	247.6	0.02	1
Ca	422.7	0.002	1	Pt	265.9	0.1	10
Cd	228.8	0.005	0.005	Rh	343.5	0.03	3
Co	240.7	0.005	0.3	Sb	217.6	0.2	0.3
Cr	359.3	0.005	0.5	Se	196.0	0.5	5
Cs	852.1	0.05	0	Si	251.6	0.1	1
Cu	324.8	0.005	0.1	Sn	224.6	0.06	5
Dy	404.6	0.4	4*6	Sr	460.7	0.01	0.3
Fe	248.3	0.005	0.3	Ti	364.3	0.2	25
Ge	265.2	1	15	Tl	276.8	0.8	1
Hg	253.7	0.5	5	V	318.4	0.04	5
In	303.9	2	1	W	255.1	3	
K	766.5	0.005	0.05	Zn	213.9	0.002	0.003

*1: 鈴木正巳『機器分析実技シリーズ 原子吸光分析法』, p.41-42, 共立出版(1984).
*2: GFAAS의 검출한계(pg)를 시료체적을 20 μL로 하여 농도로 환산했다.
*3: C.W.Fuller: "Electrothermal Atomization for Atomic Absorption Spectrometry", The Chemical Society, London (1977).
*4: Y. Yamamoto, T. Shirasaki, A. Yonetani, S. Imai, *Anal. Sci.*, 31,357 (2015).
*5: 荒木俊充, 乾哲朗, 中村利廣, 分析化学, 64,595(2015).

(홀로캐소드램프), 용액 셀 대신 원자화부, 분광부가 측정시료의 후측에 배치되어 있는 점이 특징적이다.

원자흡광 분석에 있어서 목적원소에 의한 정확한 원자흡광만을 측정하기 위해서는 목적원소 이외의 성분에 의한 백그라운드 흡수를 보정할 필요가 있다. 그림 4.3에 편광 제만 효과를 이용한 백그라운드 보정 가능한 프레임 원자흡광분석장치와 그래파이트로에 의한 전기가열 원자흡광 분석장치의 개념도를 나타낸다.

광학계에서 분광기는 원자화부의 프레임이나 그래파이트로의 발광 성분과 홀로캐소드램프의 봉입 가스로부터의 발광 성분을 제거하고 원자 스펙트럼 성분을 측정하기 위해 원자화부와 수광부 사이에 설치한다. 편광 제만 효과를 이용한 백그라운드 보정법을

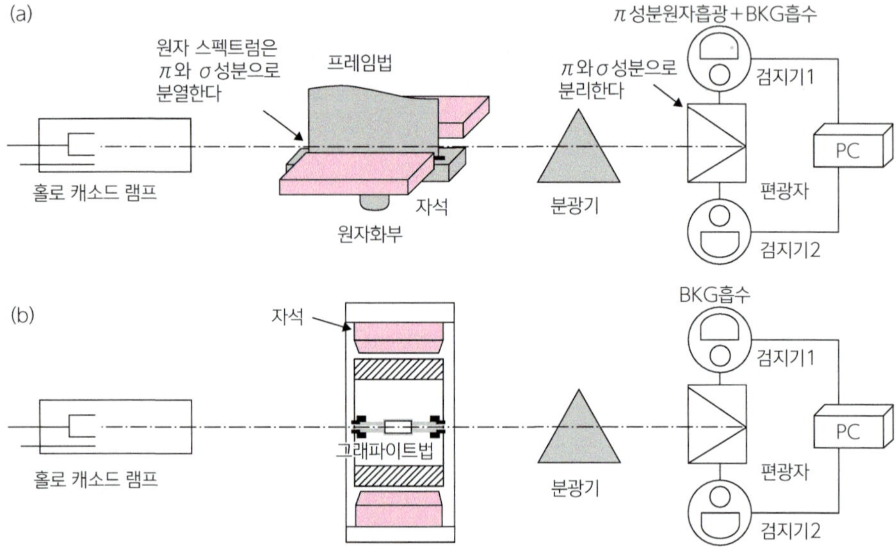

그림 4.3 원자흡광 장치
(a) 프레임 원자흡광 장치, (b) 흑연로 원자흡광 장치

이용하는 경우에는 편광자를 분광기의 후방에 배치하여 수평 성분과 수직 성분을 동시에 모니터한다. 최종적으로 빛의 강도를 광전자증배관이나 반도체 검출기를 이용하여 전기 신호로 변환하고 흡광도나 농도로 환산한다. 원자화 방식의 선택을 위해 원자화부를 교체하는 장치 또는 직렬이나 병렬로 배치되어 있는 장치 등이 있다.

4.4.2 광원부(중공음극램프)

원자흡광 장치의 광원부에는 목적 원소의 원자 스펙트럼을 방출하는 특수한 광원이 필요하다. 그림 4.4(a)에 대표적인 광원인 중공음극(홀로캐소드)램프의 외관을 나타냈다. 측정원소의 단체금속이나 그것을 포함하는 합금 등을 적당한 방법으로 내장한 컵형상의 음극(캐소드)과 텅스텐, 지르콘, 탄탈과 같은 고융점 금속제의 링형 양극(어노드)을 가지며, 빛의 취출구의 창판에 석영, 수정 및 특수유리 등의 평면컷판이 이용된다.

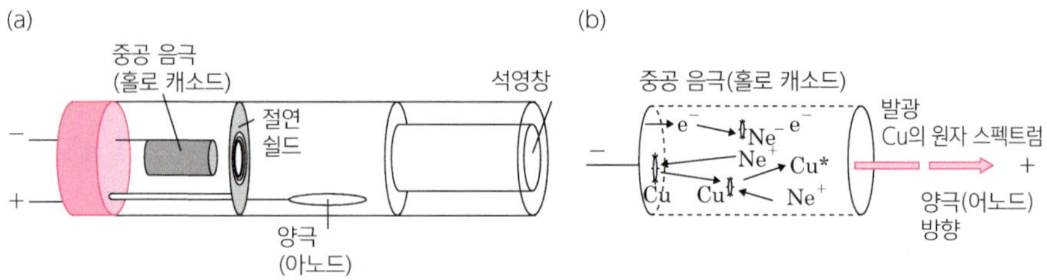

그림 4.4 광원부
(a) 홀로캐소드램프, (b) 홀로캐소드 내부

그림 4.4(b)에 발광 기구의 개요를 나타냈다. 이 램프에는 Ne, Ar 등의 비활성 가스가 4~10 Torr의 저압으로 봉입되어 있고, 양극에 약 500 V의 전압을 가하면 음극 내에서 Ne의 여기나 이온화가 일어난다. 불활성가스 이온은 전기장에서 가속되어 음극 내 벽면에 충돌한다.그 운동에너지는 표면에서 목적원소의 원자를 스패터(비산)시킨다. 그 비산한 원자가 가속전자 등과 충돌하여 여기 상태가 되고, 여러 전이에 기초하여 다수의 스펙트럼선이나 봉입가스로부터의 발광 스펙트럼과 섞여 방사된다. 원자 흡수 확률이 높은 파장의 휘선 스펙트럼을 분광기로 선별하여 분석선으로 이용한다.

중공음극램프의 보증 수명은 전류값과 적산 시간의 곱으로 규정되어 많게는 5000 mAh이며, As나 Se 등은 3000 mAh이다. 램프 전류값을 올리면 스펙트럼 선 강도는 증가하고 밝아지는 경우가 있는데, 적정 수치를 넘으면 램프 내부에서 자기 흡수 때문에 발광 스펙트럼의 형상이 무너진다. 수명이 가까워지면 광도가 떨어지고 휘청거릴 수 있으며 자동화된 장치에서도 분석 수치가 영향을 받는다.

램프 전류값을 낮추면 발광 스펙트럼 형상은 샤프해지는 경향이 있지만, 너무 낮추면 노이즈의 증가로 감도가 저하된다. 안정적인 정확도가 필요하다면 최적의 발광을 얻기 위해 15~20분 정도의 워밍업이 필요하다. 출광창은 킴와이프와 같은 광학계 클리닝 페이퍼나 알코올(또는 에테르 혼합액) 등을 이용하여 닦아내고 청소한다. 시판 장치에서는 전류값이나 광축도 자동으로 조정된다.

중공음극램프는 목적 원소에 대응하고 전용 소프트웨어를 사용한다. 단원소 램프가 기본이지만 Ca-Mg, Cd-Pb, Cd-Zn, Na-K, Si-Al, Sr-Ba, Fe-Ni, Ca-Mg-Al, Ca-Mg-Zn, Cu-Fe-Mn, Cu-Mn-Si, Cu-Fe-Ni, Cd-Fe-Ni, Cd-Mn, Cd-Fe-Mn, Cd-Fe-Mn, Cd-Mn, Cd-Fe-Mn, Cd-Mn, Cd-Mn 등 여러 원소를 분석하는 데 사용될 수 있기 때문에 자동 연속 분석이나 비용 면에서 효과적이다.

4.4.3 원자화부(아토마이저)

시료의 원자화 방법에는 주로 두 가지 방법이 있다. 아세틸렌과 공기 등에 의한 시트 형태의 화학불꽃을 이용한 프레임 아토마이저와 그래파이트로에 전류를 흘려보내면서 발생하는 줄열을 이용한 전기 가열 아토마이저가 대표적이다.

(1) 프레임 아토마이저

그림 4.5에 예비혼합형 시트형 프레임 모듈을 나타낸다. 용액시료는 네블라이저에서 안개입자가 된다. 분무 직후에 디스패서(충돌옥)에 충돌함으로써 안개입자는 더욱 미세화된다. 스프레이 챔버 내에서 시료가스(아세틸렌가스)와 조연가스(공기 또는 산화이질소)에 예비혼합된다. 가스와 혼합된 시료는 슬롯에서 시트형 프레임으로 도입되어 연소시키면 시트형 프레임 안에서 원자증기가 발생하여 목적원소가 원자화된다.

평형 상태에 도달한 영역에서 시간-흡광도 프로파일을 측정한다. 큰 입자의 안개 입자는 스프레이 챔버 내에서 침강하고 흡인된 시료의 85-90%가 드레인으로서 제거된다.

측정 조건의 최적화를 위한 제어 항목은 버너의 높이 위치, 조연 가스 유량, 연료 가스 유량, 시료 흡인 속도이다.

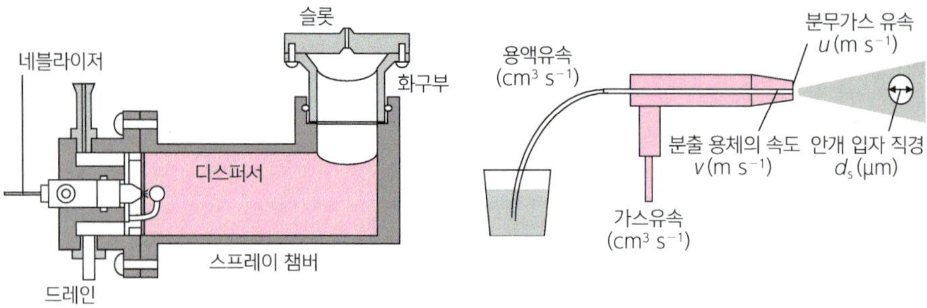

그림 4.5 프레임 원자화부와 네블라이저
히타치 하이테크 사이언스로부터.

네블라이저에서 생성하는 안개입자의 크기는 시료의 점성, 밀도, 표면장력이나 가스 유속에 따라 달라 흡광도가 변화한다. 그 때문에 표준용액과 측정용액의 액성을 맞추는 등 주의가 필요하다. 분출한 에어로졸의 평균 입경은 발산-타나자와가 1939년에 보고한 액체 분무에서 입도 분포 함수의 유명한 실험식(발산·타나자와 식)으로 주어진다.

$$d_s = \frac{585}{\mathrm{u}-v}\left(\frac{\sigma}{\rho}\right)^{0.5} + 597\left(\frac{\eta}{(\sigma\rho)^{0.5}}\right)^{0.45}\left(\frac{10^3 Q_L}{Q_G}\right)^{1.5} \tag{4.1}$$

여기서 d_s는 물방울의 평균 직경(μm: 부피/표면비), u는 분출가스의 속도(m s^{-1}), σ는 표면장력(dyn cm^{-1}), ρ는 분출액의 밀도(g cm^{-1} η는 분출액의 점도(Pa s), Q_L는 분무액의 유속(cm^{-3} s^{-1}), Q_G는 분무가스의 유속(m s^{-1})이다.)

(2) 전기 가열 아토마이저

그림 4.6에 그래파이트로 원자력 전기 가열 아토마이저를 나타냈다. 아르곤 퍼지 상태에서 시료 용액의 미세량을 오토샘플러나 마이크로피펫으로 그래파이트로 중앙부에 있는 직경 약 1 mm의 구멍에서 도입할 수 있다. 시료량은 20 μL이 일반적이지만 최대 100 μL까지 도입할 수 있는 것도 있다. 그래파이트 용광로의 산화로 인한 열화를 막기 위해 용광로 전체가 아르곤 가스로 퍼지되어 있다. 용액시료의 탈용매 건조단계, 유기물의 제거와 목적원소를 산화물 등으로 변환하는 회화단계, 그에 이은 원자화단계에서 단

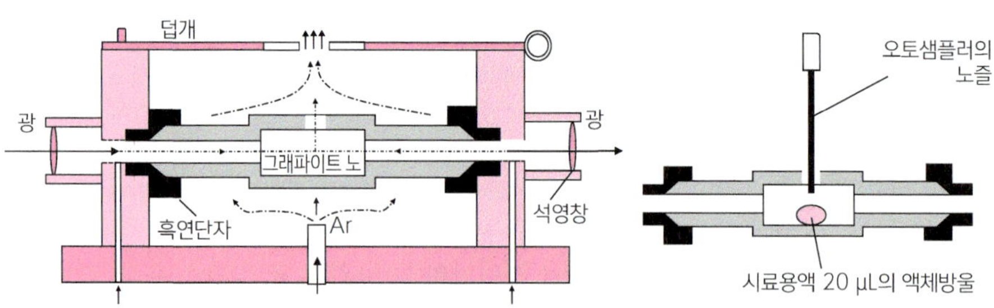

그림 4.6 흑연로 전기 가열 아토마이저

그래파이트 노 표면 전자현미경 사진

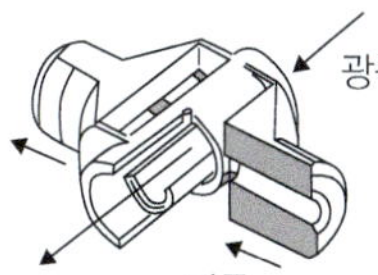

십자형 그래파이트 노

대표적인 매스맨형 그래파이트 노

형상	특징
① 	·원자화 온도가 높고 범용적인 노 ·탄화물의 생성을 감소 ·파이로그래파이트 노
② 	·분산 주입함으로써 시료 용액 확산을 억제하고 측정 정확도를 향상 ·원자화 온도가 높고 범용적인 노 ·탄화물의 생성을 감소 ·파이로그래파이트 노
③ 	·원자화 온도가 높고 범용적인 노 ·탄화물의 생성을 감소 ·Mo,V 등의 용융점 원소 측정에 권장
④ 	·논파일로그래파이트 노 ·환원성을 필요로 하는 원소
⑤ 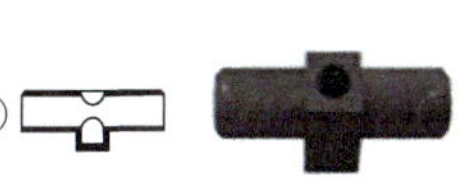	·시료 중 입구가 커서 시료 용액의 확산을 방지하는 구조 ·유기물을 많이 함유하는 시료 ·건조 단계에서 거품이 나는 시료에 유효 ·재현성의 향상 ·논파일로그래파이트 노
⑥ 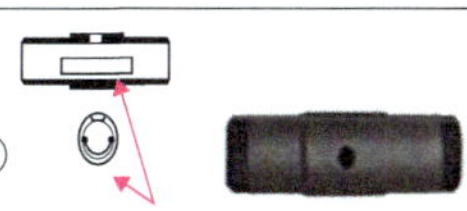 플랫폼	·형 플랫폼이 미리 튜브에 삽입된 일체형 ·시료를 복사열로 가열함으로써 노 내부가 열평형에 도달한 후 원자화로 공존 물질의 간섭을 줄임 ·파일로그래파이트 노

(노의 사진: 히타치 테크사이언스 제공)

그림 4.7 흑연로의 종류와 재질
노의 모식도 : 퍼킨엘머 재팬 제공

숨에 2800℃ 정도까지 승온시켜 발생한 원자증기의 원자흡광을 시간-흡광도 프로파일로 측정한다. 측정 조건의 최적화를 위한 제어 항목은 가열 온도 프로그램, 흑연로 내 아르곤 퍼지 가스 유량 및 시료 도입량이다.

그림 4.7에 그래파이트로를 예시하였다. 그래파이트로는 고온이 되면 그 환원성에 따라 금속 산화물을 환원하여 원자 증기를 효율적으로 발생시키는 효과가 있다. 마스만형 그래파이트로에는 다결정 흑연을 가열 압축한 흑연재에서 깎아낸 논파일(NPG)로(그림 4.7④)와 노 표면에 두께 50 μm 정도의 열분해 그래파이트를 코팅한 파이로(PG)로에도 시료실 크기가 다른 노(그림 4.7①, ③)가 있다. 전자현미경 관찰에 의한 SEM 사진에서 NPG로의 표면은 다공질의 울퉁불퉁하고 PG로에서는 매끄러운 표면임을 알 수 있다.

NPG로의 다공체로서의 성질을 개량한 PG로의 노벽 표면은 NPG로의 요철한 표면이 열분해 흑연층으로 코팅되어 있어 반응성이 억제되고 물질의 침지 또한 일어나기 어렵다는 특징이 있다. PG 용광로에서는 테일러링, 메모리 효과 개선, 고감도화를 볼 수 있다.

광축로의 형상은 연구를 공들인 것으로서 매스맨형에서는 트윈 인젝션로(그림 4.7④), 컵로(그림 4.7⑤) 및 플랫폼로(그림 4.7④) 및 십자형에서는 만곡된 플랫폼을 내장한 그래파이트로 등 다양하고, 그 분석 특성에도 영향을 준다. 매스만로는 광축방향으로 전류가 흐르기 때문에 중앙부 시료도입실의 온도 불균형이 적고, 노의 승온속도를 크게 할 수 있어 원자흡광 시그널의 피크 높이가 크다, 대용량 도입에는 트윈 인젝션로(그림 4.7④)를 이용하면 정밀도 좋게 분석할 수 있다. 그래파이트로에서는 노 내부의 부피가 2 cm^3로 작기 때문에 고농도 매트릭스에서는 공존물질의 가스화에 의한 토출효과(물리 간섭)의 영향을 받는다. 관의 노 중앙부에 컵 모양의 시료실을 갖는 그래파이트로는 고농도 매트릭스 시료의 분석에 효과적이다. 교류제만법의 원자력 장치에서 사용하는 십자형로는 광축과 직교한 방향으로 전류가 흐르기 때문에 튜브의 균일한 온도 분포를 얻기 쉽다.

4

(3) 기타 아토마이저

수소화물 발생(HG)-가열 석영로에서는 비소(As), 셀렌(Se), 안티몬(Sb)의 고감도 분석(수ppb 오더)이 가능하다. 환원기화 수은 냉증기 발생(CVG)-석영셀법은 상온에서 기체의 수은 측정에 이용한다.

4.4.4 분광기와 검출기

분광기에는 체르니 터너형, 에버트형, 에첼형 등이 있다. 입사광과 분광된 빛을 같은 오목한 미러로 공유하고 있는 에버트형과 달리 체르니 터너형 흑백미터는 입사광을 받는 미러와 분광된 빛을 받는 미러가 독립되어 있으므로 거울면 반사에 기초한 미광 성분의 분리가 좋다. 에첼형은 2차원으로 분광할 수 있는 특징을 가지며 반도체 검출기를 조합한 동시 다원소 분석이 가능하다. 검출기는 광전자증배관 또는 반도체 검출기가 대부분의 장치에서 사용되고 있으며 검출기에 입사한 빛의 강도를 그 강도에 따른 전기 신호로 변환한다.

4.5 측광 데이터 처리

원자증기의 발생과 함께 기상 중에 존재하는 산화물 등의 부생성물에 의한 분자의 흡수 밴드에 의한 광흡수나 광산란에 의한 감광의 효과도 동시에 흡광도로 측정하게 된다. 이러한 분광학적 간섭을 종합하여 백그라운드 흡수라고 한다. 진정한 원자 흡수를 추구하기 위해서는 겉보기 흡광도에서 백그라운드 흡수를 보정해야 한다.

4.5.1 제만 효과 백그라운드 보정법

제만 효과 백그라운드 보정법은 모든 파장 범위에서 보정할 수 있다는 장점이 있다. 원자 증기에 자기장을 가하면 원자 스펙트럼은 제만 효과로 인해 발생한다. 그것은 성분선으로 갈라지는 편광 특성을 가지지만 분자 스펙트럼은 영향을 받지 않는다.

그림 4.8에, 이 효과를 이용한 제만 효과 백그라운드 보정법의 원리를 도시하였다. 원자 증기는 π성분(자기장에 평행한 방향에서 관측하면 그 편광 성분)의 빛은 흡수하지만

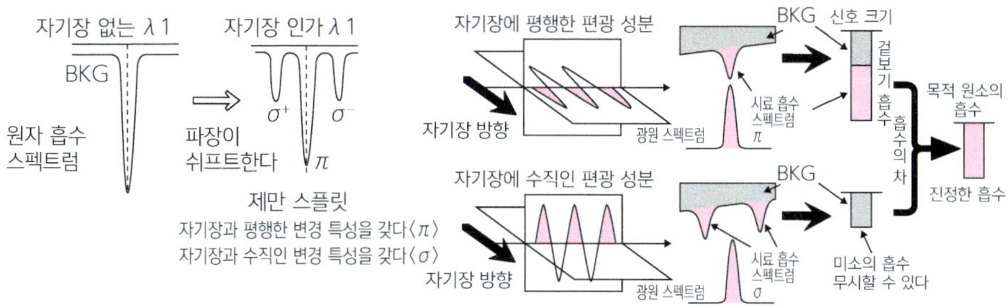

그림 4.8 편광 제만 백그라운드 보정법의 원리
히타치 하이테크 사이언스로부터.

σ성분(자기장의 수직인 방향의 편광 성분)의 빛에서는 흡수가 극단적으로 약해진다. 성분의 대부분이 분자 스펙트럼이나 광산란에 원인이다. π성분과 σ성분의 차이가 진정한 원자 흡수이다. 평행성분과 수직성분을 시간 분해로 측정하는 광학계와 동시에 관측할 수 있는 광학계 장치에서는 단일 광원과 광로상에서의 기계 구동에 의한 노이즈가 저감되기 때문에 고감도 측정에 유리하다.

4.5.2 중수소 램프 백그라운드 보정법

그림 4.9에 중수소(D_2) 램프를 광원으로 한 백그라운드 보정법의 외관도를 나타냈다. 중수소 램프는 파장이 324.7 nm까지의 UV 영역에서의 보정에 이용된다. 측정 시의 스펙트럼 밴드 폭(슬릿 폭)은 원자의 휘선 스펙트럼의 선폭보다 훨씬 넓다. 선폭이 작은 원자 흡수는 무시할 수 있을 정도로 작고, 백그라운드 흡수만이 측정할 수 있게 된다. 복수의 광원과 광로, 기계식 초퍼 등의 구동부의 영향이 보정에 나타나기 쉽다.

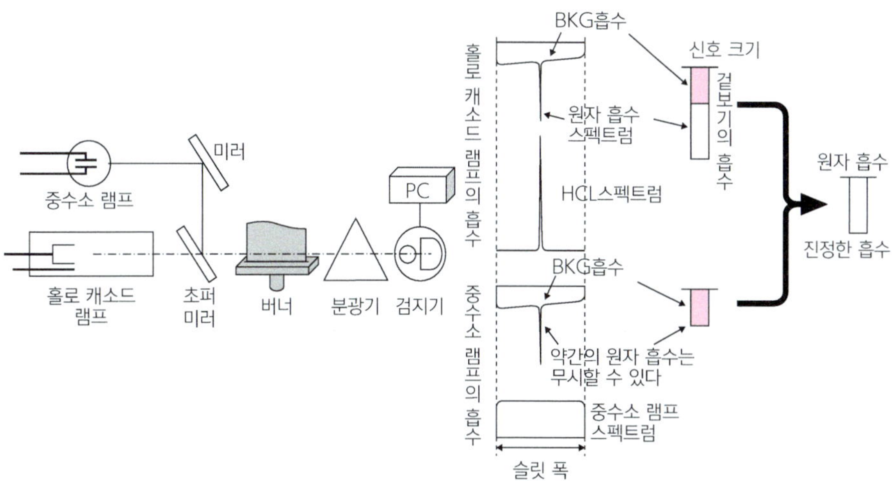

그림 4.9 중수소 램프 백그라운드 보정법 원리
히타치 하이테크 사이언스로부터

4

4.6 공존물질의 간섭과 억제

4.6.1 분광학적 간섭

분광학적 간섭은 매트릭스 원소의 원자 흡수 스펙트럼에 의한 근접선의 간섭, 원자화부로부터의 밴드 스펙트럼이나 광원의 발광 스펙트럼과의 중첩, 비교적 농후한 용액 시료에서 볼 수 있는 에어로졸 입자 등에 의한 광산란이 있다. Ni 중의 미량 Cd, Cu, Pb 분석 및 Fe, Cu, Pb 중의 Sb 분석에서는 근접선의 영향이 나타날 수 있다. Pb 중의 Sb 분석에서는 중수소 램프 백그라운드 보정법보다 편광 제만 백그라운드 보정법이 백그라운드를 정확하게 보정할 수 있다. 분자 흡수나 광산란의 간섭 정도는 백그라운드 보정 방법에 따라 달라질 수 있다.

4.6.2 물리 간섭

물리적 간섭은 목적 원소와 무관하며 측정 시료의 점성 등과 같은 물리적 특성에 기인한다. 염류나 수용성 유기물은 측정 용액의 점도를 올리고 알코올과 같은 유기 용매는 수용액에 비해 표면 장력이 작은 경우가 점도를 낮춘다. 염류, 산, 유기물과 같은 많은 공존물질을 포함하는 시료와 온도도 용액의 점도나 표면 장력의 변화를 야기한다.

오토샘플러의 사용에 있어서는 인젝션 튜브로의 흡입량의 불균질성과 배출량의 변동으로 인한 도입량의 불안정성 및 튜브의 외측 점착 등의 영향이 나타난다. 프레임 원자흡광에서는 네블라이저에서 분출된 에어로졸의 크기에 영향이 나타나기 쉽고, 그래파이트로 원자흡광법에서는 노내 시료의 확산에 차이가 생겨 감도·정확도·반복 측정의 재현성이 나빠진다. 물리 간섭의 영향을 억제하기 위해서는 표준 첨가법이나 매트릭스 매칭법이 효과적이다. 점도가 높은 시료에 건조 단계에서의 시료 용액의 돌비를 막을 목적으로 계면활성제 Triton X-100을 1% 첨가하면 측정 재현성이 개선된다.

4.6.3 화학 간섭

화학 간섭으로는 ① 내열 탄화물이나 내열 산화물 등의 난휘발성 화합물의 생성 ② 고증기압 화합물의 생성에 의한 비교적 저온에서의 측정 원소의 휘산 손실 ③ 이온화 퍼텐셜이 낮은 알칼리·알칼리토류 원소 등에서 일어나는 원자 증기의 이온화 손실 ④ 기상 화학종의 해리 평형에 영향을 주는 해리 상태에 대한 간섭을 들 수 있다.

프레임 원자흡광법에서 Ca는 인산염, 규산염 및 황산염과 난해리성염을 생성하여 원자화 효율이 저하되는 부정적인 간섭을 받는다. La(1000 mg/L)와 같이 간섭물질과 경쟁물질의 첨가와 동시에 다연료 프레임의 사용이 간섭억제에 효과가 있다.

Ca는 Al, Zr, V로부터도 간섭을 받으므로 킬레이트 추출에 의한 분리가 유효하다. 산화이질소-C_2H_2의 고온 버너 프레임을 이용하는 방법으로, Ca보다 낮은 이온화 퍼텐셜을 가진 K를 이온화 억제제로 첨가하면, 특히 간섭이 강한 Al이나 인산이 공존해도 충분히 정량할 수 있다. 흑연로 원자흡광법에서는 회화 단계에서의 목적 원소의 기화, 기저상태의 원자 생성을 억제하는 분자의 생성, 및 내열성 물질의 생성에 의한 원자화 단계에서의 원자화 효율 저하 등이 간섭의 원인이다. 공존하는 할로겐화물은 공비나 담체 증류에 의해 원소 손실을 촉진하기도 한다. Pb에 대한 염화물의 간섭은 $PbCl_2$로서의 회화단계에서 증발하기 때문에 흡수 강도는 저하되지만 Pd계 매트릭스 수식제로 간섭을 억제할 수 있다.

표 4.2에 나타내는 매트릭스 수식제는 최적 회화 온도도 향상되어 공존물질 제거에 도움을 주고 간섭을 억제하는 효과가 있다. Al, Sr, Cr, Mn, Ni, Co, Cu에 대한 NaCl의 간섭은 EDTA의 첨가가 유효하다. 2차 문헌(참고문헌 4) 참조)이나 학술지 *J. Anal. Atom. Spectrom.*, **18**,808(2003) 등으로 예시되는 2000년 전후 ASU Review의 총설을 이용하여 수식제 정보를 수집할 수 있다.

표 4.2 매트릭스 수식제에 의한 회화온도의 향상

개질제	회화 온도(℃)					
원소	mg/L	As	Cd	Pb	Se	Sn
without		400	300	400	400	400
Pd	500	1400	700	1400	1200	600
Ni	1000	1400	700	1200	1200	1400
Mg	1000	1300	300	1200	1200	1600
M	1000	1400		1200		1600

4.7 분석 조작

4.7.1 아토마이저

프레임 원자흡광법에서 시판되는 표준 버너는 공기-아세틸렌 프레임(2000℃), 공기-수소 프레임(2000℃), 아르곤-수소 프레임(1600℃)을 사용할 수 있다. 측정원소는 Pb, Cd, Fe, Cu, Mn, Cr, Au, K, Ag, Zn, Na, Ca, Mg 등이 있다. 고온 버너는 Al, B, Ba, Be, Ca, Ge, Si, ScTi, V, W, Zr 등 내열성 원소나 희토류 원소에 적합한 산화이질소-아세틸렌 프레임(3000℃)을 사용할 수 있다.

분석을 이해 버너의 높이 위치와 조연가스 유량, 연료가스 유량의 최적화는 일정 농도의 분석 원소의 용액을 분무하면서 최대의 흡광도가 측정되도록 조정하여 측정한다. 그림 4.10에 Cd와 Cr의 예를 나타낸다. 초기 상태에서의 측정은 회피해야 할 주의점이다. 분무 시료의 점도에 따라 최적의 흡입량으로 조절하는 경우가 있다. 보통 시료 부피는 1 mL이지만 마이크로 샘플링법을 이용하면 0.02~0.5 mL 정도이다.

그래파이트로 원자화법에서는 건조단계, 유기물의 제거와 목적원소를 산화물 등으로 변환하는 회화단계, 그에 이어 단번에 2800℃ 정도까지 승온시켜 발생한 원자증기 중의 원자흡광을 시간-흡광도 프로파일로 측정하는 원자화 단계가 있다. 그림 4.11에 가열조건의 검토상황과 최적화 지침을 제시했다. 초기상태에서 측정을 하지 않고 가열온도나 시간 등의 조건을 최적화할 필요가 있다. 예를 들어 Pb분석에서는 일련의 측정주기로 약

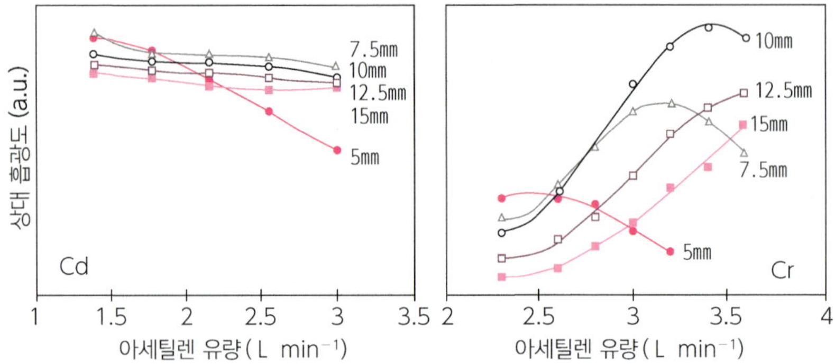

그림 4.10 아세틸렌 유량과 프레임 높이의 영향
히타치 하이테크 사이언스

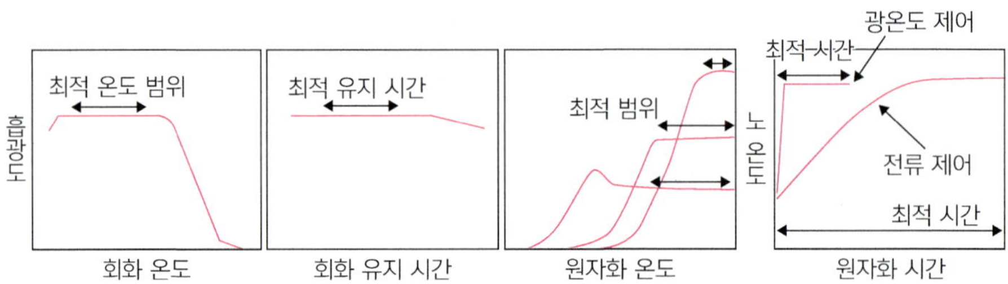

그림 4.11 흑연로 가열 프로그램 최적화

3~5분이 소요된다.

원자화 단계의 승온 방식은 고감도이기 때문에 최대 전류로 순간적으로 노를 가열해 고속으로 승온(2000℃ s^{-1})하는 광온도 제어 방식이 일반적이다. 매트릭스 농도에 따라 아르곤 가스 유량도 최적화한다. 시료의 상황에 따라 매트릭스의 증발과 목적 원소의 원자화를 분리할 수 있고 전류 제어 방식을 사용하는 경우도 있다.

4.7.2 분석선 선택과 근접선

표 4.3에 원자흡광 측정에 이용하는 대표적인 분석선을 나타낸다. 분석에는 흡수 감도비를 1로 정의한 흡수 감도가 가장 강한 공명선(제1 분석선)을 이용한다. 그러나, 공존물질에 포함된 공존 원소의 근접선의 간섭, 백그라운드 흡수나 노이즈의 영향을 억제하거나 농도가 높은 시료를 측정하고 싶을 때에는 흡수 감도비가 낮은 파장의 공명선을 이용한다. 이를 제2분석선이라고 한다.

분석선에 관한 깊은 이해는 측정원소의 분석선 부근에 존재하고 또한 스펙트럼 밴드폭 이내에 존재하는 공존원소의 분석선(근접선)에 원인한 분광학적 간섭의 이해에 도움이 된다. 최근에는 제어 소프트웨어 내에 분석선과 감도비가 표시되는 장치들이 많다.

예를 들어 그림 4.12에 나타내는 Sb분석선 217.6 nm에 대해 밴드폭 0.4 nm 범위(±0.2 nm) 내에 존재하는 217.414 nm에서 217.6837 nm 사이의 Fe 흡수대에 의한 분광

표 4.3 편광 제만 원자흡광법에 있어서 주된 분석선(nm)과 감도비

원소	분석선	흡수 감도비	원소	분석선	흡수 감도비	원소	분석선	흡수 감도비
Sb	217.6	1	Pb	283.3	1	Na	589.0	1
	206.8	0.88		261.4	0.003		589.6	0.19
	231.1	1.24		368.3	0.002		330.2	
							330.3	0.002
Fe	248.3	1	Ni	232.0	1	Mg	285.2	1
	248.8	0.34		303.8	0.02		202.5	0.04
	252.7	0.23		305.1	0.06	Cu	324.8	1
	302.1	0.24		323.3	0.02		216.5	0.15
	305.9	0.02		337.0	0.04		222.6	0.02
	344.]	0.01		341.5	0.31		242.2	0.006
	372.0	0.16		346.2	0.14		249.2	0.04
	373.7	0.08		351.5	0.1		327.4	0.38
	392.0	0.003		352.5	0.22			

학적 간섭에 주의한다. 다량의 Pb나 Cu 공존하에서는 분광 간섭의 영향이 우려된다. SN비, 검출 한계, 감도 등의 최적화를 검토하고 분석선을 선택한다.

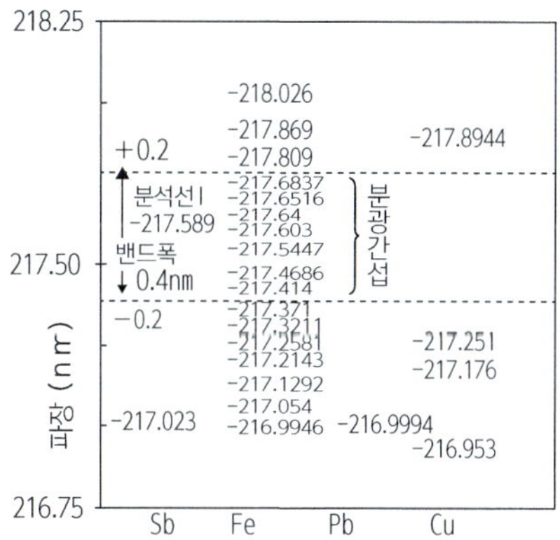

그림 4.12 Sb의 분석선과 근접선

4.7.3 시정수

시정수란 광학계에서 검출되는 흡수 신호의 생데이터 평활화 처리에 관한 파라미터로 흡광도 출력의 예민함을 나타낸다. 시정수는 0.02, 0.05, 0.1, 0.2, 0.5, 1~5초까지 다양하다. 시정수를 0.1이나 0.5초 등 길게 취하면 흡광도의 시간 변동이 평활화되어 흡광도는 어느 정도 저하되지만 노이즈 저감에 효과적이다.

프레임 원자흡광법에서는 0.5초 이상의 긴 시정수를 이용한다. 측정하는 원소의 측정 조건에서의 흡광도 응답과 노이즈의 균형으로부터 시정수를 최적화가 필요하다. 그래파이트로 원자흡광법에서는 시정수 0.1초를 이용하는 경우가 많다. 가장 작은 시간인 0.02초를 사용하면 예민한 반응을 얻을 수 있어 민감도가 향상된다.

4.7.4 Cd와 Pb의 측정법

Pb의 시판 원자흡광 분석용 표준용액(1000 ppm)을 1% 질산으로 희석하여 표준용액을 준비하였다. Pb농도는 0, 1.0, 2.0 μg L^{-1}로 한다. Pd 매트릭스 수식제(100 ppm)를 순수로 10배 희석해 워킹용액을 준비했다. 표준 기기 조건은 표 4.4이다. 측정액 60 μL와 Pd 수식제 5 μL를 오토샘플러에 의해 그래파이트로 내에 주입하고 혼합한다. Pb의 검량선을 구했을 때의 측정 결과의 예를 표 4.5에 나타낸다.

표 4.4 GFAAS에 있어서 Pb와 Cd의 분석 예

스테이지	온도(℃)		시간	Ar
	Pb	Cd	(s)	(mL m^{-1})
건조	80~120	80~120	40	200
회화 1	120~800	–	20	200
회화 2	800~800	300~300	20	200
원자화*	2700~2700	1500~1500	5	30
정화	2800~2800	1800~1800	4	200
냉각			30	200
시정수	0.02 s	0.1 s		

분석선 파장(nm) Pb: 283.3, Cd: 228.3; 슬릿폭 1.3 nm
* 광온도제어 ON

표 4.5 Pb의 GFAAS에 있어서 검량선의 측정 예

Pb [ppb]	측정값 Abs	SD	보정값 Abs
0	0.0015	0.0002	0
1	0.0193	0.0006	0.0178
2	0.0371	0.0001	0.0356
5	0.0967	0.0002	0.0952
LOD	0.03 ppb	1% abs	0.23 ppb

검량선은 [Pb] = 0.0188 × [abs] (제곱상관계수 R^2 = 0.9988)이다. 검량선을 작성하여 검출한계(블랭크 SD의 3배값, 0.03 ppb), 감도(1% 흡수를 나타내는 14 pg 0.23 ppb × 60 μL)를 구하자. 또한 표준용액의 Cd 농도가 0,0.5, 1.0, 2.0 ppb에서 측정액 20 μL를 도입하였을 때 검출한계 0.003 ppb와 감도(1% 흡수: 1.3 pg = 0.064 ppb × 20 μL)를 얻을 수 있다.

4.8 시약류, 기구·환경 오염 대책

오염을 막기 위해 물은 초순수장치에 의한 정제수를 이용한다. 세정병 안에서 저장한 순수는 대기나 용기로부터의 오염이 있다. 액성을 유지하기 위한 산, 분해시약, 농축의 용리액 등도 오염의 원인이 되므로 실험별 불순물의 확인이나 제거를 실시할 필요가 있다. 불순물량이 적은 고순도 시약, 예를 들어 관동화학사제에서는 10 ppt(ngL 이하의 불순물량의 고순도 시약이나 100~200 ppt으로 조금 불순물 농도가 높아지지만 합리적인 가격의 고순도 시약을 시약 블랭크값 허용범위를 고려하여 사용한다. 고순도 시약의 조작이나 보존 중에 오염을 방지하는 방법도 중요하다. 시판되고 있는 JCSS 화학 분석용 트레이서블 표준용액을 이용하면 신뢰성이 향상된다.

분석값을 정기적으로 점검하는 것도 중요하다. 고밀도폴리에틸렌(HDPE) 이외에도

PFA나 PTFE 등의 불소수지 용기가 오염 삭감에 효과적이다. 유리기구에서는 미량의 Fe가 용출되므로 ppb 분석에 부적합하다. 실험 조작 시에는 폴리에틸렌제 디스포저블 장갑이 실험자로부터 오염을 억제한다. HEPA 필터가 달린 공기청정기, 실험실 내 부식 대책, 에어로졸 발생원과 외부 침입 경로의 삭감이 과제이다. 기구류의 세정에는 염산이나 질산을 이용하는데, 알칼리계 중금속 세정제(후지필름 와광순약 콘타미논L 등)도 유효하여 실험실 환경의 녹 대책에 편리하다.

4.9 전처리

고체 시료의 분해법은 습식 분해법, 건식 연소법, 융해법의 세 가지로 나뉜다. 습식 분해법은 Al, Ca, Fe, K, Mg, Na, Pb, Zn 등의 환경으로부터 오염을 받기 쉬운 원소에게 효과적이다. 발생가스량이 적은 시료에서는 테플론(PTFE) 비커에 의해 열린 개방계에서의 처리 외에 내압 봄베에서의 밀폐계에서의 마이크로파 가열 방식이나 스테인리스 재킷에 테프론 용기를 수납한 고압 테프론 분해 용기가 효과적이다.

오토클레이브 중에 석영제의 분해 용기를 장비한 고압 회화장치가 개발되어 있어 석탄의 분해도 가능하다. 핫플레이트(블록 히터 포함) 방식의 가열 장치보다 마이크로파 가열 장치를 사용하는 보고가 증가하고 있다. 핫플레이트 가열에서는 20~30개의 시료를 동시에 처리할 수 있는 매스 장점과 분해 시간이 길기 때문에 동시에 분석 작업을 진행하면 시간적인 메리트가 크다. 마이크로파 가열에서는 분해시간이 짧은 시간 단축 메리트가 있지만, 때마다 처리할 수 있는 시료수가 약간 적다. 쌍방의 장점과 단점을 이해하고, 상호보완적으로 이용한다. 어느 것이든 유기물 시료의 분해로 다량의 가스가 발생하는 시료에는 전기로 가열회화를 이용하지만 As, Hg, Sb, Cd, Sn, Pb, Zn, Ag 등이 휘산하여 손실이 문제가 된다.

매트릭스 수식제의 첨가가 유효한 경우가 있다. 표 4.6에 시료의 전처리법을 정리한 최

표 4.6 시료의 전처리법의 예

시료	전처리법	
철강	염산-질산 분해법	혼산(인산, 황산)
구리 합금	질산-불산-황산분해법	질산분해법
	혼산(질산, 염산) 분해법	
	불화수소산,불소혼합 용액-질산분해법	
알루미늄 합금	염산-과산화수소수 분해법 혼산(질산, 염산, 황산)-질산분해법	
니켈 합금	질산 분해법	
암석, 광물	질산-불산 분해법	황산-불산 분해법
	염산-질산 분해법	황산-질산 분해법
	탄산염 융해법	탄산염-붕산염 융해법
윤활유, 중유	건식 회화법, 유기 용매로 희석하여 직접 측정	

근에는 유기용매를 삭감할 수 있는 고상 추출법으로서 이미노2초산계의 킬레이트 수지 고상 추출에 의한 분리 농축법이 이용되고 있다. 노비아스 킬레이트 수지(히타치 하이테크 필딩)나 3M™엠포아 수지(지엘 사이언스) 등이 있다.

4.10 측정결과와 해석방법

4

그림 4.13과 같이 정량법에는 검량선법과 표준첨가법이 있다. 장치의 검출 하한이나 실제 상황에 따른 정량 하한선을 아는 것은 분석 계획을 세우는 데 도움이 된다. JIS K 0121「원자흡광분석통칙」이나 J-STAGE 등 데이터베이스 검색한 분석 사례의 학술논문, 장치메이커의 Web상의 응용 예를 참조하면 된다.

4.10.1 검량선법

표준용액에는 트레이서빌리티가 확립되어 있는 시판되고 있는 원자흡광용 금속 표준용액을 사용하는데, 그 외에도 철강 표준물질이나 고순도 금속 등도 이용할 수 있다. 표준용액을 산성상태에서 적절히 희석하여 측정원소의 농도와 흡광도의 직선관계(람베르트·비어의 법칙)를 나타내는 검량선을 작성하여 미지시료의 흡광도에서 측정원소 농도를 산출한다. 최근의 장치에는 오토샘플러의 발전으로 PC제어부에 QC(품질관리) 샘플을 일정한 미지시료 간격별로 측정하여 허용 범위 내에 있는지 확인하는 검사 기능도 있다.

검량선법에 의한 정량분석에서 공존물질에 의한 간섭의 정도는 정량결과의 신뢰성에 영향을 미치기 때문에, 이미 알려진 농도의 금속 표준용액을 스파이크 첨가했을 때의 목적원소 농도의 증분을 정량하는 시험을 실시하여 확인한다. 금속 표준용액 대신 블랭크 용액을 스파이크 첨가한 시료를 무첨가 시료라고 부른다. 스파이크 첨가 시료와 무첨가 시료의 농도 차이에 따라 구한 스파이크 첨가 농도에 대한 회수율(백분율)로 판단한다. 리커버리 체크(첨가 회수율 확인) 기능도 자동화 되어 있다.

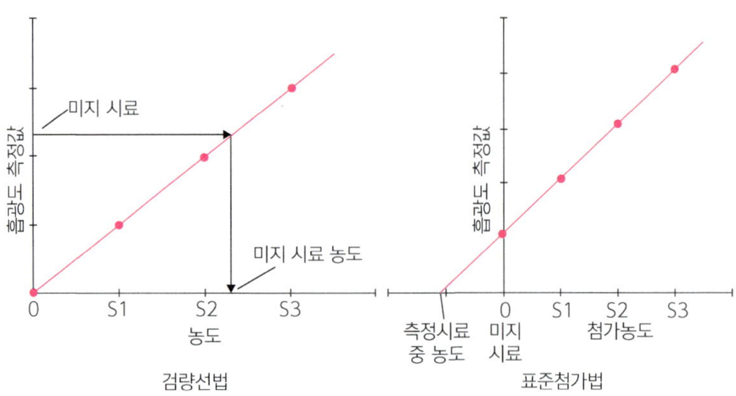

그림 4.13 검량선법과 표준첨가법

$$\text{회수율}(\%) = \frac{(\text{첨가시료의 정량값}) - (\text{시료의 정량값})}{(\text{첨가농도})} \times 100 \tag{4.2}$$

검량선법을 적용할지 표준첨가법이 필요한지에 대한 판단에 대해서는 각각의 분석에서 요구되는 정밀도에 따라 다르며 명확한 기준은 없다. 참고로 미국 환경보호청(EPA)에서 채용하고 있는 그래파이트로 원자흡광법의 판단기준에서는 회수율이 100±15% 이내이면 검량선법으로 좋으며, 이 범위를 초과한 경우에는 표준첨가법을 이용하도록 되어 있다. 미지시료에 대한 첨가 회수실험에서는 회수율이 100±10% 이내이면 양호한 회수율이라고 할 수 있다.

4

4.10.2 표준첨가법

공존물질의 간섭이 큰 경우에는 표준첨가법을 이용한다. 그림 4.14와 같이 미지시료와 그 시료에 목적원소를 첨가했을 때의 흡광도 첨가량에 대한 검량선을 작성한다. 그림 4.14(a)와 같이 미지 시료의 농도를 0으로 두었을 때, 미지 시료와 첨가 시료의 흡광도 간격이 같은 정도인 것이 바람직하다. 이 검량선을 음의 방향으로 직선 외삽하여 미지 시료의 농도가 구해진다. 그림 4.14(b)는 첨가량이 과도하고 그림 4.14(c)는 첨가량이 부족하여 정확성에 문제가 남는다.

미지시료의 농도로 환산하는 경우에는 표준첨가 조작에 있어서의 희석배율을 보정하여 측정시료 중에서의 농도를 산출할 필요가 있다. 또한 검량선이 만곡하는 영역에서는 정확한 값을 얻을 수 없다.

표준첨가법에서도 공존하는 물질에 의한 간섭이 너무 크면 전처리가 필요하다. 검량선법에서 말한 회수율은 경험으로서 70%를 기준으로 하여 시료의 희석이나 공존물을 제거하는 분리 조작의 전처리가 필요하다고 생각된다. 각각의 분석에서 요구되는 정밀도를 고려하여 선택해주기 바란다.

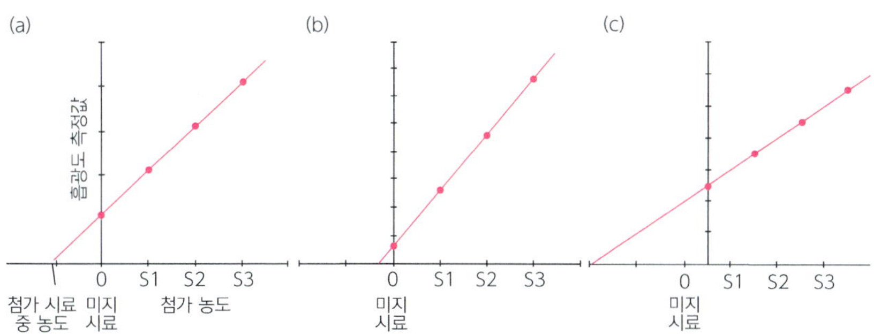

그림 4.14 표준 첨가 곡선

4.11 끝에

원자흡광 분석법은 JIS를 비롯한 많은 표준규격에 채용되고 있으므로 초보자에게도 지식과 대처방법을 마스터하면 미량원소 분석에 있어서 유효한 툴이다.

【참고 문헌】

さらに詳しく調べるための実用書, 専門書, 学術書, ウェブサイトの情報などをまとめた.

4

《入門書》

·太田清, 金子聡,『分析化学実技シリーズ(機器分析編5)原子吸光分析』, 共立出版(2011).

·平井昭司監, 日本分析化学会編,『現場で役立つ環境分析の基礎』, オーム社(2018).

《コンタミ, 実験環境, 原子スペクトル分析の総合書》

·C. Vandecasteele, C. B. Block, 原口紘炁他訳,『微量元素分析の実際』, 丸善 (1995).

《分析の基礎と試料の前処理全般》

·平井昭司監, 日本分析化学会編,『現場で役立つ化学分析の基礎』, オーム社(2015).

《マトリックス修飾剤の二次文献》

·今井昭二, 工業用水, **569**, 26 (2006).

·今井昭二, 岩本悦郎, ぶんせき, **11**, 947 (1999).

·J. Sneddon, "ATOMIC SPECTROMETRY", vol. 4, JAI PRESS INC. (1998).

《原子スペクトル分析の理論と装置原理の書》

·日本分析化学会編,『分析化学大系原子スペクトル分析(上·下)』, 丸善(1979).

《原子吸光分析法の専門書》

·B. Welz, M. Sperling, "Atomic Absorption Spectrometry", 3 rd. ed., WILEY-VHC (1999).

《アクセスフリーのウェブページ：実試料分析の分析実例集》

·株式会社日立ハイテクサイエンス, "S.I. Navi", 〈https://www.hitachi-hightech.com/hhs/support/sinavi.html〉.

《原子吸光法に関する基礎研究のレビュー》

·今井昭二, 分析化学, **49**, 19(2000).

·今井昭二, THE HITACHI SCIENTIFIC INSTRUMENT NEWS, **46**, 4152(2004).

·山本祐平, THE HITACHI SCIENTIFIC INSTRUMENT NEWS, **61**, 5392(2018).

·S. Imai, T. Nakahara, "APPLIED SPECTROSCOPY REVIEWS", Marcel Dekker. Inc(2004), p. 509.

5 유도결합 플라즈마 발광분석법(ICP-OES)· 질량 분석법(ICP-MS)

5.1 처음에

물질과 빛이나 전자기 등의 상호작용을 측정하는 기기분석법은 20세기 중반 이후 전기전자 기술 및 전자제어 데이터처리 기술의 진보로 비약적인 발전을 이루었으며 화학분석법의 검출 한계를 훨씬 능가하는 미량분석을 가능하게 하였다. 그 중에서도 원자 스펙트럼 분석은 원자흡광 분석법(1955년, A. Walsh)[1], 유도결합 플라즈마 발광분석법(1964년, S. Greenfield 외, 1965년, V.A. Fassel)[2,3], 유도결합 플라즈마 질량 분석법(1980년, R.S. Houk 등)이 차례로 개발되면서 괄목할 만한 발전을 이루었으며 검출 한계는 $\mu g\ mL^{-1}$(ppm)에서 $ng\ mL^{-1}$(ppb), $pg\ mL^{-1}$(ppt)로 향상되었다.

원자 스펙트럼 분석법에서는 우선 시료 중의 측정 대상원소를 원자의 상태까지 해리(원자화)하고 필요에 따라 더욱 여기 이온화하여 이들 원자와 이온의 흡광, 발광, 이온량 등을 측정한다. 그러므로 원자 스펙트럼 분석에는 안정적인 고온 열매체가 필요하다. 열매체로는 화학불꽃, 전기적 가열로, 플라즈마, 글로우 방전, 스파크 방전, 아크 방전 등이 자주 이용된다. 원자 스펙트럼 분석에 이용되는 대표적인 열매체와 그 온도를 표 5.1에 정리하였다. 열매체 중의 원자는 볼츠만 분포(식 (5.1))에 따라 여기 상태로 분포한다.

$$N_1/N_0 = (g_1\ /\ g_0) \exp(-\Delta E\ /\ kT) \tag{5.1}$$

N_0와 N_1은 기저상태(E_0)와 여기상태(E_1)에 존재하는 원자수, g_0와 g_1은 각 준위의 통계적 중율, ΔE는 E_1과 E_0의 에너지차, k는 볼츠만 상수, T는 열매체의 온도이다. 예를 들어 3000 K의 열매체의 경우에는 여기에너지가 낮은 알칼리금속·알칼리토류 금속원소로는 비교적 많은 원자가 여기 상태에도 분포하지만, 그 이외의 원소에서는 대부분의 원자가 기저 상태에 분포하고 있다. 이 때문에 그 온도가 2200~3400 K에 있는 화학불꽃이나 전기적 가열로 등의 열매체는 주로 원자흡광분석용 원자화원으로 이용된다. 한편, 플라즈마나 각종 방전은 온도가 5000~8000 K이며, 자외 영역에 발광을 갖는 많은 금속 원소의 여기원으로 유효하다. 그 중에서도 Ar를 플라즈마 가스로 하는 Ar-ICP는 구조상의 특징 때문에 많

표 5.1 대표적인 열매체의 온도

열매체		온도 K
화학불꽃		
아세틸렌	공기	2600
아세틸렌	일산화이질소	3100
아세틸렌	산소	3400
수소	공기	2300
수소	질소	2900
프로판	공기	2200
전기적 가열흑연로		3100
Ar ICP		5000~8000
스파크 방전		6500~8000
아크 방전		5000~6500

은 원소를 1가 이온으로 이온화하기 때문에 원자 발광 분석이나 질량 분석이 우수한 여기원·이온화원으로 널리 이용되고 있다.

5.2 유도결합 플라즈마(ICP)의 특징

5

플라즈마란 일반적으로는 「전리된 중성 기체」로 이해되고 있으나 I. Langmuir에 의해 1922년에 「전리된 양이온과 거의 같은 양의 전자 및 임의의 수의 원자나 중성 분자가 존재하여 전체적으로는 전기적 중성을 유지하고 있는 상태」로 정의되었다. 플라즈마는 통상의 고체, 액체, 기체와는 매우 다른 성질을 나타내기 때문에 「제4의 상태」라고도 불린다.

플라즈마는 자연계에서는 오로라나 전리층 등으로 관측되는데, 인공적으로도 기체가 채워진 공간에 높은 에너지(전계, 전자파, 열, 충격파 등)를 집중시키면 생성할 수 있으며, 우리 주변에서도 방전램프, 용접, 플라즈마 프로세싱이나 플라즈마 디스플레이 등에서 널리 이용되고 있다. 원자 스펙트럼 분석에서 이용되는 유도결합 플라즈마(Inductively Coupled Plasma: ICP)는 아르곤 가스에 고주파를 걸어 유도결합적으로 플라즈마를 생성시켜 ICP발광분석(ICP-OES)이나 ICP질량 분석(ICP-MS)의 광원이나 이온화원으로 이용된다.

5.2.1 플라즈마 생성

유도결합에 의한 플라즈마 생성 모습을 그림 5.1에 모식적으로 나타낸다. 삼중관 구조의 토치에 Ar 가스를 흘린 상태에서 코일에 고주파 전류를 흘리면 토치 내를 축방향으로 통과하는 교번 자계가 생긴다. 이 교류 자계의 자력선 주위에 와전류(에디 전류: eddy current)가 흐르고, 이 와전류로 가속된 전자가 Ar에 충돌하여 Ar를 Ar*와 전자에 전리한다. 생성한 전자가 추가로 Ar를 전리하는 반응이 연쇄적으로 이어지고, 전자의 증식작용에 의해 플라즈마가 생성·유지된다.

$$e^- + Ar \rightarrow e^- + e^- + Ar^+$$

$$\downarrow$$

$$Ar + e^- \rightarrow e^- + e^- + Ar$$

또한, 전자는 주위의 공기에 의해 증식을 억제하기 때문에, 종국에는 전자의 증식작용과 공기에 의한 억제작용이 평형을 이룬 곳에서 안정된 플라즈마로 유지된다.

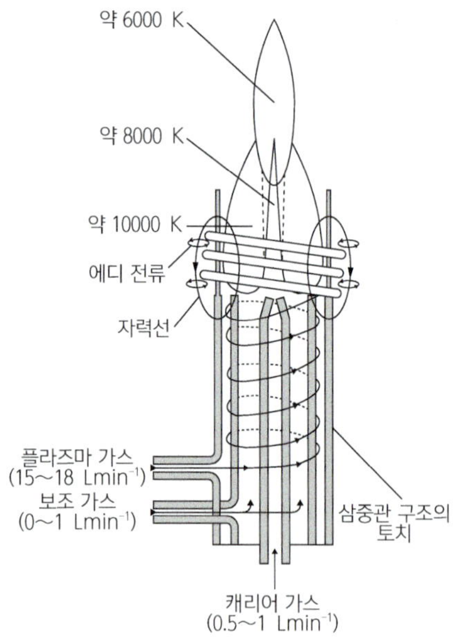

그림 5.1 유도결합에 의한 플라즈마 생성 모습

Ar–ICP는 전자 밀도가 대략 10^{15} cm^{-3}이며 비교적 전자 밀도가 높은 플라즈마로 분류되지만, 그래도 플라즈마 중 Ar의 약 0.1%가 전리되어 있는 것에 불과한 Ar–ICP처럼 전자 밀도가 높은 플라즈마는 도체라고 생각해도 된다. 도체에 고주파 전류를 흘리면, 전류 밀도는 도체의 표면 부분에서 최대가 되고 중심을 향해 지수 함수적으로 감소한다. 이 효과는 표피 효과(skin effect)라고 불리며, 표면 전류가 도체 표면의 1/e가 되는 깊이 δ는 다음 식으로 나타난다.

$$\delta = 1/\sqrt{\pi f \mu \sigma} \tag{5.2}$$

여기서 f는 주파수, μ는 투자율, δ는 전도도이다.

이런 식으로 생성되는 ICP의 가장 큰 특징은 「도넛 구조」라고 불리는 구조를 갖는다는 것이다. ICP는 공간적으로 균일하지 않고 ICP의 온도나 전자 밀도는 중심부에서는 낮고 주변부에서는 높다. 그에 따라 플라즈마의 발광도 중심부에서는 약하고 주변부에서는 강하다. 그래서 ICP를 토치축 위쪽에서 관측하면 중심부가 상대적으로 어둡게 관측되어 플라즈마가 도넛 고리처럼 보인다고 해서 이 이름이 붙여졌다.

일반적으로, 플라즈마에서는 고온이 될수록 분석 시료의 도입이 어렵다. 이에 반해, ICP에서는 플라즈마 중심부(센트럴 채널)의 온도가 상대적으로 낮아 분석 시료를 안정적이고 고효율로 플라즈마 중심부에 도입할 수 있다. 게다가 센트럴 채널을 둘러싼 고온·고밀도의 플라즈마 주변 부분에 의해 시료를 효율적으로 원자화·여기·이온화할 수 있기 때문에 ICP는 분석화학적으로 매우 우수한 열매체라고 할 수 있다.

5.2.2 플라스마 토치와 Ar가스 공급

3중관 구조의 토치는 외부에서 플라즈마 가스, 보조 가스, 캐리어 가스를 공급한다.

(1) 플라즈마 가스

삼중관 구조 토치의 가장 바깥쪽을 흐르는 플라즈마 가스는 보통 12~16 L min^{-1} 정도의 유량으로 공급된다. 플라즈마를 유지함과 동시에 플라즈마를 냉각시켜 토치의 손상을 막고 플라즈마의 중심부로 공기가 유입되는 것을 막고 있다.

(2) 보조 가스

토치 중간부로 흘러가는 보조 가스는 플라즈마를 유지하는데 본질적인 역할은 없지만 플라즈마를 토치보다 높은 위치로 유지하여 플라즈마가 토치에 접촉하는 것을 막고 있다. 또한 유기용매를 도입할 때는 평소보다 Ar 가스를 더 많이 흘려보낸다(1~1.5 L min^{-1})이나 0.1~1 L min^{-1}의 산소가스를 첨가함으로써 토치에 그을음 부착이나 플라즈마의 불안정화를 경감시킨다.

(3) 캐리어 가스

캐리어 가스는 플라즈마 중심부를 흐르는 가스로, 측정 시료를 플라즈마로 공급하고, 캐리어 가스를 플라즈마 중심부로 흘려보냄으로써 도넛 구조가 보다 명확하게 형성된다. 플라즈마 가스는 네블라이저와 챔버를 통해 플라즈마 중심부로 도입되고, 네블라이저에 의해 시료용액을 미세한 미스트로 만들어 플라즈마 안으로 도입한다. 캐리어 가스 유량(0.5~1 L min^{-1})은 시료 도입 유량에 직접적인 영향을 주는 요소로, 시료의 성상이나 네블라이저의 종류, 분석 조건에 따라 적절히 결정할 필요가 있다.

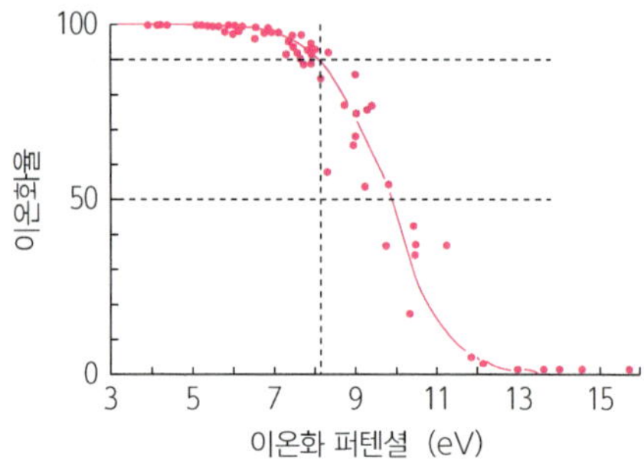

그림 5.2 이온화율과 이온화 퍼텐셜의 관계

5.2.3 플라즈마 중 원자의 이온화

ICP에서는 도입된 원자가 1가 이온으로 되어 플라즈마 안에 존재하는 비율이 극히 높다. ICP 중에서의 각 원소의 이온화율과 이온화 퍼텐셜의 관계를 그림 5.2에 나타낸다. 이온화 퍼텐셜이 8 eV 이하인 금속 원자는 플라즈마 중에서 90% 이상이 1가 이온으로 존재하고, 이온화 퍼텐셜이 8~10 eV인 금속 원자도 50% 이상이 이온화되어 있다. 대략적으로 ICP에서 여기나 이온화가 잘 되지 않는 원소는 비금속 원소뿐이라고 할 수 있다. 한편, 2가 이온의 이온화 퍼텐셜은 대략 10 eV 이상이기 때문에 ICP 중에서 2가 이온으로까지 이온화되어 있는 원자의 비율은 낮다.

많은 원소들이 플라즈마 안에서 거의 1가 이온으로 존재하고 있는 것이 ICP의 큰 특징 중 하나이다. 이 때문에 ICP-OES에서는 주로 1가 이온의 발광선을 측정하고, 또한 ICP-MS에서는 1가 이온의 질량 전하비(m/z)를 측정한다.

5.3 ICP 발광 분석법

5.3.1 ICP 발광분석법의 특징

발광분석용 광원으로서의 ICP는 도넛 구조를 하고 있으므로, 분석 시료는 센트럴 채널을 통과하면서 플라즈마 중심부에서 원자화·여기된다. 이 때문에 자기흡수의 영향이 극히 낮다는 우수한 특성을 가진다. ICP 발광분석법의 특징을 이하에 정리한다.

- 불활성 가스, 불소, 산소, 질소 등의 원소를 제외한 대부분의 원소를 대략 ppb(10^{-9} g mL^{-1} 레벨의 검출 한계로 측정할 수 있다.
- 다원소 동시 측정이 가능하다.
- 플라즈마 자체가 안정적이고, 측정 정밀도가 높다.
- 검량선의 직선 영역이 6자리 정도로 넓다(도넛 구조를 취함으로써 자기 흡수의 영향이 경감되기 때문).
- 플라즈마의 온도가 높고, 화학 간섭이나 이온화 간섭의 영향이 적다.

ICP 발광분석법은 환경시료, 식품시료, 공산품 등의 분석, 제조공정이나 배수 등의 관

표 5.2 분석에 사용되는 주요 발광선

원소	파장(nm)	검출하한 (ppb)
Cd	214.438	0.1
Cd	226.502	0.2
Cd	228.802	0.3
Pb	220.353	1
Pb	216.999	3
Pb	261.418	7
Pb	405.783	10
Cr	267.716	0.1
Cr	205.552	0.3
Cr	206.149	0.4
As	188.979	4
As	193.696	5
As	197.197	7
Se	196.026	5
Se	206.279	8
Hg	194.227	2
Hg	253.652	5
Fe	238.204	0.2
Fe	259.940	0.2
Mn	257.610	0.05
Mn	259.373	0.1
Mn	260.569	0.1
Zn	213.856	0.1
Zn	202.548	0.2
Zn	206.200	0.4
Cu	324.754	0.5
Cu	327.396	0.5
Cu	224.700	1
Cu	213.598	1
Ni	221.647	0.5
Ni	231.604	0.5
Ni	232.003	1

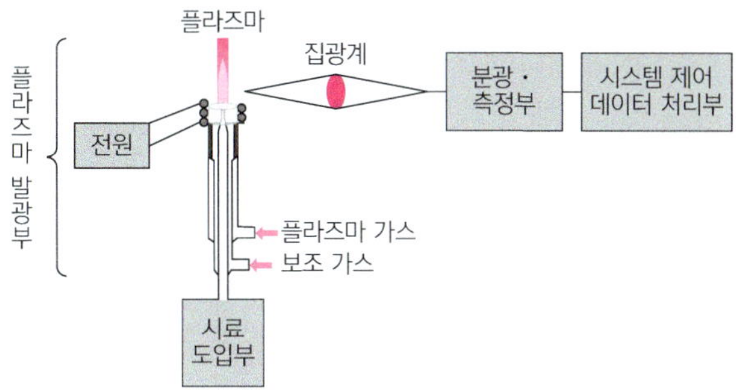

그림 5.3 ICP 발광 분석 장치

리 등 다양한 분야에서 널리 이용되고 있다. 표 5.2에 주요 원소의 측정에 이용되는 분석파장과 그 검출한계를 나타낸다. 또한 검출한계는 백그라운드 신호강도의 표준편차(σ)의 3배에 상당하는 농도로 정의되어 있다. 실제로 정량을 실시할 경우에는 일반적으로 검출한계의 3~4배의 값이 정량한계가 된다.

5.3.2 ICP 발광 분석 장치

ICP 발광 분석 장치는 플라즈마 발광부(고주파 전원부, 가스 공급부 포함), 시료 도입부, 분광 측광부, 시스템 제어·데이터 처리부로 구성된다. 장치 개요를 그림 5.3에 모식적으로 나타낸다.

(1) 플라즈마 발광부

플라즈마 발광부에서는 삼중관 구조 토치를 흐르는 Ar 가스에 대해 수냉된 코일을 통해 27.12 MHz 혹은 40.68 MHz의 고주파 전류가 공급되어 플라즈마가 점등·유지된다. 식 (5.2)에서 알 수 있듯이 40.68 MHz의 고주파 전류를 공급하는 것이 보다 안정적인 도넛 구조가 유지되고 유기 용매 도입 등에 적합하다. 한편, 27.12 MHz의 고주파 전류를 공급하면 플라즈마가 더 고온화되고 간섭이 줄어든다는 보고가 있다.

ICP의 측광 방향에는 플라즈마의 축 방향으로 형성되는 센트럴 채널에 대해 직각 방향, 즉 센터 채널에서 방사상으로 퍼지는 발광을 관측하는 레디얼 뷰(radial view)와, 센트럴 채널의 축방향에서 관측하는 액시얼뷰(axial view)가 있다. ICP에서 원소들은 원자화, 여기, 이온화 및 반응을 진행하면서 중앙 채널을 움직인다. 즉, 각 원소의 존재 형태는 중앙 채널의 축 방향으로 변화하고 있다. 레디얼 뷰는 센트럴 채널의 특정 위치를 관측하기 위해 거기서 정상적인 상태로 존재하는 원자나 이온의 발광을 측정하는 것이다. 자가 흡수, 이온화 간섭, 화학 간섭의 영향을 최소화하여 측정할 수 있다. 한편, 액시얼 뷰에서는 축방향에서 관측하기 위해 센트럴 채널 내에 존재하는 모든 원자와 이온은 측정 대상이 될 수 있지만, 다양한 상태로 존재하는 원자와 이온을 동시에 관측하는 것으로 된다. 이 때문에 액시얼 뷰에서는 레디얼 뷰에 비해 감도가 한 자릿수 정도 향상되는 한편 이온화 간섭이나 화학 간섭을 받기 쉽고 검량선의 직선 영역이 두 자릿수 이상 저하될 수도 있다.

5

(2) 시료 도입부

시료 도입부는 그림 5.4에 나타낸 바와 같은 네블라이저와 스프레이 챔버로 구성된다. 최근의 ICP 발광 분석 장치에서는 시료 공급량이 많은 사이클론형 챔버가 자주 이용된다. 시료 용액은 페리스터틱 펌프에서 네블라이저에 공급되어 챔버에 분무된다. 챔버 내에서는 큰 물방울이 드레인으로서 제거되고 미세한 미스트만이 캐리어 가스와 함께 플라즈마 중에 네블라이저는 공경이 좁고 미세한 입자가 들어가도 막히기 쉬우므로 시료의 전처리에 주의할 필요가 있다.

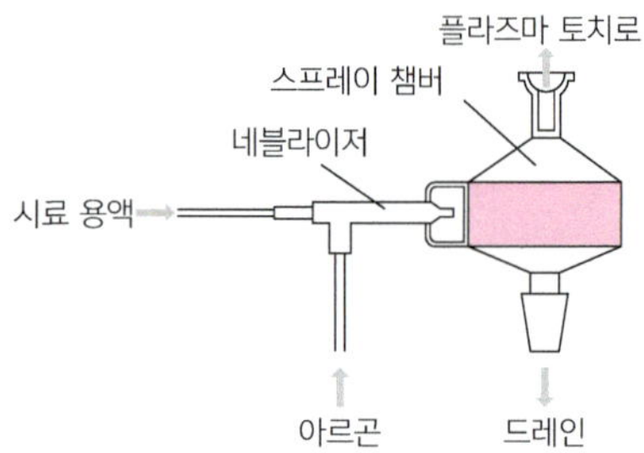

그림 5.4 시료도입부
사이클론형 챔버를 이용한 것

또한 네블라이저의 분무효율은 공경에 크게 의존하므로 수용액 시료와 유기용매 등으로 구분하여 사용할 필요가 있다. 또한 연속분무식 이외의 시료도입 시스템에 관해서는 5.3항의 시료 도입법에서 소개한다.

(3) 분광·측광부

분광·측광부는 분광기와 검출기로 이루어진다. 최근 반도체 소자 검출기의 눈부신 발전으로 그 조합은 크게 변화하였다. 다수의 발광선을 상호 분리될 필요가 있다. ICP 발광 분석 방법에는 일반적으로 고해상도 분광기가 필요하다. 한편 검출기에서는 반도체형 검출기의 감도가 향상되어 광전자증배관(Photomultiplier tube: PMT)을 대신하여 CCD(Charge Coupled Device)나 CID(Charge Injection Device) 등의 반도체 면검출기가 실용화되었다. 현재 시판되고 있는 ICP 발광분광 분석장치에서는 에첼 분광기와 반도체 면검출기를 결합한 다원소 동시 측광 시스템이 표준이 되었다.

분광기에서 고분해능을 얻기 위해서는 각선수가 많은 회절격자를 사용하는 것이 일반적이지만, 에첼 분광기(그림 5.5)는 각선수가 79~100개 mm 정도, 브레이즈각 70° 정도의 회절격자를 높은 입사각도로 이용하고, 고차수의 회절광을 이용함으로써 고분해능을 실현하고 있다. 회절격자의 회절조건을 식 (5.3)에 나타낸다.

$$m\lambda = d(\sin\alpha + \sin\beta) \qquad (5.3)$$

여기서, λ는 파장, m은 회절광의 차수, d는 회절격자의 홈간격, α는 입사각, β는 출사각이다. 단, α를 양으로 할 때, 법선에 대하여 β가 α와 같은 쪽에 있을 때에는 β는 음, β가 반대쪽에 있을 때에는 양이 된다. 통상적인 분광기에서는 1~3차(m = 1~3)의 회절광을 측정하지만, 에첼 분광기는 단파장 영역(200 nm 근방)에서는 90~100차(m = 90~100), 장파장 영역(800 nm 근방)에서는 20~25차(m = 20~25)의 회절광을 측정한다.

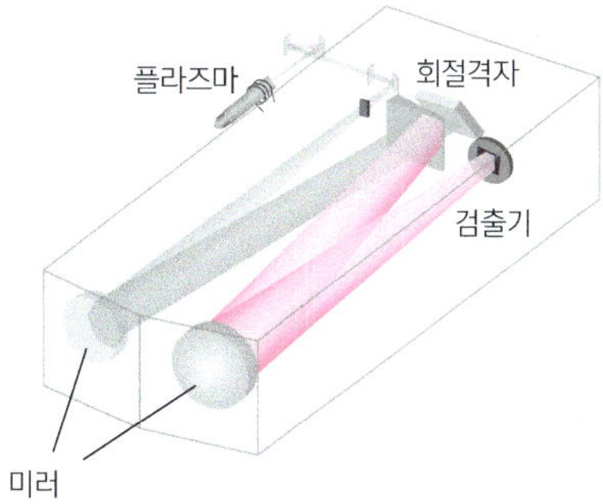

그림 5.5 에첼 분광기

고차 회절광을 이용하면 자유파장 영역(차수가 다른 회절광에 의한 중첩이 없는 파장범위)이 좁아지고 차수가 다른 회절광이 서로 겹쳐 관측된다. 그래서 에첼 분광기에서는 검출기의 같은 위치에 겹쳐 나타나는 차수가 다른 스펙트럼을 프리즘으로 분리하여 스펙트럼을 차수마다 세로로 쌓도록 분산시키는 것으로 2차원의 스펙트럼으로 변환한다. 게다가 에첼 분광기에서는 2차원 스펙트럼을 면검출기로 검출함으로써 다원소 동시검출을 하고 있다. 에첼 분광기의 분해능은 파장 200 nm 근방에서 6 pm 정도 떨어진 두 발광선을 분리할 수 있다. 그러나 분광소자로서 프리즘을 이용함으로써 180 nm 이하의 단파장의 스펙트럼을 측정하는 것은 어렵다.

(4) 시스템 제어 및 데이터 처리부

현재의 ICP 발광 분석 장치는 장치의 제어에서 데이터 처리까지 컴퓨터로 관리한다. 특히 반도체 소자를 사용한 다원소 동시 분석 시스템에서는 원리적으로는 모든 발광 스펙트럼을 동시에 측정하고 해석할 수 있다.

많은 장치에는 통상 각 원소의 발광 스펙트럼 라이브러리가 내장되어 있어 측정 대상 원소를 선택하면 복수의 측정 파장이 권장되므로 그로부터 원소마다 여러 개의 스펙트럼을 선택하여 측정을 수행한다. 또한 검량선을 작성할 때에는 각 측정 파장에서의 검출한계, BEC(Background Equivalent Concentration), 검량선의 직선성을 나타내는 상관 계수 등의 정보도 얻을 수 있다. 이들은 각 원소의 측정 조건을 설정하기 위한 기초 정보로 활용할 수 있다.

5.3.3 시료 도입법

안정적이고 효율적인 시료 도입은 분석장치에 있어서 가장 중요하고 또 가장 어려운 과제이다. ICP 발광분석법에서 자주 이용되는 시료 도입법을 그림 5.6에 정리한 연속 분무방식에 관해서는 이미 기술한 바와 같이, 시료용액의 점성이나 염농도 등에 대응하여 여러 종류의 네블라이저가 제공되고 있다. 또한 이러한 시료 도입 방법은 ICP-MS에서도 동일하게 이용되고 있다.

용액 연속 분무법
(동축형, 바빙톤형, 프릿형, 크로스플로우형)

초음파 분무법

전기 가열 기화 도입법
(흑연로, 카본로드, 컵 금속 필라멘트)

수소화물 도입법

고체 시료 직접 분석법
(전극 증발법, 레이저 기화 도입법)

직접 시료 도입법

그림 5.6 ICP 시료도입법

(1) 초음파 분무법

초음파 분무법에서는 네블라이저 대신 초음파 진동을 이용해 미세한 시료 미스트를 생성하고, 탈용매 장치에 의해 시료 중의 수분을 제거하고 건조한 시료의 입자를 플라즈마에 도입한다. 이 때문에 시료의 도입효율이 높고, 또한 플라즈마에 대한 용매의 부하가 낮으므로 고효율·고감도 분석을 기대할 수 있다. 실제로 매트릭스가 얇은 시료에서는 연속분무식에 비해 감도가 한 자릿수 이상 향상되는 것으로 보고되고 있다. 그러나 매트릭스를 포함한 시료에 대한 적용에서는 안정성과 정밀도에 문제가 있고 실제 시료에 대한 전개는 지지부진으로 없다.

(2) 전기적 가열 기화 도입법

전기적 가열 기화 도입법(Electrothermal Vaporization: ETV)는 1~200 μL 정도의 미소 양 시료를 열매체상에서 가열해 탈용매하고 더 고온으로 가열되고 증발·기화시킴으로써 시료를 건조한 에어로졸로서 ICP에 도입하는 방법이다. 열매체는 흑연로, 흑연막대, 금속 보트, 필라멘트 등이 이용하여 열전달에 대전류를 통과시킴으로써 전기적으로 가열(주울열)한다. 그 장치는 전기적 가열식 원자흡광 장치와 같은 구성이다.

ETV는 ① 미소량 시료의 분석에 적용가능하다. ② 시료 도입 효율의 향상에 의한, 절대 감도가 1자릿수 이상 상승한다. ③ 시료 용액을 탈용매하는 것으로 백그라운드가 억제된다. ④ 유기 용매 시료를 ICP에 도입가능하다. ⑤ 탈용매 조작을 반복함으로써 열전달에서 시료 농축이 가능하다. ⑥ 고체 시료나 슬러리상 시료의 도입을 가능하게 하는 등의 특징이 있다.

(3) 수소화물 도입법

As, Se, Sb, Ge, Bi, Sn, Te, Pb의 8개의 원소는 수용액 중에서 수소화붕소나트륨(테트라히드로붕산나트륨: $NaBH_4$) 등의 강력한 환원제로 환원하면, 수소 첨가물(AsH_3,

SeH_2, SbH_3, GeH_4, BiH_3, SnH_4, TeH_2, PbH_4)을 생성한다. 이들의 수소 첨가물은 끓는점 -88~16.8℃로 낮아, 수용액에서 쉽게 기화 분리된다.

수소화물 도입법은 반응 용기에 넣은 시료 용액에 $NaBH_4$를 가하여 발생한 수소화물을 캐리어 가스로 용액 중에서 쫓아내어 ICP에 도입하는 방법이다. 최근에는 ICP 발광분석용 시료 도입 장치로서 플로우 인젝션 타입의 수소화물 발생 장치가 널리 이용되고 있다. 수소화물 도입법에서는 측정원소만이 수소화물 가스로 ICP에 도입되기 때문에 시료 도입 시의 물리 간섭(5.5절 참조)이 없고 ICP에의 도입 효율도 상승하므로 검출하한이 10~100배 정도 개선된다. 또한 측정원소가 용액 중 공존성분으로부터 분리되기 위해 분광간섭을 거의 받지 않는 등의 이점이 있다. 따라서 수소화물 발생법을 시료 도입법으로 하는 원자흡광법과 ICP 발광분석법은 JIS K20102-2008(공장배수시험법)에도 채용되고 있다.

5

(4) 레이저 기화 도입법

레이저 기화(Laser Ablation: LA) 도입법에서는 고체 시료를 밀폐된 시료 챔버에 넣고 고출력 레이저를 조사하여 시료 표면을 용해·증발시켜 생성하는 극미소 입자상 시료를 캐리어 가스에 의해 ICP에 도입한다. 그 원리를 그림 5.7에 나타낸다.

최근이 레이저 기화 도입 장치에는 관측용 현미경과 카메라가 장착되어 레이저의 조사 위치와 조사 범위 등을 관찰·확인하여 임의의 단위를 선택하여 레이저를 조사하는 것도 가능하다.

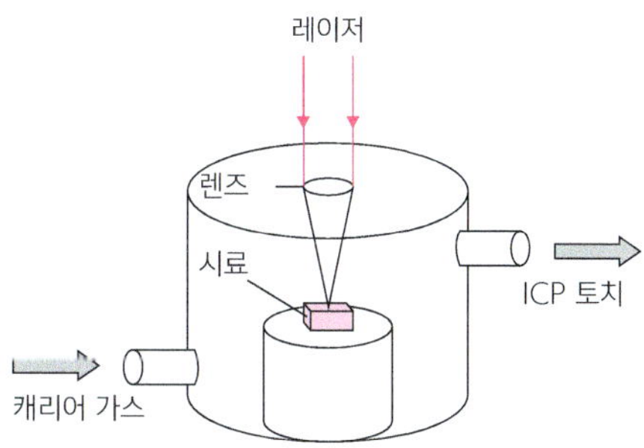

그림 5.7 레이저 기화 도입 장치

레이저 기화 도입법은 고체 시료, 특히 유리, 암석, 광물 등의 비전도성 시료나 용해가 어려운 고순도 금속·초경합금 시료 등의 직접 도입법으로 이용되고 있다. 또한 최근에는 부드러운 시료에 대한 레이저 기화 도입도 검토되어 생체 시료 등에도 응용되고 있다. 게다가 레이저 기화 도입법은 국소 영역을 연속적으로 샘플링함으로써 깊이 방향 분석도 가능하다. 이러한 특징은 불균일 시료의 개별 입자나 조직을 개별적으로 분석하는 데 매우 효과적이다. 게다가 다양한 시료의 원소 매핑과 스크리닝 등에 이용되고 있다.

(5) 크로마토그래피와의 결합

네블라이저를 이용하는 연속분무 도입법에서는 용액 시료의 도입속도는 대략 1.0 mL min^{-1}으로 고속 액체 크로마토그래피(HPLC)나 이온 크로마토그래피(IC) 등의 용리액의 유속과 거의 같다. 따라서, 두 시스템을 접속하면 크로마토그래피의 용리액을 직접적으로 ICP에 도입할 수 있고, ICP 발광분석법을 크로마토그래피의 검출장치로 이용할 수 있다.

이 방법은 환경시료나 생체시료 중 원소의 존재상태나 화학종을 동정하기 위한 화학 형태별 분석(speciation)에 널리 적용되고 있다. 다만, 고농도의 염이나 유기용매를 포함한 용리액을 직접 ICP에 도입하는 것은 플라즈마의 불안정화나 네블라이저 토치의 고장의 요인이 되기 때문에 본법을 적용하려면 주의해서 분리계를 선택할 필요가 있다.

5.4 ICP 질량 분석법(ICP-MS)

5.4.1 ICP 질량 분석법의 특징

5

ICP 질량 분석법은 ICP를 이온화원으로 하는 무기 질량 분석법이다. ICP는 도넛 구조를 가지므로 측정 시료를 안정적으로 플라즈마에 도입할 수 있고 측정 대상원소를 센트럴 채널 내에서 효율적으로 원자화·여기·이온화할 수 있다. 또한 Ar을 플라즈마 가스로 하는 ICP 중에서는 많은 측정 원소가 1가 이온으로 존재하고 다가 이온의 생성율이 낮기 때문에 ICP는 무기 질량 분석용의 우수한 이온화원으로 이용되고 있다. 이하에 특징을 조목조목 나타낸다.

- 불활성가스, 할로겐 원소, 산소, 질소 등을 제외한 대부분의 원소를 대략 sub-ppt (10^{-12} g mL^{-1}) 레벨의 검출 한계로 측정할 수 있다.
- 다원소를 신속하게 분석할 수 있다.
- 플라즈마 자체가 안정적이고, 측정 정밀도가 높다.
- 검량선의 직선 영역이 넓다.
- 플라즈마의 온도가 높고, 화학 간섭이나 이온화 간섭의 영향이 적다.
- 동위원소비 측정이 가능하다.

ICP 질량 분석법은 지구 과학, 환경 과학, 생명 과학, 의료 창약 과학, 식품 화학 등 다양한 분야에서 널리 사용된다.

5.4.2 ICP 질량 분석 장치

4중극형 ICP 질량 분석장치의 개요를 그림 5.8에 모식적으로 나타낸다. 장치는 기본적으로 이온화부(ICP 제어부 및 시료 도입부), 인터페이스부 및 질량 분석계로 구성된다. 더 최근에는 다원소 이온에 의한 분광학적 간섭을 감소시키는 콜리전·리액션 셀이 탑재되어 있는 것이 많다. ICP 질량 분석 장치는 대기압 하에서 형성되고 유지되는 고온의 플라즈마로부터 고진공 질량 분석계에 이온을 흡수하기 위해 양자를 접속하기 위한 인터페이스가 중요한 역할을 하고 있다. 또한 이온화부로서의 ICP에 관해서는 5.2절을 참조.

(1) 질량 분석계

범용형 ICP-MS 장치에서는 소형으로 간편하고 고속 측정이 가능한 4중극형 질량 분석계(Q-MS)가 이용된다. 한편, 고해상도 측정을 목적으로 하는 ICP-MS 장치에서는

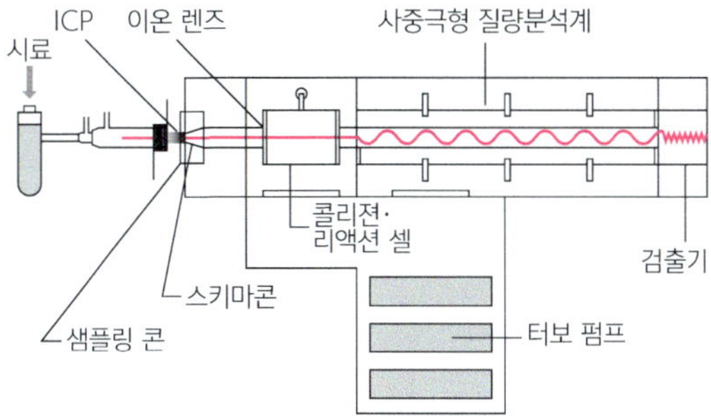

그림 5.8 ICP 질량 분석장치

사중극형 질량 분석계

이중 수속형 질량 분석계가 사용된다. 4중극형 질량 분석계에서는 그림 5.9와 같이 4개의 원기둥 전극이 내접원 반경 r이 되도록 평행하게 배치되고, 대향하는 2쌍 전극끼리 + U_0 = + (U + $V\cos\omega t$) 및 –U = –(U + $V\cos\omega t$)의 고주파 전압이 인가된다. 여기서, U는 직류 전압, V는 고주파 전압의 피크 전압, ω는 각 주파수 ($\omega = 2\pi f$), f는 고주파 전압의 주파수이다.

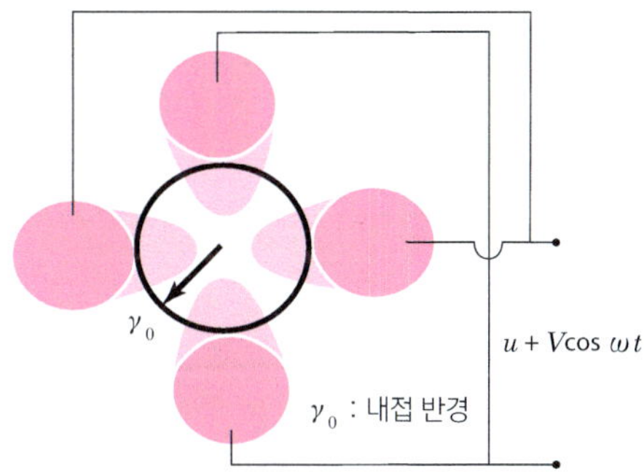

그림 5.9 사중극형 질량 분석계의 원리

이온을 내접원의 중심부에 도입하여 원기둥 전극의 축방향(z축 방향)으로 진행시키면 도입된 이온은 고주파 전압+U_0 및 –U_0가 만드는 전기장에 의해 진동하면서 2방향으로 나아가지만 대부분의 이온은 전기장 공간에 머무르지 못하고 튕겨 나가게 된다. 그러나 특정 m/z를 가진 이온은 적당한 주파수와 전압의 조합일 때만 4개의 전극이 만드는 전기장 공간에서 튕겨 나가지 않고 진동하여 사중극의 반대편 끝까지 도달할 수 있다.

이와 같이 4중극형 질량 분석계는 각각의 이온을 운동량이나 에너지에 따라 분리하는 것이 아니라 적당한 전기장에 의해 특정 m/z의 이온만을 통과시키므로 매스필터라고도 불린다. 4중극형 질량 분석계에서는 고주파 전압을 특정 주파수와 전압에 고정함으로써 특정 m/z를 갖는 이온만을 통과시킬 뿐만 아니라 U/V를 일정하게 하면서 U 및 V를 변화시킴으로써 m/z에 따라 이온을 고속으로 주사할 수 있다.

이중 수속형 질량 분석계는 자기장 섹터와 전기장 섹터로 구성되는 질량 분석기이다. 자장에 의해 m/z에 대응하여 이온을 분리하고 전장에 의한 이온의 운동 에너지를 수속시킴으로써 높은 분해능으로 검출할 수 있다. 자기장에 있어서의 이온 분리의 원리를 그림 5.10에 나타낸다. 균일한 자기장(B)에 자속에 수직으로 속도 u로 입사한 이온(전하 z)은 전기장으로부터 로렌츠 힘 F(식 (5.4))를 받는다. 로렌츠 힘과 원심력(식 (5.5))이 어

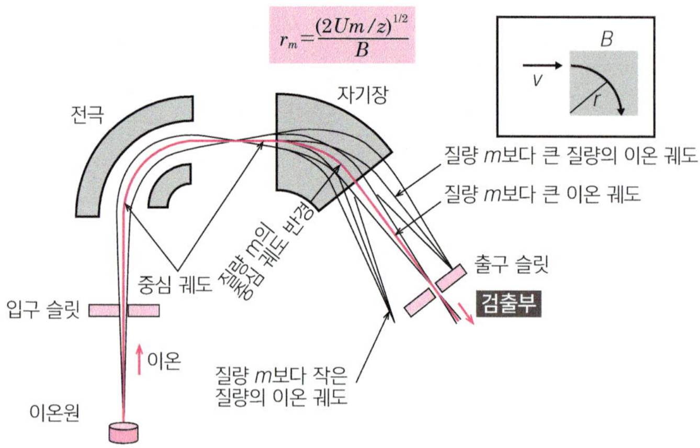

그림 5.10 자기장에서의 이온 분리 원리
정배치형, $m/\Delta m$은 슬릿 폭에 의존하며 일정값을 취한다

울린 경우에, 이온은 식 (5.6)로 표현되는 반경 r의 원궤도로 비행한다.

$$F = zvB \tag{5.4}$$

$$F = mv^2/r \tag{5.5}$$

$$\therefore \quad r = mv/zB \tag{5.6}$$

한편, 이온의 속도 v는 전기장 입구에서 가속 전압 U로 주어진다.

$$zU = mv^2/2$$

그러므로, 이온의 비행 반경 r은 식 (5.7)처럼 나타내며, m/z에 대해서 일의적으로 정해진다, m/z은 식 (5.8)로 나타난다.

$$r = (2mU/zB^2)^{1/2} \tag{5.7}$$

$$m/z = r^2B^2/2U \tag{5.8}$$

실제 측정에서는 자기장 강도를 소인함으로써 각 이온의 비행 반경을 변화시켜서 특정 m/z에 대응하는 이온만 검출기에 도입하여 측정한다. 이중 수속형 질량 분석계는 분해능이 수백으로부터 수천의 것이 이용되고 있다. 또 최근에는 높은 정도의 동위 원소보다 측정을 목적으로 하고, 이중 수속형 질량 분석계에 10~20개의 검출기를 장비한 다채널 검출형 ICP-MS(Multi-collector ICP-MS : MC-ICP-MS)도 시판되고 있다. MC-ICP-MS에서는 측정의 중심이 된 m/z에 대해서 ±25% 정도의 m/z의 범위를 다채널 검출기로 검출할 수 있다. 복수의 동위 원소를 동시에 검출하는 것으로, 플라즈마의 동요나 시료 미스트 도입의 변동 등의 영향을 배제하고 지극히 고 정밀도에 동위 원소비를 결정할 수 있다.

(2) 인터페이스부

인터페이스부는 대기압하에서 유지되는 플라즈마로부터 10^{-4} Pa 오더의 진공화로 작동하는 질량 분석계로 이온을 끌어들이는 곳으로 보통 3단의 차동배기가 행해지고 있다(그림 5.8) 대기압하에서 최초로 플라즈마와 접촉하는 샘플링콘, 그 뒤에는 스키머콘이 배치되고, 이온렌즈가 있고, 매스필터가 놓여 있다. 특히 스키머콘은 직접 플라즈마에 접해 있기 때문에 사용빈도나 측정시료에 따라 다양한 염이나 산화물이 부착되거나 손상되기 쉬우며, 세밀한 유지보수가 필요하다.

(3) 콜리젼셀·리액션셀

콜리젼셀 또는 리액션셀은 주로 다원자 이온에 의한 분광학적 간섭을 저감하는 장치인 보통 질량 분석기와 이온 렌즈의 매스필터 사이에 설치된다. 셀은 복수의 전극(사중극, 육중극, 또는 팔중극)으로 구성된 일종의 소형 매스필터이다. 셀 내에는 헬륨 등의 불활성 가스, 혹은 수소, 메탄, 암모니아 등의 반응성 가스가 도입된다. 셀에 입사된 이온은 이들 가스와 충돌이나 반응을 반복하면서 셀을 통과한다.

불활성 가스와의 충돌 과정에서, 이온은 운동 에너지를 잃거나 궤도를 굽힐 수 있기 때문에, 투과율이 떨어진다. 특히, 충돌 단면적이 큰 다원자 이온은 분석 대상이온(통상은 단원자의 이온)보다 투과율이 크게 떨어진다. 이 결과 질량 분석기에 도달하는 다 원소 이온의 양이 현저히 감소하고, 분광학적 간섭이 저감된다. 한편 반응성 가스를 이용하는 경우에는 대상원소 이온을 반응성 가스와 반응시켜서 생성하는 분자 이온을 측정하고, 또는 간섭 이온을 반응성 가스와 반응시켜서 다른 이온종으로 변화시킴으로써 분광학적 간섭을 질김힐 수 있었다. 콜리젼 리액션 셀은 반응 세포에서는 충돌이나 반응에 의해서 분석 대상이온의 양도 당연히 감소하지만, 다원자 이온은 몇 자릿수나 더 감소하기 때뮤에, S/N보다 높은 측정이 가능하다.

5.4.3 동위원소 희석법

ICP-MS에서는 동위원소 희석(Isotope Dilution: ID)법을 적용할 수 있다. ID법은 시료에 측정 대상원소의 농축 안정 동위원소(스파이크)를 첨가하여 동위원소 평형에 도달시킨 후 시료 중의 새로운 동위원소비를 측정하여 그 값에서 원래의 시료 중의 측정 대상원소의 질량몰 농도(mol kg^{-1}을 구하는 기법이다. ID법에서는 검량선 등을 이용하지 않고 시료량, 스파이크량, 천연 및 농축 동위원소비에서 질량몰 농도를 구할 수 있다. ID법은 다른 표준(예를 들어 검량선의 표준액)에 의존하지 않고 정확한 정량이 가능하므로 1차 표준 측정법으로도 이용되고 있다.

동위원소 희석법의 원리를 그림 5.11에 나타낸다. 시료 중의 측정 분석 대상원소의 농도가 C_x, 시료량이 m_x이고, 또한 측정 원소의 두 측정 대상 동위원소의 천연 동위원소 존재도를 A_x와 B_x라고 하자. 천연 동위원소 존재도는 Pb 등의 특정 원소를 제외하고 일반적으로 일정하다고 봐도 된다. 거기에 두 동위원소 존재도가 A_s와 B_s인 농축 동위원소(농도는 C_s)의 스파이크 s를 질량 m_s만큼 첨가하여 측정용액으로 한다. 동위원소 평형이 성립한 후에 측정시료 중의 동위원소비 R을 측정하면, 동위원소비 R은 다음과 같이 나

5

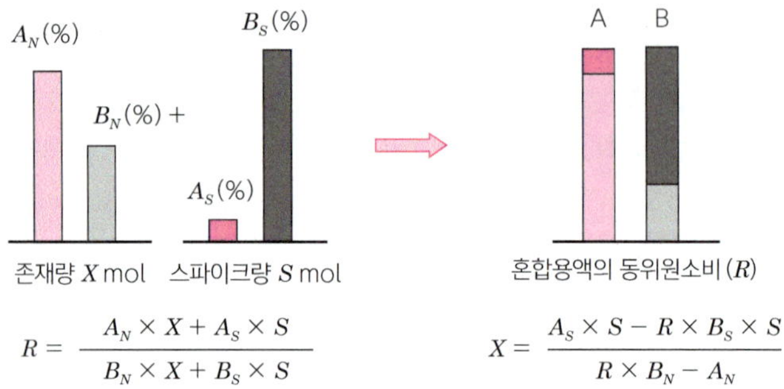

그림 5.11 동위체 희석법 원리

타난다.

R = (측정시료 중 동위원소 A의 물질량(mol))/(측정시료 중 동위원소 B의 물질량(mol))

$$= (C_x \cdot m_x \cdot A_x + C_s \cdot m_s \cdot A_s) / (C_x \cdot m_x \cdot B_x + C_s \cdot m_s \cdot B_s) \tag{5.9}$$

여기서 m_x은 시료량(kg), C_s는 시료용액 농도(mol kg^{-1}), A_x 및 B_x는 시료용액 중 목적 원소의 동위원소 존재도, A_s 및 B_s는 스파이크용액 중 목적원소의 동위원소 존재도, m_s는 스파이크 첨가량(kg), C_x는 스파이크용액 농도(mol kg^{-1})이다. 이를 시료 중 측정원소 농도 C_x에 대해 정리하면 다음과 같다.

$$C_x = C_s \cdot (m_s / m_x) \cdot [(A_s - R \cdot B_s)/(R \cdot B_x - A_x)] \tag{5.10}$$

여기서, 동위원소비 R 이외는 알려진 값이며, R은 측정을 통해 얻을 수 있으므로 시료 중의 측정원소 농도 C_x를 구할 수 있다.

ID법에서는 시료 용액에 측정 대상원소를 스파이크로 첨가하여 측정하므로 측정에서의 물리 간섭, 화학 간섭, 이온화 간섭 등의 영향을 작게 할 수 있어 높은 정확성과 높은 정밀도의 측정을 기대할 수 있다.

5.5 측정상의 주의 ICP 원자 분광 분석에서의 간섭

ICP-OES나 ICP-MS 등의 ICP 원자 분광 분석법에서는 일반적으로 용액을 네블라이저로 분무하여 액적으로 만들고 미세한 액적(미스트)을 선별하여 ICP에 도입한다. ICP에 도달하기까지의 과정에서 탈용매, 염이나 산화물의 생성, 원자화를 거쳐 원자는 플라즈마에 의해 여기나 이온화되어 분광계나 질량 분석계로 검출된다. 이와 같이 ICP 원자 분광 분석법에서는 시료 도입부터 검출까지 다양한 과정이 있으며, 각 과정에서 각각 특징적인 간섭이 존재한다. 그 개요를 그림 5.12에 정리하였다.

ICP 원자 분광 분석법의 주요 간섭으로는 물리 간섭, 화학 간섭, 이온화 간섭, 분광 간섭, 분광학적 간섭, 공간 전하(스페이스 충전) 효과에 의한 영향을 들 수 있다. 처음 3간

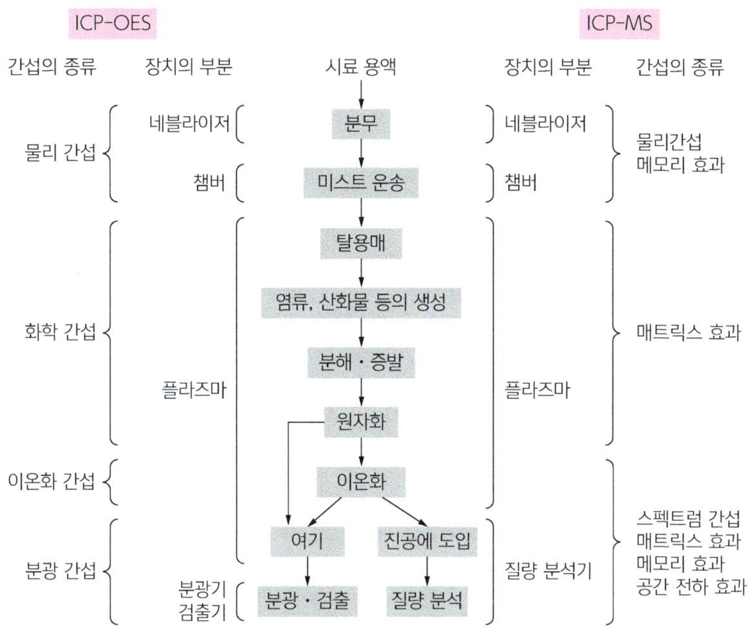

그림 5.12 ICP 분석의 주요 간섭

섭은 ICP-OES와 ICP-MS에서 공통되는 간섭이다. 분광학적 간섭은 ICP-OES에서는 발광선의 중첩에 의한 간섭이며, ICP-MS에서는 이온의 중첩에 의한 간섭이다. 또한 공간전하효과의 영향은 ICP-MS에 고유한 현상이다.

(1) 물리 간섭

물리 간섭은 ICP에 대한 시료의 도입 효율이 변화함에 기인하는 간섭이다. 시료 용액에 공존하는 염이나 산 등에 의해 용액의 점성이나 표면 장력이 변화하면 네블라이저에 의한 용액의 흡입 속도나 분무 효율, 혹은 생성하는 미스트의 입경 분포가 변화하기 때문에 챔버를 경유하여 ICP에 도달하는 시료량(수송 효율)이 변동한다. 물리 간섭을 줄이기 위해서는 시료 용액과 표준 용액에서 사용하는 산의 종류나 농도를 정렬하고 액성을 최대한 동일하게 하는 것이 중요하다. 게다가 적절한 내부표준원소에 의한 내부표준 보정을 적용하는 것이 효과적이다.

내부표준법이란 시료용액과 검량선용 표준용액에 이미 알려진 내부표준액을 첨가하여 분석원소와 내부표준원소의 신호강도비로 정량하는 방법이다. 내부표준원소는 분광학적 간섭이 없으며 플라즈마에서 분석 원소와 유사한 동작을 취해야 하며, 시료 용액에 포함되지 않는 등의 조건을 충족해야 한다.

(2) 화학 간섭

화학 간섭은 플라즈마 안에서 분석 대상원소가 공존하는 염이나 산과 반응하여 난해리성 염 혹은 산화물을 생성하고 원소의 원자화가 저해됨으로써 야기되는 간섭이다. 화학 간섭은 저온의 화학불꽃을 이용하는 원자흡광법 등에서는 종종 문제가 되지만 플라즈마 온도가 7000℃에 달하는 ICP에서는 거의 문제가 되지 않는다.

(3) 이온화 간섭

5

이온화 간섭은 플라즈마 중에 이온화되기 쉬운 원소, 예를 들어 알칼리금속 원소(Na, K 등)이나 알칼리토금속 원소(Mg, Ca 등)이 대량으로 공급되는 ICP의 전하밀도가 변화하고, 분석 원소의 이온화 효율이 변화함으로써 생긴다. ICP내에서는 원자와 이온 사이에 국소적인 이온화 평형이 이루어져 있다면, 원자밀도(n_a), 이온밀도(n_i), 전자밀도(n_e) 사이에는 사하(Saha)식으로 불리는 관계가 성립한다.

$$\frac{n_i}{n_a}=\frac{1}{n_e}\cdot\frac{(2\pi mkT)^{\frac{3}{2}}}{h^3}\cdot\frac{2Z_i}{Z_a}\cdot\exp(-E_i/kT) \tag{5.11}$$

여기서 Z_a, Z_i는 원자와 이온의 분배 함수, E_i은 이온화 에너지, m은 전자의 질량, T은 플라즈마 온도, h는 플랑크 상수, k는 볼츠만 상수이다. 사하 방정식에 의하면, 이온화율은 전자 밀도 n_e과 온도에 의해서 결정되어 전자 밀도가 높을수록 저하하고, 온도가 높을수록 커진다.

일반적인 조건에서 가동하는 ICP에서 전자 밀도는 10^{14}~10^{16} m^{-3}이다. 여기에 대량의 알칼리금속 원소가 도입된다면, 알칼리금속 원소의 이온화에 따른 전자가 공급되어 분석 이온은 전자와 재결합하고 이온화율이 떨어진다. 예를 들어 1% NaCl을 매트릭스로 포함하는 시료 용액을 ICP로 분석하는 경우, 약 1×10^{16} m의 Na원자가 플라즈마 중에 도입된다, 이것이 모두 이온화된다고 분석 대상원소의 이온화율은 크게 저하된다.

이 때문에 대상원소의 원자를 측정하는 경우에는 분석 감도는 증가하고, 이온을 측정하는 경우에는 분석 감도는 떨어진다. 단, ICP안의 전자 밀도 n_e 및 온도 T는 플라즈마 축 방향으로 변화하기 때문에, 이온화 간섭의 정도는 ICP-OES의 측광 위치나 ICP-MS의 이온 흡수 위치에 의해서도 변화하게 주의한다.

(4) 분광학적 간섭

ICP 발광 분석에서는 시료 중에 포함된 대부분의 원소나 플라즈마 안의 여러 분자가 동시에 발광하기 때문에 여러 분광학적 간섭이 발생한다. 분광학적 간섭은 이론적으로는 분광기의 분해능을 향상시키면 해결할 수 있는 문제이나 현실적으로는 분해능이 무한대가 되는 분광기는 존재하지 않아 분광학적 간섭을 모두 없애는 것은 불가능하다.

실제 측정에서는 먼저 측정 대상원소의 스펙트럼을 측정하고 그 형상으로부터 분광학적 간섭 여부를 판단하는 것이 기본이다. 그리고 분광학적 간섭을 받지 않는 발광선을 선택하는 것이 분광학적 간섭에 대한 가장 효과적인 해결책이다.

그러나 실제로는 근접하는 강한 원자발광이나 분자발광 등에 의해 백그라운드 발광이 상승하는, 매트릭스 원소에 기인하는 근접선이 분석선의 일부에 겹치는, 나아가 발광선에 완전히 겹치는 원소가 존재하는 문제에 직면하는 경우도 많다. 백그라운드 발광이 있는 경우는 측정 스펙트럼으로부터 발광 피크 위치에 있어서 백그라운드 발광 강도를 추정하고, 발광 스펙트럼 전체의 발광 강도로부터 백그라운드 발광 강도를 보정하는 것이 가장 일반적인 보정법이다.

근접선이 있는 경우 각 원소의 단독 스펙트럼을 측정하고 스펙트럼 분리 기술을 적용하여 보정할 수 있다. 또한 발광선이 완전히 겹쳐 버리는 경우에는 간섭 원소의 원소간 간섭 보정 계수(측정 대상원소에 대한 간섭 정도)를 구하고 매트릭스 중 간섭 원소의 농도로부터 간섭량을 견적하여 보정하는 방법이 유효하다.

최근의 장치에서는 각 원소의 주요 분석선에 대한 간섭 원소의 정보가 라이브러리화되어 있으므로, 이를 참고하고 분석 시료 중 주요 매트릭스 원소의 영향을 검토하여 적절한 분석 곡선을 선택하는 것이 중요하다.

또, 하나의 원소에 대해서 몇 개의 분석선으로 측정을 실시하고, 각각의 분석선에서 얻은 결과가 일치하는지 여부를 평가하는 것도 효과적이다. ICP-MS에서는 측정 대상 원소와 같은 m/z를 가진 이온의 중복이 분광학적 간섭을 일으키는 가장 전형적인 분광학적 간섭은 동중원소 이온에 의한 간섭이다. 예를 들면 $^{40}Ca^{+}$에 대한 $^{40}Ar^{+}$의 간섭이나 $^{82}Se^{+}$에 대한 $^{82}Kr^{+}$의 간섭 등이 있다. 또, 2가 이온에 의한 간섭도 전형적이다. 예를 들어 Ga에 대한 $^{138}Ba^{2+}$간섭이나 $^{59}Co^{+}$에 대한 $^{118}Sn^{2+}$의 간섭 등은 잘 관측되는 분광학적 간섭이다. ICP-MS에서는 이들의 간섭 말고도, 플라즈마 및 인터페이스부에서 생성되는 다양한 다원자 이온에 의한 분광학적 간섭이 존재한다.

다원자 이온은, 아르곤 플라즈마에 휘말린 공기가 유래하는 N^{+}이나 O^{+}, 도입된 용매에서 생기는 O^{+}와 H^{+}, 공존하는 산류에서 생기는 Cl^{+}나 S^{+} 또 시료 중 공존성분 원소(M^{+})가 서로 결합하고 형성되는 ArN^{+}, ArO^{+}, $ArOH^{+}$, $ArCl^{+}$, SO^{+}, MO^{+}, MOH^{+} 등의 이온이다. 이들 다원자 이온에 의한 분광학적 간섭은 일반적으로 질량수가 80이하의 영역에 집중하고 있지만, 공존 성분의 산화물(MO^{+}) 등에 의한 분광학적 간섭은 시료 조성에 응하고 다양한 질량 영역에서 영향을 미친다. 매트릭스 이온의 산화물의 분광학적 간섭에는 항상 주의해야 한다.

최근의 장치에서는 콜리젼·리액션 셀(5.4.2항)을 이용함으로써 분광학적 간섭을 상당히 저감할 수 있다. 그러나 콜리젼·리액션 셀을 사용해도 분광학적 간섭을 완전히 제거할 수 없으며, 또, 콜리젼·리액션 셀에 의해서 오히려 복잡한 분광학적 간섭이 생긴다. 실제 측정에서는 분석 시료의 분광학적 간섭 여부를 확인하면서 콜리젼·리액션 셀을 활용하는 것이 중요하다.

(5) 공간전하효과에 의한 간섭

ICP-MS에는 공간전하효과(space charge effect)에 의한 간섭도 있다. 공간전하효과는 ICP-MS의 스키마콘 하류 영역에서 전자에서 분리된 양전하를 띤 분석 이온(M^{+})과 아르곤 이온(Ar^{+})이 쿨롱의 힘에 의해서 서로 반발하는 효과이다. 그 결과 이온빔이 확산되어 슬릿 위로 수속하기 어려워져 감도가 저하된다. 이 효과는 쿨롱 반발력에 의한 확산이 원인이므로 무거운 이온보다 가벼운 이온에서 현저하게 나타난다. 또한, 공존 원소의 원자량이 크거나 공존 원소의 이온화 에너지가 낮을수록 간섭작용이 강하게 나타난다. 공간전하효과는 플라즈마 안의 공존 이온의 양에 의존하여 발생하므로 시료를 희석하여 이온량을 적게 함으로써 효과를 경감할 수 있다.

5.6 끝에

ICP-OES나 ICP-MS는 매우 고감도인 다원소 동시 분석 장치이지만, 최근의 장치는 취급이 간단해져 누구나 시료를 도입하면 어떠한 신호를 얻을 수 있게 되었다. 그러나 지금까지 설명했듯이 ICP 분석 장치는 매우 섬세한 시스템의 융합체이며 측정된 신호는 다양한 간섭의 결과로 얻어진다. 실제 분석에 있어서는 시료의 전처리를 포함하여 분석 조작이나 간섭 보정을 충분히 검증하고 얻은 신호의 타당성을 충분히 평가해야만 올바른 분석 결과를 얻을 수 있다.

5

측정결과의 타당성을 평가하기 위해서는 ① 공시험을 실시하여 공시험값을 확인한다, ② 측정조건을 변화시켜 측정한다(예를 들어 여러 분석선이나 m/z를 이용하여 측정하거나 플라즈마 조건을 약간 바꾸어 측정한다), ③ 첨가 회수율을 확인한다, ④ 인증 표준물질을 분석하는 등의 방법이 효과적이다. 특히 인증 표준물질에 의한 타당성 평가는 가장 효과적이다.

최근에는 다양한 시료에 대응하는 인증 표준물질이 배포되고 있으니 타당성 평가에 꼭 활용하기 바란다.

【참고 문헌】

1) A. Walsh, *Spectrochim. Acta*, **7**, 108 (1955).
2) S. Greenfield, L. L. Jones, C. T. Berry, *Analyst*. **89**, 713 (1964).
3) R. H. Wendt, V. A. Fassel, *Anal. Chem*., **37**, 920 (1965).
4) R. S. Houk, V. A. Fassel. G. D. Flesch, H. J. Svec, A. L. Gray, C. E. Taylor, *Anal. Chem*., **52**, 2283 (1980).
5) I. Langmuir, Proc. *Nat. Acad. Aci*., **14**, 627 (1928).
6) A. C. Broekaert, G. Tolg, P. W. J. M. Boumans*Ed*, Inductively Coupled Plasma Spectrometry Part II, p432, Wiley Interscience, NewYork (1987).

【더 나아가 공부하고 싶은 분들을 위해】

7) 原口紘炁,『ICP発光分析の基礎と応用』, 講談社サイエンティフィク(1986).
8) C. Vandecasteele, C. B. Block,原口紘炁他訳,『微量元素分析の実際』, 丸善(1995).
9) 日本分析化学会編, 千葉光一他著,『分析化学実技シリーズ　機器分析編 4　ICP発光分析』, 共立出版(2013).
10) 日本分析化学会編, 田尾博明他著,『分析化学実技シリーズ　機器分析編 17　誘導結合プラズマ質量分析』, 共立出版(2015).

6 형광 X선 분석법

6.1 처음에

X선은 가시광선·자외선보다 파장이 짧고 에너지가 큰 전자파이다. 의료 진단 엑스레이 촬영에서도 이용되고 있는 에너지가 높은 엑스레이(경 X선이라고 불린다)는 물질로의 투과력이 높다. 한편, 에너지가 낮은 X선(연 X선이라고 불린다)은 대기에 용이하게 흡수된다. 예를 들어 3 keV 에너지의 X선은 공기 중을 3 cm 진행하면, 공기에 의한 흡수를 위해 강도는 대략 1/2로 감쇠한다. 그래서 특히 연 X선 영역의 X선 분석은 진공하에서 실시할 필요가 있다. 형광 X선의 에너지 값은 원소에 고유하기 때문에 특성 X선이나 고유 X선이라고도 불린다. 따라서, 형광 X선의 에너지를 알면 원소의 종류를 알 수 있다. 일반적으로 전자의 제동 방사(전자의 감속 운동)의 결과로 생기는 연속 X선도 시료에서 발생하므로, X선 분석에는 연구를 필요로 한다. 형광 X선 분석법(X-Ray Fluorescence: XRF)에서는 X선 요소(X선원, 광학소자, 검출기 등)의 배치에 의해 특징적인 분석 특성이 창출된다. 본 장에서는 형광 X선 분석의 원리·특징을 해설하고 파장 분산형과 에너지 분산형의 분광 방법을 설명한다. 그 후 실험실에서 이용되는 미소부 XRF와 전반사 XRF의 장치 구성과 이용 예를 주의점을 섞어가며 소개한다.

6.2 형광 X선 발생

그림 6.1과 같이, 원자는 원자핵과 그것을 둘러싼 전자로 이루어져 있으며, 그 전자는 특정한 에너지 준위에 속박되어 있다. 이 에너지 준위는 원소마다 고유하며 원소마다 다르다.

다만, 분석대상원소의 화학상태에 따라 에너지 준위가 약간 변화하므로 시료와 분석 장치의 성능에 따라서는 상태분석이 가능한 경우도 있다.

물질(시료)에 최초로 조사하는 X선을 1차 X선이라고 칭한다. 1차 X선을 시료에 조사하면 광전자가 발생한다. 즉, 1차 X선의 에너지(Ep)가 내각전자의 결합에너지(Eb)보다 클 경우, 그 내각전자는 원자핵으로부터의 속박을 벗어나 운동에너지(Ek)를 가지고 광전자로서 튀어나온다. 이 현상을 광전효과라고 부른다. 이때 일함수(ϕ)를 이용하여 식 (6.1)의 관

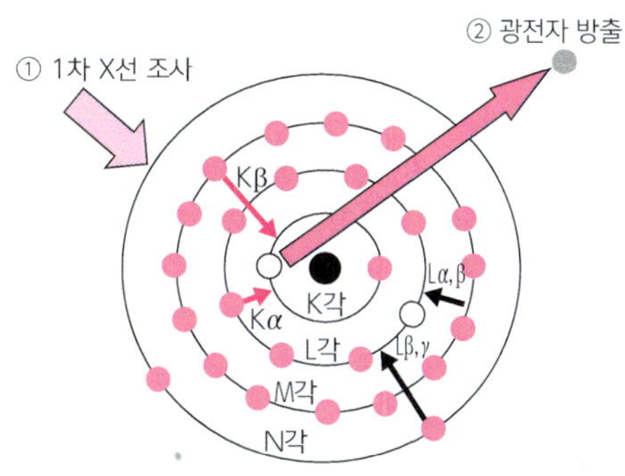

그림 6.1 형광 X선 발생

계가 성립한다.

$$Ep = Ek + Eb + \phi \tag{6.1}$$

이 관계식에서 특정 원소의 결합 에너지를 구하는 분석법이 X선 광전자 분광법(XPS)이다(8장 참조). 각 원소의 결합 에너지에 대해서는 권말의 부록 4에 정리했다.

광전자 방출 후에는 내각 전자 준위에 빈자리가 나는데, 이 공석이 다른 에너지 준위에서 전자가 전이한다. 이 전자 전이의 전후의 에너지 준위의 차이가 전자파로 방출되게 된다. 이 특성 X선은 시료에 고에너지의 전자를 조사해도 발생할 수 있는데, X선을 조사하여 발생하는 특성 X선을 특별히 형광 X선이라고 부른다. 또한 광전자 방출 후의 완화 과정에는 형광 X선의 방사와 함께 오제전자도 방출될 수 있다. 오제전자는 전자 전이가 관여하는 에너지 준위의 에너지 차이를 받아 다른 전자가 탈출하는 현상이다. 오제전자 분광법은 XPS와 마찬가지로 오제전자의 탈출깊이 때문에 원리적으로 표면분석이 가능하며, 일반적으로 전자선을 여기원으로 하기 때문에 미소부의 표면분석법으로서 유효하다.

그림 6.1과 같이, K각에서 광전자가 발생하여 공석이 생긴 경우, L각에서 K각으로 전자 전이가 생긴 결과로 발생하는 형광 X선은 Kα선이라고 불리며, M각에서 K각으로의 전자 전이에 기인하는 형광 X선은 Kβ선이라고 불린다. 광전 효과의 결과 L각에 공석이 생긴 경우 M각에서 전자 전이가 생겨 L선이라고 불리는 형광 X선이 발생한다. 모든 에너지 준위 간에 전자 전이가 가능한 것이 아니라 선택률을 만족시키는 허용 천이만이 가능하다. 원자 번호가 크면 허용 천이도 늘어나고, 여러 형광 X선이 발현되어 스펙트럼도 복잡해진다. 일반적으로, K선은 Kα와 Kβ의 쌍으로 이루어지며, L선의 경우는 Lα, Lβ, Lγ의 세 개가 함께 나타난다.

6.3 형광 X선 분석에서 무엇을 알겠는가?

① 원소의 종류를 알 수 있다(정성 분석)
형광 X선 에너지를 해석함으로써 형광 X선이 발생한 원소의 종류를 알 수 있다. 각 원소의 형광 X선 에너지는 권말 부록 3에 기재하였다.

② 원소의 존재량을 알 수 있다(정량분석)
형광 X선의 강도를 측정함으로써 특정 원소의 존재량을 알 수 있다. 다른 기기 분석법과 마찬가지로 정량분석에는 표준물질이 필요하다.

③ 원소 분포 정보를 얻을 수 있다(원소 이미징)
X선 마이크로빔을 여기원으로 형광 X선 분석을 수행함으로써 미세점에서의 원소 분석, 선 분석, 나아가 2차원 분포를 얻을 수 있다.

④ 표면 조성 분석이 가능하다(표면분석)
X선 전반사 현상을 이용하면, X선의 침입 깊이가 수 nm로 표면에 한정되므로, 평탄 시료 표면의 원소 분석이 가능해진다.

⑤ 화학결합 상태에 대한 정보를 얻을 수 있다(상태분석).

형광 X선에서는 주목 원소의 화학 결합 상태에 의해서 약간의 화학 쉬프트가 생기는 것으로 알려져 있다. 따라서 고분해능인 이결정 X선 분광기 등을 이용하면 상태 분석이 가능해진다(일반적인 형광 X선 분석 장치에서는 관측되지 않는다).

6.4 형광 X선 분석의 특징

6.4.1 비접촉, 비파괴 원소 분석

X선을 조사하면 시료에 분자 수준의 손상을 줄 수 있으므로 주의가 필요하다. 게다가 생물 시료의 경우 DNA 수준에서 손상을 줄 수도 있다. 그러나 다른 원소분석법, 예를 들어 원자발광 분석법이나 원자흡광 분석법에서는 시료의 용해와 원자화가 필요한 데 반해 형광 X선 분석에서는 간편한 전처리를 하는 것만으로 직접 분석이 가능하며, 특히 무기·금속시료에 대해서는 비파괴분석이라고 할 수 있다. 측정 후에도 시료가 손상되지 않고 남아 재측정이나 다른 방법에 의한 크로스체크가 가능하며, 특히 법과학 분야나 회화·고고유물 등 귀중한 시료의 분석에 있어서 효과적인 분석법이라 할 수 있다.

6

6.4.2 다양한 형태의 시료 분석

형광 X선 분석은 1차 X선을 시료에 조사함으로써 이루어지는데, 고체 시료, 분말 시료, 박막 시료, 용액 시료 등 다양한 형태의 시료를 직접 측정할 수 있다. 다만 대기 중 가스 성분인 아르곤 등에서의 형광 X선도 관측되므로 주의가 필요하다.

6.4.3 양호한 정량성

형광 X선의 발생과 측정에 이르는 과정은 지금까지의 기초 연구를 통해 비교적 잘 이해되고 있으며 계산 결과와 일치하기 쉽다. 시료의 주성분에 의해 생기는 흡수나 2차 여기의 영향, 즉 매트릭스 효과도 잘 이해되고 있다. 심지어는 정량분석에 필요한 여러 표준물질도 준비되어 있다. 시판되는 형광 X선 분석 장치에는 후술한 FP법(펀더멘털 파라미터법)에 의한 정량 소프트웨어가 탑재되어 있어 주성분부터 미량성분에 이르기까지 넓은 다이내믹 레인지에서 정량분석이 가능하다.

6.4.4 신속한 분석

고체 시료나 용액 시료에서도 기본적으로는 그대로의 시료에 1차 X선을 조사한다. 후술한 에너지 분산형 형광 X선 분석의 경우 측정 시간은 수 백초 정도이다. 복잡한 시료 전처리가 필요 없기 때문에 신속한 분석이 가능하다. 또한 많은 시판 장치에는 시료의 자동 교환 시스템이 갖추어져 있으므로 밤낮으로 자동 측정을 할 수 있다. 각종 재료의 품질 관리 등에도 힘을 발휘한다.

6.4.5 현장분석 및 인·온라인 분석

형광 X선 분석 장치의 요소 부품, 즉 X선원, 광학 소자, 검출기 등의 소형화가 진행되고 있으며, 휴대형(핸드헬드형) 형광 X선 분석 장치도 시판되고 있다. 이를 이용하여 시료 채취 장소에서의 환경 토양 분석이나 미지의 폐기물의 분별 등에도 이용된다. 또한 제조 공정의 라인에 내장되어 제품의 품질 관리에도 이용되고 있다.

6.4.6 미소량 시료에 의한 분석

전반사 현상을 이용하는 형광 X선 분석법에서는 예를 들어 용액 1방울(10 μL 정도)이나 ng 정도의 미립자를 측정 대상으로 한다. 즉, 극미소량의 시료를 분석할 수 있다.

6.5 형광 X선 분광 방식

6

X선의 에너지를 분석하는 방법은 파장 분산형 X선 분광법(wavelength-dispersive XRF WDXRF)과 에너지 분산형 X선 분광법(energy-dispersive XRF: EDXRF)의 두 종류로 나뉜다.

6.5.1 파장 분산형 X선 분광법

(1) 원리와 장치 구성

이 기법은 X선을 「파」로서 취급하여 해석하는 것이며, 식 (6.2)에 나타내는 브래그의 회절 조건을 이용하여 시료에서 발생한 형광 X선을(파장: λ) 분광한다. 역사적으로도 X선 분광법의 기초 연구는 이 파장 분산 방식에서 시작되었다.

$$2d \sin\theta = n\lambda \tag{6.2}$$

식 (6.2)에서, d는 분광 결정의 면간격이며 알려진 값이다. 표 6.1에 전형적인 분광결정과 d값을 정리하였다. 측정 대상원소에 따라 최적의 것을 구분한다. Be에서 Mg당 원자번호가 작은 원소에 대해서는 인공다층막으로 대응할 수 있다.

표 6.1 일부 분광 결정

결정명	지수	2d 값 (nm)	대응 원소
플루오르화리튬 (LiF)	200	0.4028	K <
불화리튬 (LiF)	220	0.2848	Cr <
게르마늄 (Ge)	111	0.6533	P <
펜타에리트리톨 (PET)	002	0.876	Al <
프탈산클리움 (TAP)	001	2.576	O <
(인공다층모)		(3~20)	Be <

θ은 회절각이며 브래그의 회절 조건을 만족시키며 회절각 θ을 실측에서 구한다. 1차 X선의 조사에 의해 시료에서는 사방팔방으로 형광 X선이 발생하는데, 분광결정에는 일정한 각도(θ)로 X선을 도입할 필요가 있다. 이를 위해, 그림 6.2와 같이, 시료와 분광결정 사이에는 솔라 슬릿을 배치한다. 솔라 슬릿은 금속의 얇은 판을 여러장 등간격으로 평행하게 배치한 구조를 취하고 있으며, 이를 통과한 X선은 평행화된다.

분광결정은 분석 대상원소(분석파장)에 따라 전환되는 기구이다. 파장 분산형 형광 X선 분석에서는 X선 검출기에 도달하는 X선 강도는 결코 강하지 않다. 형광 X선 강도는 1

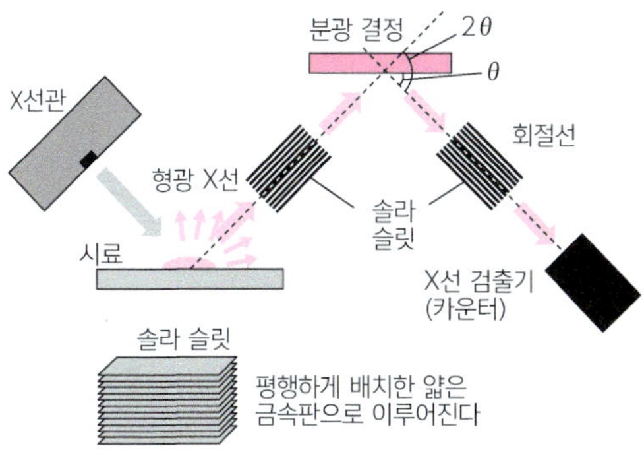

그림 6.2 파장 분산형 X선 분광장치의 구성 예

차 X선의 강도에 비례하므로 WDXRF 장치에서는 end-window형 고출력 X선관이 이용되는 경우가 많다. 이 경우 X선 발생원과 창재 사이의 거리가 짧고 시료는 X선관에 접근해 놓인다. X선관으로부터의 열적 영향을 받기 쉽기 때문에 시료의 변성에 주의가 필요하다. 회절각을 변화시키면서 회절 X선의 강도를 X선 검출기(비례계수관이나 섬광 카운터 등)로 측정한다. 이를 위해 θ–2θ의 배각 운동을 가능하게 하는 고니오미터를 사용한다.

(2) WDXRF의 특징

WDXRF 방법은 파장(에너지) 분해능이 높고 스펙트럼은 백그라운드가 낮기 때문에 X선 미량분석에 적합하다. 부록 3에서 알 수 있듯이, 저에너지 영역에는 경원소의 K선과 중금속의 L선이나 M선이 혼재한다. 예를 들어, 희토류 원소와 경원소로 이루어진 시료의 XRF 분석이나 연X선 영역의 분광에서, WDXRF 분석은 위력을 발휘한다.

미지 시료의 경우에는 각도주사에 의해 X선 스펙트럼을 얻을 필요가 있다. 미리 측정 대상원소가 정해져 있는 경우에는 회절각도를 고정하여 회절 강도를 측정하면 되므로, WDXRF법은 특정 미량 원소의 측정에 의한 각종 재료의 품질관리법으로서 유효하다. 덧붙여, 측정 대상원소가 여러 종류로 정해져 있는 경우에는 그러한 원소의 형광 X선을 동시에 모니터하기 위해 분광계를 복수 배치하는 장치가 활용된다. 이러한 다원소 동시 분석용 배치는 복수의 검출기를 가지는 전자 프로브 마이크로 분석기(EPMA)와 비슷하다. 또한, WDXRF 장치는 구동부가 있기 때문에 대형인 경우가 많지만, 탁상형 WDXRF 장치도 시판되고 있다.

6.5.2 에너지 분산형 X선 분광법

(1) 원리와 장치 구성

이 방법은 X선을 광자로 취급하여 분광하는 것이며, 검출은 실리콘 등의 반도체 소자에 있어서의 전리현상에 근거한다. 그림 6.3(a)에 나타낸 바와 같이, X선은 반도체 안에서 전자·정공쌍을 만들어내는데, 그 빈도는 X선의 에너지에 의존한다. 즉, 에너지가 높

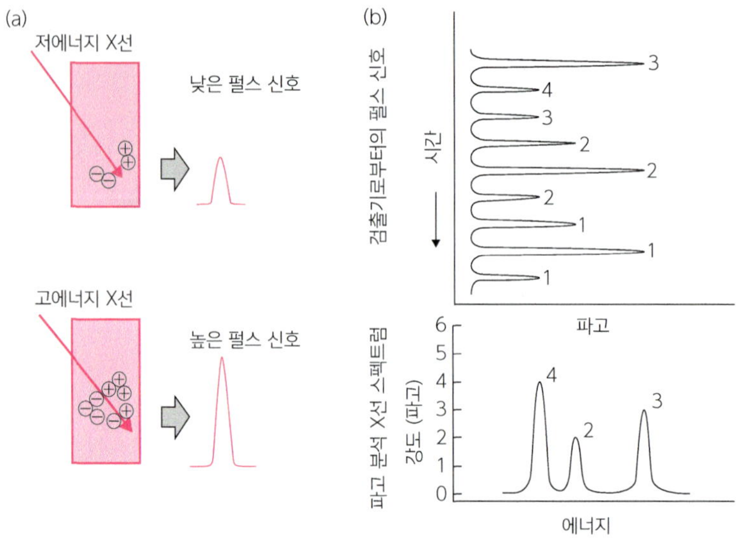

그림 6.3 EDXRF 원리
(a) X선 검출기에서의 전자 정공쌍의 생성과 발생하는 펄스 신호, (b) 펄스 파고 분석과 X선 스펙트럼

은 X선 광자가 들어오면 많은 정공·전자쌍이 발생하고, 이들의 전하는 큰 펄스 신호로 계측된다. 따라서 펄스(파도)의 높이가 높으면 X선 광자의 에너지가 높아지게 된다. 그림 6.3(b)에 나타낸 바와 같이 단시간에 다양한 높이의 펄스가 관측되는데, 이들의 파고 분석을 연속적으로 실시한다. 복수의 격납장소(채널)를 준비해 두고, 같은 펄스 높이의 신호는 특정 채널에 하나씩 저장해 나감으로써, X선 스펙트럼을 얻을 수 있다(멀티채널 분석) 즉, X선의 강도는 펄스의 개수로서 얻을 수 있게 된다.

그림 6.4에 일반적인 EDXRF 장치의 구성을 나타낸다. 장치는 X선관, 필터, 시료 홀더, 콜리메이터, X선 검출기, PC 해석부 등으로 구성되어 구동부가 적고 간단한 구성으로 되어 있다. 탁상형 EDXRF 장치의 경우 검출 효율이 높고, 저출력 공냉형 X선 봉입관이 이용되는 경우가 많다. 1차 X선은 필터를 통해 시료를 조사함으로써 스펙트럼의 백그라운드를 줄이고 고감도 측정을 할 수 있다. 시료에 조사하는 면적은 콜리메이터를 통해 제한된다. 측정 부위에만 X선을 조사하면 되고 필요 이상으로 넓은 면적에 1차 X선을 조사하는 것은 피해야 한다.

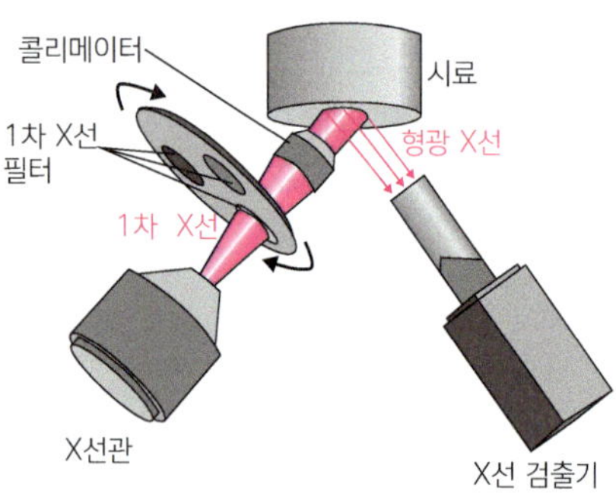

그림 6.4 에너지 분산형 X선 분광장치의 구성 예(시료에의 하면 조사형)

종래의 EDXRF 장치에서는 액체 질소 냉각형 X선 검출기가 사용되고 있으며, 액

체 질소의 대형 듀워부를 위해 장치는 커지고 액체 질소 보충 등의 유지보수 작업이 필요하였다. 최근에는 실리콘 드리프트형 X선 검출기(SDD)가 표준적으로 사용되고 있으며, 전자 냉각 방식이기 때문에 사용이 편리해졌다. 이용 전에 X선 검출기의 성능, 즉 에너지 분해능, 검출 효율의 에너지 의존성, 소자 면적, 소자의 두께 등을 확인해 두는 것이 실험 결과의 해석에 중요하다.

(2) EDXRF의 특징

에너지 분산형 X선 분광 방식은 파장 분산 방식 같은 구동부가 아닌 다원소에 대해서 비교적 단시간에서 동시에 스펙트럼을 얻을 수 있다. 그러므로, 미지 시료(2즉 어떤 원소가 포함됐는지 불분명한 시료)의 원소 분석, 이물질 해석, 토양 등 환경 분석 등에 효과적이다.

일반적인 에너지 분산형 X선 검출기의 에너지 분해능은 140 eV 정도이며, 분광 간섭(다른 원소의 형광 X선 피크와 중복)에 주의해야 한다. 종래에는 열에 기인하는 노이즈를 줄이기 위해서 액체 질소로 반도체 소자를 냉각할 필요가 있었지만, 최근의 에너지 분산형 검출기는 전자 냉각(펠티어 냉각 소자) 방식으로 냉각할 수 있어 손바닥 크기의 소형인 검출기로, 장치 전체의 소형화가 실현(탁상형, 혹은 이식형)되고 있다.

6

6.6 시료의 준비

형광 X선 분석에서는 다양한 형태의 시료를 직접 분석할 수 있고 간편한 시료 전처리가 특징이긴 하지만, 그 분석 결과는 시료 준비법의 영향을 받으므로 주의가 필요하다.

6.6.1 고체 시료

1차 X선의 조사 조건이나 형광 X선의 검출에 이르기까지의 시료 자신에 의한 흡수에 의해서 형광 X선의 강도가 영향을 받기 때문에 전처리로서 금속 시료 등의 표면을 평탄하게 전처리해 둘 필요가 있다. 일반적으로 형광 X선 분석에서는 분석 시야가 5~40 mm 정도로 제한되므로 그 분석 시야 범위에서 평탄화가 요구된다. 금속 시료의 경우 기계 가공법(예를 들어 선반, 밀링머신, 그라인더 등)에 의해, 혹은 내수성 연마지로 표면을 연마함으로써 평탄화 처리를 행한다. 이것은 형광 X선의 여기 효율과 검출 효율을 각 시료와 표준물질에 대해 일정하게 하기 위함이다.

6.6.2 균질화 처리와 분체 시료

시료가 불균질하고 그 부위에 따라 조성이 다른 경우, 또 시료에 편석이 있을 것으로 예상되는 경우에는 후술한 미소부 형광 X선 분석법에 의해 원소 분포를 해석하는 것도 효과적이다. 그러나, 전체 샘플의 평균적인 구성을 얻고 싶다면, 시료의 분쇄를 수반하는 균질화 처리가 필요하다. 예를 들어, 그림 6.5(a)에 나타나는 찻잎 시료를 분쇄기를 이용하여 분쇄하면 분말 시료(그림 6.5(b))를 얻을 수 있다. 게다가 그림 6.5(d), (e)와 같은

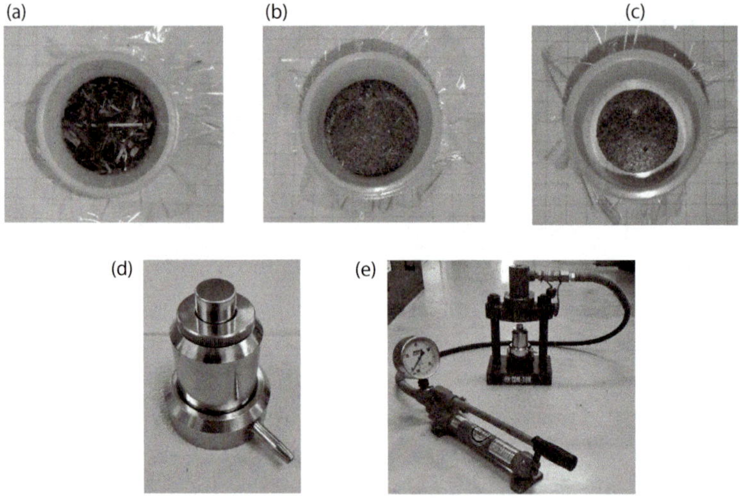

그림 6.5 찻잎 시료 분석
(a) 찻잎 시료, (b) 분말 시료, (c) 펠렛 시료, (d) 가압성형기, (e) 가압기

가압 성형기(예를 들어 적외선 분광법 등에서도 이용되는 것)에 의해 일정한 압력(1~20 MPa 정도)으로 가압하여 펠렛형 시료(그림 6.5(c))로 하여 분석한다. 표준물질도 같은 형태로 측정하는 것이 바람직하다. 이 경우 시료의 두께에도 주의가 필요하다.

원자번호가 작은 원소(경원소)인 형광 X선(K선)은 에너지가 낮으므로 시료의 표면 근방에서 발생한 것으로 분석되는데, 원자번호가 큰 원소의 경우로 분석 에너지가 높을 경우 측정 대상이 되는 시료 두께가 두꺼워지므로 표준물질과도 충분한 두께의 시료를 제작할 필요가 있다. 산화물 분말 시료에 대해서는 시료와 융제(붕산나트륨 등)를 칭량 혼합하여 백금 도가니로 1000~1250℃ 정도로 용융·냉각함으로써 균질의 유리 비드상의 시료를 얻을 수 있다.

6.6.3 액체 시료

형광 X선 분석 장치에는 그림 6.4에 나타낸 바와 같이 하면 조사형, 즉 X선원, X선 검출기가 하면에 배치되어 있고, 시료의 하면을 측정하는 장치가 보급되어 있다. 이 경우 그림 6.6과 같이 용액 시료 용기에 시료 용액을 넣어 분석할 수 있다. X선의 흡수를 가능한 한 작게 하기 위해서 용기의 X선 창재에는 폴리프로필렌막 등 고분자 필름을 이용한다. 시료 용액 중의 측정 원소의 농도가 큰 경우는 희석이 유효할 때도 있다. 또한, 내부표준법으로 정량할 경우에는 내부표준 용액을 균일 혼합한 후 용기에 넣는다.

시료용액이 적을 경우, 후술한 전반사 형광 X선 분석을 이용하거나 전용 링거 시료 보유 기판에 적하·건조하여 분석할 수 있다. 이 경우, 건조 과정에서 용매를 증발에 의해 제거함으로써 측정 대상원소는 미세 영역으로 농축 건조된다.

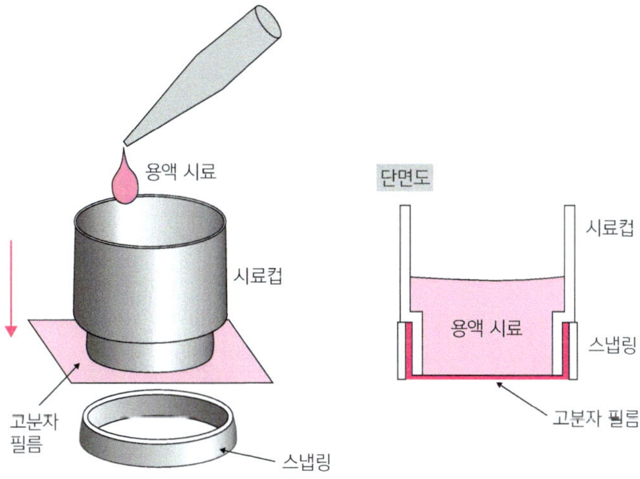

그림 6.6 용액 시료용 용기

6

6.7 형광 X선 스펙트럼 해석

철강 표준물질(NIST SRM 1762 Low Alloy Steel)을 WDXRF 장치로 측정했을 때의 전형적인 스펙트럼은 그림 6.7(a)에 나타낸다. 가로축에 회절각 2θ, 세로축에 X선 강도(대수 표시)를 취한 스펙트럼으로 되어 있다. 분광 결정에는 LiF(200)를, 검출기에는 섬광 카운터를 이용하였다.

브래그의 회절 조건을 만족시키는 각도에서 X선 강도가 증대한다. 그 회절각 θ을 식 (6.2)에 도입하면, X선의 파장 , 즉 시료에서 발생한 형광 X선의 파장을 알 수 있고, 각각의 피크를 동정할 수 있다. As(173 ppm) Zr(285 ppm) 등의 미량원소에 대해서도 형광 X선 피크가 명료하게 관측되고 있다. Ti보다 파장이 긴 피크(에너지가 작다)에 대해서는 측정원소에 따라 표 6.1에 나타낸 것과 같은 분광결정으로 바꾸어 스펙트럼을 얻을 수 있다. 또한 파장 λ는 식 (6.3)에 의해 X선의 에너지 E로 변환된다.

$$E\,(\text{keV}) = \frac{hc}{\lambda} = \frac{1.2398}{\lambda}\,(\text{nm}) \tag{6.3}$$

다음으로, 같은 철강 표준물질(NIST SRM 1762)에 대해 6.5.2항에서 소개한 탁상형 EDXRF 장치(Rh 타겟의 X선관 탑재)를 이용하여 대기압하에서 측정한 스펙트럼 그림 6.7(b)에 나타낸다. 주성분인 Fe 이외에 Cr, Mn, Ni 및 미량성분의 형광 X선 피크가 관측된다. 덧붙여 12~14 keV에서도 피크를 볼 수 있다. 이것은 FeKa나 FeKβ와 같은 광자가 두 개 동시에 검출됨으로써 볼 수 있는 썸피크이다.

시료의 주성분(이 경우는 Fe)에서 발생하는 큰 강도의 XRF와 관련하여 볼 수 있으므로 다른 피크로 착각하지 않도록 주의가 필요하다. 게다가 FeKα의 저에너지 쪽의 4.7 keV 정도에서도 피크를 볼 수 있다. 이는 이스케이프 피크라고 불리며 실리콘 반도체 검

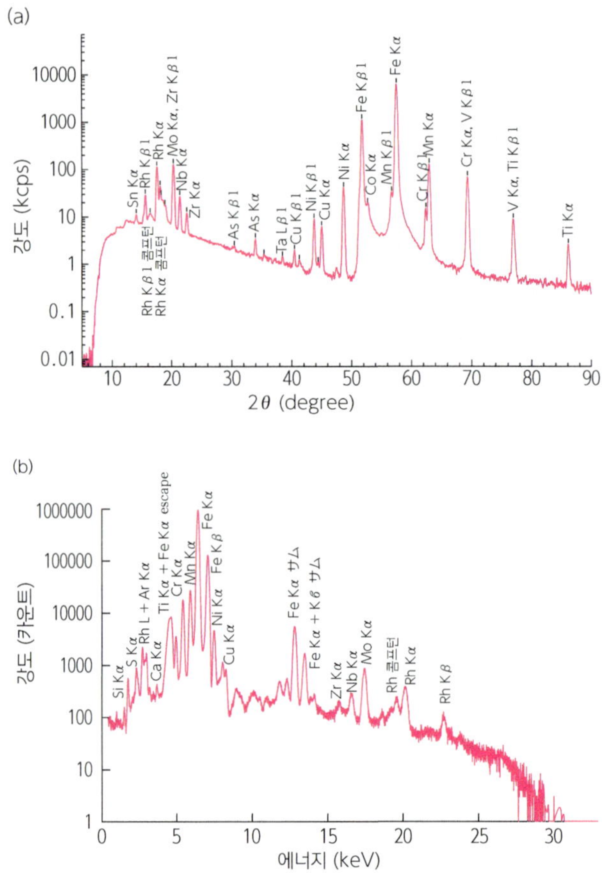

그림 6.7 철강 표준시료의 스펙트럼 예
(a) 파장 분산 형광 X선 분광기, (b) 에너지 분산 형광 X선 분석

출소자의 Si의 전리에 사용되었기 때문에 생긴 것이다. 따라서 큰 피크에서 전리에너지 1.74 keV를 뺀 위치(4.66 keV)에서 볼 수 있으므로 주의가 필요하다. 그림 6.7(b)에서는 TiKa (4.51 keV)와 겹쳐 관측되고 있어 철강 중 미량의 Ti를 분석할 때 주의가 필요하다.

그림 6.8은 분말 모양의 찻잎 표준물질(NIES CRM No.23 Tea Leaves II: 국립환경연구소 제공)에 대한 EDXRF 스펙트럼이다. 이 찻잎 시료에는 K, Ca, Mn, Cu, Zn 등이 포함되어 있으며, 이들 원소로부터 유래된 형광 X선 피크가 넓은 에너지 범위에 퍼지는 연속 X선에 겹치도록 관측되고 있다. X선관에는 30kV를 인가하였으므로, 30 keV 이하의 에너지 영역에서 연속 X선을 볼 수 있다.

부록 3에 주요 원소인 형광 X선 에너지를 표시했다. 원자번호가 작은 경원소의 경우는 K선이, 원자번호가 큰 중원소에서는 L선이 분석 대상의 피크가 되는 경우가 많다. 시판

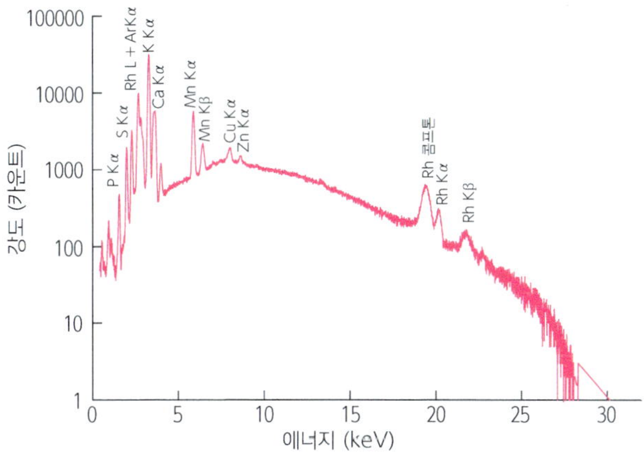

그림 6.8 X선 스펙트럼의 측정 예
에너지 분산 X선 분광기로 측정된 찻잎 표준물질에 대한 형광 X선 스펙트럼

되는 EDXRF 장치에서는 자동적으로 각 피크가 동정되지만, 시료의 특성을 생각하면서 부록 3을 참조하여 각 XRF 피크를 동정할 필요가 있다. 또한 그림 6.8의 고에너지 측에서는 1차 X선인 Rh K선이 관측되고, 그보다 약간 낮은 에너지 측에서는 콤프턴 산란 피크를 볼 수 있다. 이것은 비탄성 산란의 결과 에너지를 잃은 것이며, 경원소 매트릭스 시료에서 현저하게 볼 수 있다. 또한 Rh L선의 산란 피크나 대기 중의 Ar Kα선도 관측되고 있다.

EDXRF에서 이용되는 X선 검출기의 에너지 분해능은 대략 140 eV이므로, 이보다 접근하는 복수의 분석선을 분리할 수 없는 이 경우, 예를 들어 Kα선에 대해 관측되는 Kβ선의 강도를 이용하여 피크 분리 해석(디컨볼루션)하는 것이 필요하다. 이용하는 XRF 장치의 에너지 분해능을 파악해 두는 것이 중요하다.

6.8 정량분석

특정 원소의 형광 X선 강도는 1차 X선 강도나 그 원소의 농도에 비례한다. 다만, 다음 절에서 기술한 바와 같이 공존 원소의 영향을 받는다. 그래서 형광 X선 정량분석은 그림 6.9와 같이 표준물질을 이용한 검량선법, 내부표준법, 표준첨가법이 이용된다. 또, 이론 계산을 이용하는 FP법도 실용상 유효하다[1].

6.8.1 매트릭스 효과

형광 X선의 여기 과정에서 1차 X선은 시료에 의해 흡수되고, 시료 내에서 발생한 XRF 강도도 검출에 이르기까지 시료 내에서 흡수되어 줄어들 수 있다. 이러한 X선의 흡수는 시료 조성에 의존한다. 한편, 공존하는 다른 원소가 발하는 XRF의 조사를 받아 목적 원소로부터 XRF가 2차적으로 발생하는 경우는 목적 원소의 XRF 강도가 증가한다.

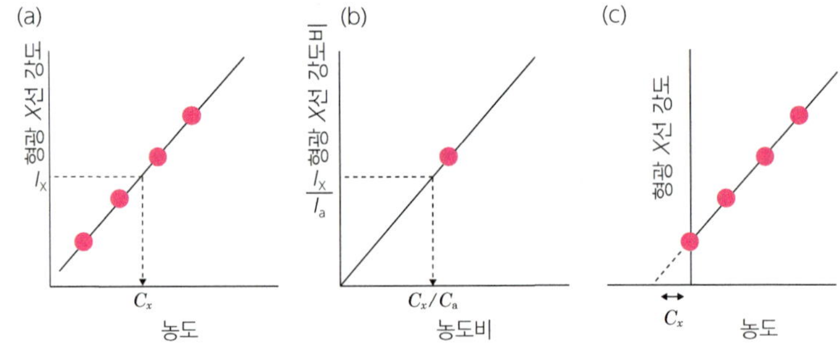

그림 6.9 형광 X선 정량분석 기법
(a) 검량선법, (b) 내부표준법, (c) 표준첨가법

6

이와 같이, 목적 원소의 XRF 분석에서 시료 조성 공존 원소의 영향을 받는 현상을 매트릭스 효과라고 부른다. 이 영향은 적합한 표준물질을 이용한 검량선법의 적용 혹은 내부표준법의 적용, 나아가 시료 조성을 고려한 FP법에 의해 보정될 수 있는 경우가 많다.

6.8.2 표준물질과 검량선법

형광 X선 분석장치를 포함하는 기기분석 장치는 기본적으로 전기신호밖에 출력하지 않으므로 인증값이 주어진 표준물질을 이용하여 교정할 필요가 있다. 그림 6.9(a)와 같이 가로축에 인증값 농도, 세로축에 형광 X선 강도를 취하면 직선관계 즉 검량선을 얻을 수 있다. 미지의 시료를 측정하여 특정 원소(x)에 대해 XRF 강도(I_X)를 얻을 수 있다면 이 검량선으로부터 농도(C_X)를 얻을 수 있다. 물론, 검량선 작성을 위한 표준물질의 측정과 동일한 조건에서 시료를 측정할 필요가 있다. 또한 측정 대상원소의 농도(대응하는 XRF 강도)가 검량선의 플롯 내에 들어가 있어야 한다.

이 검량선법에서 올바른 농도를 얻기 위해서는 시료와 유사한 매트릭스 조성으로 같은 형태의 표준물질을 입수하는 것이 중요하다. 일반적으로 표준물질의 인증서에는 ① 목적, ② 용도 ③ 사용 시 주의사항 ④ 인증값 ⑤ 인증값 결정 분석방법 등이 기재되어 있다.

학회 등에서 다양한 표준물질을 이용할 수 있으니 아래 나열된 웹사이트 등에서 필요에 따라 확인하시기 바란다.

- 일본분석화학회(https://www.jsac.jp/conference/service/standard/) : 플라스틱, 토양, 쌀 등의 분석용
- 계량표준종합센터 https://unit.aist.go.jp/qualmanmet/refmate/) : 식품 및 환경분석용
- 일본철강연맹(https://www.jisf.or.jp/business/standard/jss/index.html) : 철강·금속 재료 분석용
- 국립환경연구소(https://www.nies.go.jp/labo/crm/) : 환경분석용

그림 6.9(a)의 검량선의 기울기를 감도라고 부른다. 기울기가 클 경우 약간의 농도의 변동으로도 크게 형광 X선이 변화한다. 즉 감도가 높다는 것이다. 이 감도는 측정조건, 검출기, 신호처리 등에 의해 변화하므로 높은 감도가 되도록 장치나 측정조건의 유지개선이 요구된다.

일반적으로 농도가 높아지면 직선 관계를 얻을 수 없게 되고 농도가 낮으면 형광 X선 강도 측정이 곤란해진다. 어느 정도의 미량 농도까지 검출할 수 있는지는 검출한계라고 불리며 분석 성능의 평가값으로서 중요하다. 구체적으로 백그라운드 강도 변동의 3배 이상의 강도가 있다면, 그것은 종종 백그라운드가 아니라 형광 X선의 강도라고 판단된다. 따라서, 검출 한계(DL)는 식 (6.4)으로 나타난다.

$$\mathrm{DL} = \frac{3\sigma_B}{M} = \frac{3}{M}\sqrt{\frac{I_B}{t}} \tag{6.4}$$

6

여기서, M은 검량선의 기울기로, 전술한 바와 같이 표준물질을 이용한 검량선에서 구할 수 있다. σ_B는 백그라운드 강도(cps)의 변동이다. 또한 정량하한으로는 σ_B의 10배를 취하는 경우가 많다.

6.8.3 내부표준법

일반적으로 시료의 매트릭스와 같은 표준물질을 준비하는 것은 쉽지 않다. 그래서 시료에 포함되지 않는 원소를 규정량만큼 내부표준원소로 혼합하는 것이 효과적이다.

이 경우, 그림 6.9(b)와 같이, 가로축에는 목적원소와 내부표준원소의 농도비, 세로축에는 목적원소와 내부표준원소의 XRF 강도비를 취한다. 이 직선관계에서 미지시료의 정량분석이 가능해진다. 내부표준원소는 목적 원소의 XRF 피크를 방해하지 않아야 하며, 또한 그 피크 근처에 피크를 갖는 것이 바람직하다. 목적원소와 내부표준원소는 균일하게 원자레벨에서 혼합되어 있어야 하기 때문에 수용액 시료에 적용되는 경우가 많다. 또한 시료로부터의 산란선(연속 X선이나 콤프턴 산란선)의 강도를 이용하기도 한다. 전반사 형광 X선 분석에서의 적용 예는 6.9.2항에서 소개한다.

6.8.4 표준첨가법

그림 6.9(c)의 표준첨가법은 시료(주로 수용액 시료)에 측정 목적원소를 포함한 표준용액을 단계적으로 다른 농도로 첨가함으로써 검량선을 얻는 기법이다. 첨가량이 0인 곳에서도 강도를 얻을 수 있는 것은 시료에 그 측정원소가 포함되어 있기 때문이다. 따라서 검량선을 외삽하여 원래 시료에 포함되어 있던 농도를 구할 수 있다.

6.8.5 FP법

형광 X선 강도는 시료 조성, 측정 조건(X선관의 동작 조건: 타겟 재질, 관전압, 관전류 등), 여기 과정, 흡수 과정, 2차 여기 과정, 검출 효율 등에 관한 물리 상수를 이용하여 이론 계산할 수 있다. 그림 6.10과 같이 FP법에서는 시료 조성을 가정하여 이론 강도를 계산하고 실측된 강도와 비교한다. 양쪽이 일치하도록 시료 구성을 수정하는 과정을 반복함으로써 최종적으로 확실한 시료 조성을 얻을 수 있다.

이 계산 과정에서 이론 강도와 측정 강도 사이에 감도계수가 필요하다. 원래는 표준물질에 의한 측정이 필요하지만, 시판 장치에서는 미리 이러한 감도계수가 포함되어 있는 경우가 많다.

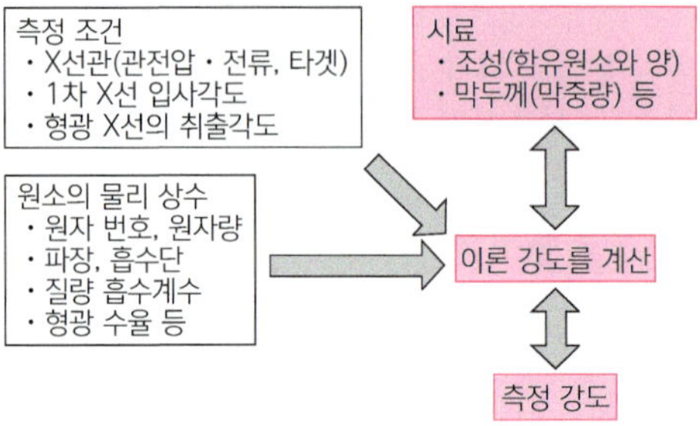

그림 6.10 FP법 개요

FP 방법은 균일한 구성을 가진 벌크 시료나 층 구조를 가진 시료에 적용된다. 신뢰할 수 있는 결과를 얻기 위해서는 시료 조성이나 층 구조 모델이 어느 정도 파악되어야 한다.

6.9 몇 가지 XRF 장치의 구성과 이용 예

6.9.1 미소부 XRF 분석 장치

미소부 XRF 분석 장치는 일반적인 EDXRF 장치와 달리 X선 마이크로빔을 이용함으로써 미소부의 분석을 가능하게 하고 있다. 이 X선 마이크로빔의 제작에는 특히 실험실에서는 유리 캐필러리 X선 집광소자가 이용된다. 유리관의 내벽에서 X선의 전반사 현상(다음 항에서 소개)을 반복함으로써, 손실없이 X선을 도파하는 것이 가능하게 된다. 더욱이 캐필러리의 형상을 만곡 성형함으로써, X선을 미소부로 집광하는 것이 가능해진다.

단일 캐필러리는 모노 캐필러리라고 불린다. 한편, 그림 6.11에 나타내는 폴리캐필러리

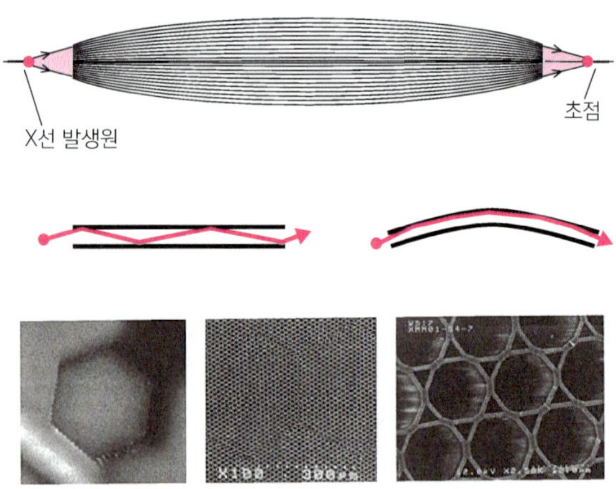

그림 6.11 폴리캐필러리 X선 집광소자 구성
캐필러리 내부에서의 X선 전반사 모습도 나타나고 있다.
출전: "X-Ray Spectrometry: Recent Technological Advances," Wiley (2004), p. 91, Fig. 3.3.4.

X선 집광소자는 수만에서 수 십만개의 캐필러리(각각의 내경이 수 μm~수 10 μm)로 이루어지며, 각 캐필러리의 내벽에서 X선 전반사 현상에 의해 X선이 집광된다. 집광되는 스폿지름은 광원의 크기에 의존하므로 미초점형 X선원(X선 발생원의 크기: 수 십 μm)과 조합함으로써, 점에서 점으로의 X선의 집광이 가능하게 된다. 일반적인 폴리 캐필러리 집광소자에서 얻을 수 있는 X선 빔 지름은 수 십 μm이며, X선원으로부터의 연속 X선도 포함하여 집광된다. 모노 캐필러리에 비해, 폴리 캐필러리 집광소자는 수 십배 강한 X선 빔을 얻을 수 있다. 폴리 캐필러리의 특성에 대해서는 참고 문헌 2를 참조해 주기 바란다.

그림 6.12는 미소부 XRF 장치의 구성을 나타낸다. X선 검출기에는 작고 전자 냉각형 실리콘 드리프트 검출기(SDD)를 이용하는 경우가 많다. 시료는 x-y-z의 3차원 방향으로 이동 가능한 스테이지에 장착하여, 목표 장소에서의 미소부 XRF 분석이 가능해진다. 그림 6.12의 오른쪽에 나타난 바와 같이 점분석, 선분석뿐만 아니라 시료를 주사하면서 XRF 분석을 반복함으로써 원소 분포를 2차원 화상으로 표시할 수 있다. 이러한 원소 이미징에 의해 정보량이 증대되므로 재료 해석 등에서 강력한 수단이 된다. 시판 미소부 XRF 장치도 거의 그림 6.12와 같은 장치 구성으로 되어 있어 관찰 시료부를 가시광선 CCD 카메라로 촬영할 수 있도록 되어 있다.

그림 6.13은 미세 부분 XRF 장치에서 마이크로 SD 메모리 카드를 측정한 결과이다. 샘플은 1차 여기 빔에 대해 주사되고 각 지점에서 다원소 동시 EDXRF 분석을 수행한다. 위치 정보와 함께 각 원소로부터의 XRF 피크 강도를 표시하면 그림 6.13과 같은 원소 분포상을 얻을 수 있다. 육안으로는 어려운 시료 내부의 배선 모습이나 전극의 모습이 가시화되어 있다. 공간 분해능은 두 점을 둘로 인식할 수 있는 최소의 거리이며, 이용하는 미소부 XRF 장치의 공간 분해능에 대해 파악해 둘 필요가 있다. 높은 공간 분해능으로 분포상을 얻기 위해서는 여기 X선 빔의 미세화가 필요하다. 더불어 대면적의 원소 이미징에는 신속 측정을 목표로 한 여기 X선 빔의 고강도화와 신속 데이터 처리 기술이 요구된다.

그 밖에 공초점 3차원 형광 X선 분석법이나 싱글 포톤 카운팅 해석을 이용한 전시야

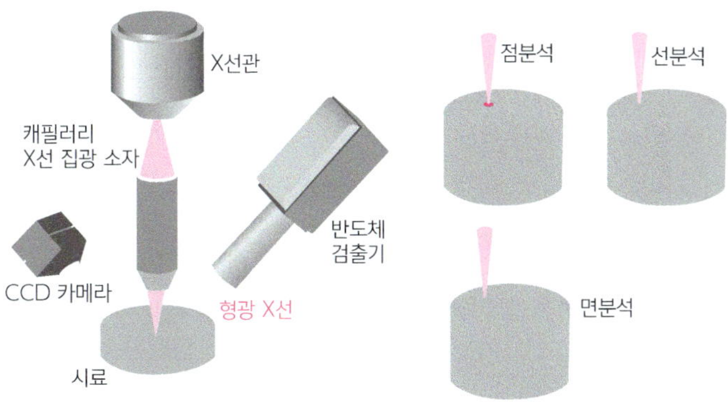

그림 6.12 미세부 형광 X선 분석장치 구성 예(왼쪽)와 분석양식(오른쪽)

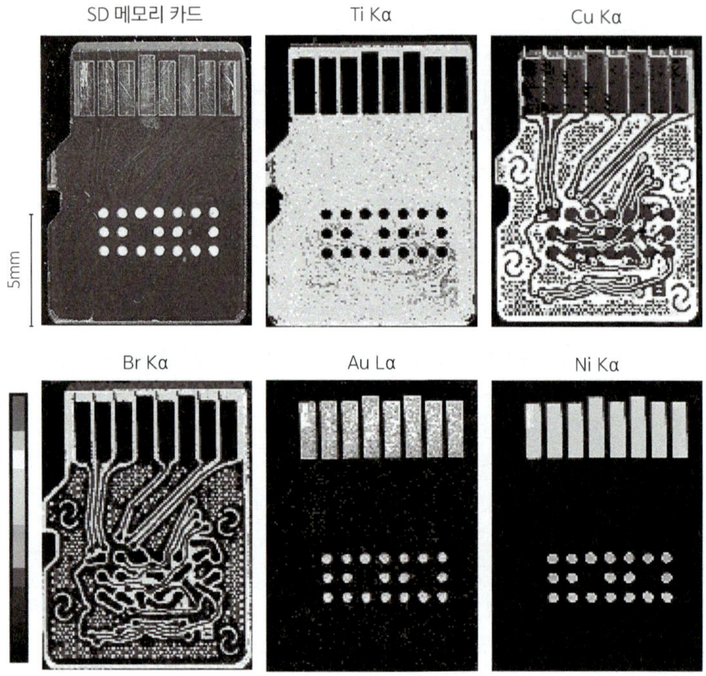

그림 6.13 원소 이미징의 예
마이크로 SD 메모리 카드의 미세부 형광 X선 분석에 의한 원소 이미징 예 커버 소매에 풀 컬러도를 게재
출전: Depth-selective elemental imaging of microSD card by confocal micro XRF analysis, X-Ray Spectrom., 42 (2013), p. 124, Fig. 1.

형 XRF 이미징법 등의 수법에 대해서는 참고문헌[1),4)]를 참조하기 바란다.

6.9.2 전반사 XRF 장치

X선은 전자파의 일종이어서 가시광선과 마찬가지로 전반사 현상이 생긴다. 다만 굴절률이 1보다 약간 작으므로 외부에서 전반사를 일으킨다(그림 6.14의 왼쪽 윗그림). 이 전반사 현상을 XRF 분석에 적용한 방법이 전반사 XRF법(Total reflection XRF TXRF)이다. X선 전반사 현상은 광학적으로 평탄한 기판 상에서 발생하므로 TXRF법의 개발 당초부터 실리콘 웨이퍼 상의 오염 미립자 분석에 응용되어 왔다. 현재는 반도체 프로세스에서 루틴적으로 이용되고 있다. 본 항에서는 미량분석으로서의 TXRF 장치를 소개한다.

X선의 전반사 현상은 아래의 식 (6.5)에 나타내는 전반사 임계각(θ_c)보다 작은 각도(시사각: 광학에서의 입사각은 법선으로부터의 각도를 가리키며, 시료표면으로부터의 각도는 시야각이라 부른다)로 평탄기판에 X선이 입사했을 때 생긴다.

$$\theta_c = \frac{1.17\sqrt{\rho\,(\mathrm{g/cm^3})}}{E(\mathrm{keV})} \tag{6.5}$$

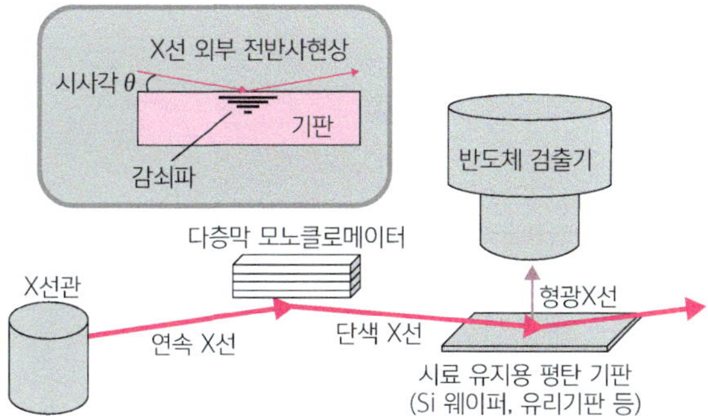

그림 6.14 X선 전반사 현상과 전반사 형광 X선 분석장치의 구성 예

이 식에서 알 수 있듯이, 전반사 현상은 1차 X선의 에너지(E)와 기판의 밀도(ρ)에 의존한다. 전형적인 값으로서 실리콘 기판에 Mo Kα(17.4 keV)의 X선이 입사하는 경우의 임계각(θ_c)은 약 0.1°이다. 따라서, TXRF법에서는 1차 X선의 에너지를 단색화하고, 시사각도 엄밀하게 제어할 필요가 있다. 이 전반사 조건하에서는 X선의 기판에의 침입 깊이가 수 nm로 매우 얕아진다. 이 침입 깊이는 XPS 등의 표면 분석과 동등하며 TXRF법은 고진공을 필요로 하지 않고 표면 분석이 가능한 독특한 분석법이라고 할 수 있다.

그림 6.14에 TXRF장치의 구성을 나타낸다. X선원, 단색화를 위한 흑백미터, 시료 유지용 평탄 기판, 반도체 검출기 등으로 구성된다. 측정 대상은 평탄 기판 표면에 유지되며 대면직의 빈도체 검출기는 시료의 바로 위에 놓인다. 이 배치를 통해 1차 단색 X선은 전면 반사되어 시료에서 XRF가 큰 입체각에서 효율적으로 검출된다. 따라서, TXRF 스펙트럼은 저 백그라운드이며 미량분석에 적합하다. 수용액의 전이 금속에 대한 검출 한계는 ppb 수준이다. 일반적으로 미소량의 용액(10 μL 정도)을 평탄기판에 적하·건소하고, 그 건조 자국을 측정 대상으로 한다. 따라서, 미소량의 시료밖에 얻을 수 없는 경우에도 적합하다.

건조 자국에서 나오는 XRF 강도는 여러 가지 제어하기 어려운 요인들로 인해 변동하는 것으로 알려져 있다. 이를 위해 TXRF 정량분석에는 그림 6.9(b)에서 제시한 내부표준법을 적용하는 것이 일반적이다. 즉, 시료용액에 포함되지 않은 Ga 등을 내부표준원소(a)로 선택하고, 내부표준용액(농도: C_a)을 의도적으로 시료용액에 가하는 전처리를 실시한다. 식 (6.6)에 나타낸 바와 같이 측정 대상원소(x)의 농도 C_x는 그 XRF강도(I_x)와 내부표준원소의 XRF강도(I_a)와의 비에 상대감도계수(k)를 고려함으로써 결정된다.

$$C_x = \frac{I_x}{I_a} \times \frac{C_a}{k} \tag{6.6}$$

지금까지 환경수, 음료수, 대기 중 부유 입자상 물질, 혈액 등 다양한 시료의 미량분석이 보고되고 있다[3). 그림 6.15는 시판되고 있는 레드와인 1900 μL에 Ga내 표준용액(10 ppm) 100 μL를 첨가하여 혼합한 후 혼합용액 10 μL을 청정한 석영유리 기판 중앙(그림 6.14에 나타낸 평탄기판)에 적하 건조하고 그 건조 자국을 TXRF 장치로 측정

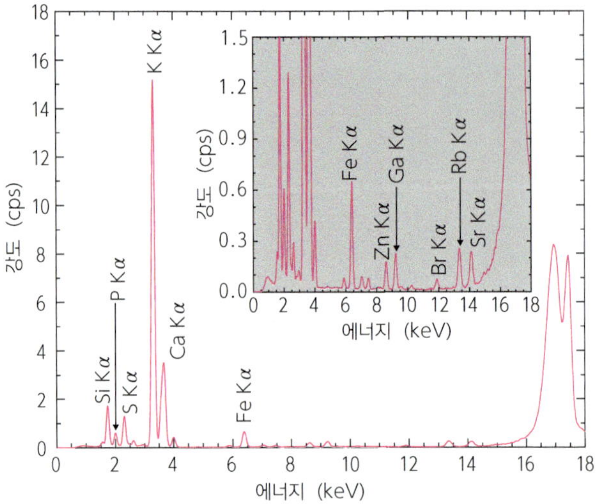

그림 6.15 전체 반사 형광 X선 스펙트럼의 예
레드와인(10 μL) 건조 자국의 전체 반사 형광 X선 스펙트럼.

한 전형적인 스펙트럼이다. 식 (6.6)에 의해 Ga Kα선의 강도와 비교함으로써 각종 원소를 정량할 수 있다. 백그라운드가 매우 낮고, K704 ppm에 더해 서브 ppm 수준의 Mn, Rb, Sr 등의 미량 원소도 각각 0.87, 0.99, 1.38 ppm으로 정량분석되고 있다.

6.10 끝에

형광 X선 분석은 비교적 간단한 시료 전처리로 정량분석이 가능한 기법이며, 측정 후 시료가 남기 때문에 비파괴성이 요구되는 경우에 특히 효과적이다. WDXRF 장치는 특정 원소에 대한 미량 정량분석에 유효하며 철강 시료 등의 품질관리에 적합하다. 이에 반해 EDXRF 장치는 알려지지 않은 시료에 대한 원소 동시 분석에 적합하다. EDXRF 장치의 구성은 단순하며, 최근의 X선 요소 기술의 진전에 따라 각각의 부품의 소형화도 진행되고 있다. 실험실에서 이용되는 탁상형 장치와 함께 한 손으로 옮겨 조작할 수 있는 핸드헬드형 XRF 장치도 시판되고 있어 토양의 현장 분석이나 폐기물의 분류, 시료를 실험실로 반입하기 어려운 측정 대상의 분석 등에 이용되고 있다.

시료와 용도·목적에 따라 XRF 장치를 구분해 사용하는 것이 효과적이며, 각각의 장치의 특징과 한계를 잘 파악해 두는 것이 필요하다.

【참고 문헌】

1) 辻幸一, 村松康司編著, 『分光法シリーズ第5巻　X線分光法』, 講談社(2018).
2) 辻幸一, 「ポリキャピラリーX線レンズの基礎と応用」, ぶんせき, 8月号, 378(2006).
3) 中井泉編, 日本分析化学会X線分析研究懇談会監修, 『蛍光X線分析の実際　第2版』, 朝倉書店(2016), p.130-141.
4) 山梨 眞生, 山内 葵, 辻 幸一, 『蛍光X線元素イメージング分析技術の進展と応用』, ぶんせき, 4月号, 146 (2019).

【더욱 공부하고 싶은 사람을 위해서】

1) K.H.A. Janssens, F.C.V. Adams, A. Rindby, "Microscopic X-ray Fluorescence Analysis," Wiley (2000).
2) R.E. Van Grieken, A.A. Markowicz, "Handbook of X-ray Spectrometry, 2nd Edition," Marcel Dekker Inc. (2002).
3) K. Tsuji, J. Injuk, R. E. Van Grieken, "X-Ray Spectrometry: Recent Technological Advances," John Wiley & Sons, Ltd. (2004).
4) B. Beckhoff, B. Kanngießer, N. Langhoff, R. Wedell, H. Wolff, "Handbook of Practical X-ray Fluorescence Analysis," Springer Verlag (2006).
5) R. Klockenkamper, A. von Bohlen, "Total-Reflection X-ray Fluorescence Analysis and Related Methods, 2nd Edition," John Wiley & Sons (2015).

7 X선 회절법

7.1 처음에

물질에 의해 X선이 산란 회절되는 현상은 물질 중 원자 배열(구조)에 관한 정보를 얻기 위해 이용된다. 순물질의 결정을 육성하고 수 십 μm 정도 이상의 크기의 한 결정이 나타내는 X선 회절 패턴을 조사하여 상세한 구조 정보를 취득하는 방법은 단결정 X선 회절법이라 불리며 단백질 등의 생체 고분자나 그 복합체의 3차원적인 구조를 추정하고 활성 부위 및 주변 구조와 생체 기능과의 관계를 밝혀줌으로써 효율적으로 의약품을 개발할 목적으로 주로 이용되고 있다.

한편, 천연 광물이나 실용 재료·의약품 등 많은 경우에 복상 혼합물의 시료를 수 십 μm 정도 이하의 입경까지 분쇄하고, 분말 시료가 나타내는 산란 회절 패턴에서 성분의 특정(동정) 혹은 정량을 실시하는 방법은 분말 X선 회절법이라고 불리며, 화학 분석을 주된 목적으로 이용된다. 분말 X선 회절 측정에 이용되는 장치는 비교적 구조가 단순하고 시료 준비도 비교적 용이하지만 결정 구조의 특징을 반영하는 회절 피크의 위치와 상대 강도로부터 결정성 물질을 특정하기 위한 결정적인 수단으로 자리매김하고 있다. 주로 무기화학 분야에서 널리 이용되지만 유기 화합물을 대상으로 한 이용도 확대되는 추세다. 본 장에서는 주로 화학 분석을 목적으로 한 분말 X선 회절법에 대해 기술한다.

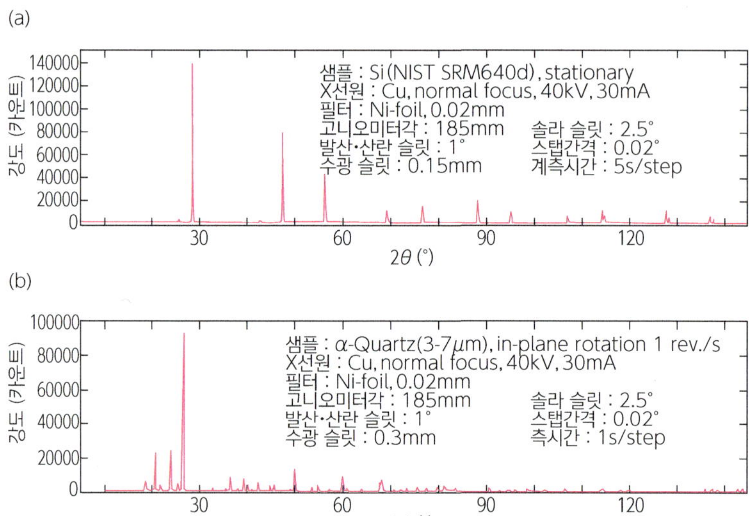

그림 7.1 분말 X선 회절 측정 예
(a) 실리콘, (b) α-석영

분말 X선 회절법에 의한 화학 분석은 화학 조성을 결정하기 위한 원소 분석과는 의미가 다르다. 예를 들어 탄소의 동소체인 그래파이트와 다이아몬드, 풀러렌, 탄소 나노튜브라는 다른 물질(상)을 원소 분석으로는 구별할 수 없지만, X선 회절법을 이용하면 그것들을 구별할 수 있다.

또, 복상 혼합물의 경우에도 어떤 상이 포함되는지 여부를 특정하고 상의 조성을 정량적으로 평가할 수 있다. 결정성의 순수 물질의 분말 시료에 X레이를 조사하면 물질마다 고유의 회절 패턴이 출현한다. 입사 X선 빔 진행 방향과, 시료에 의해서 회절(산란된 X선 빔 진행 방향을 이루는 각도를 「회절각」이라고 부르며, 통상 20로 나타낸다(그림 7.3(a).

그림 7.1에 분말 X선 회절 실험의 측정 예를 나타낸다. 결정성 분말 시료라면, 날카로운 피크가 특정의 회절각 2θ에서 출현하는 패턴이 나타난다. 이 복수의 피크의 위치와 강약의 패턴은 결정 중의 원자의 배열 방식, 즉 물질의 성질을 결정짓는 결정 구조로 결정하기 때문에, 여기서 물질을 특정할 수 있다.

정확하게는 회절 피크 출현 위치는 측정에 이용되는 X선원의 종류(파장)에 의해서 달라진다. 그러나 X선의 파장 이리가 알면, 회절각 2θ는 「면 간격」이라고 불리는 물질 고유의 값 d와, 다음 식으로 대응한다.

$$\lambda = 2d \sin \theta \tag{7.1}$$

이 식을 「브래그 방정식」이라고 한다. 이 식 중 θ은 브래그 각으로 불리며, 회절각 2θ의 절반의 각도인 것으로, 회절각 2가 커질수록 면 간격 d은 작아지는 관계가 있음에 주의한다. 분말 X선 회절 측정 결과와 브래그 방정식에서, 피크 위치를 d로, 피크 상대 강도를 I로 나타낸(d–I) 리스트로 불리는 표를 만들고 그것을 데이터베이스에 기재된 물질별(d–I) 리스트로 대조하는 것이 분말 X선 회절에 의한 물질의 특정(동정)의 가장 기본적인 생각이다.

미국에 본거지를 가진 국제 회절 데이터 센터(International Centre for Diffraction Data: ICDD®)는 1941년부터 물질별(d–I) 리스트를 핵심 정보로 포함하는 데이터의 축적·편집·공개했다. 2019년에는 무기물 약 43만건, 유기물 약 54만건의 회절·구조 데이터가 축적되고 있으며, 규모는 더욱 확대하고 있다. 데이터는 모두 전자 정보화되며, 검색·조합의 작업에는 컴퓨터상에서 동작하는 소프트웨어를 이용하는 것이 사실상 필수이다. 이 데이터베이스는 당초부터 Powder Diffraction File(PDF®)이라는 명칭이 있었는데, 일본 국내에서는 ASTM 카드나 JCPDS 카드 등의 통칭으로 불리는 것이 많았다.

물질의 구조가 평가 대상이 된다는 점에서는 분말 X선 회절법은 투과형 전자 현미경 관찰과 비슷한 성격도 가지지만, 투과형 전자 현미경이 국소적인 결정 구조나 조직을 관찰하기 위해서 유효한 것에 대해서, 분말 X선 회절 측정에서는 시료 전체의 평균적인 구조에 관한 정량성 높은 정보를 비교적 간편하게 확실히 얻기 쉬운 이점이 있다. 현재 ICDD의 주력 제품인 PDF-4+는 결정 구조(결정학적인 원자 위치 데이터) 정보도 포함하고, 투과형 전자 현미경을 사용하여 관찰되는 전자 회절 도형 등을 모의(시뮬레이션) 계산으로 표시하는 기능도 갖춘다.

7.2 분말 X선 회절 측정 장치의 개요

분말 X선 회절 측정 장치의 구성 중 가장 중요한 요소는 X선 발생 장치와 X선 검출기이며, 브래그 브렌타노(파리시) Bragg-Brentano(Parrish)형이라 불리는 장치 디자인[1)]이 1960년대부터 계속 사용되고 있다. 현재 이용되는 분말 X선 회절 장치의 대부분은 이 형에 기초하고 있으며, 고니오미터라고 불리는 각도 제어 기구도 중요한 구성 요소가 되고 있다.

7.2.1 X선원

7

통상의 장치에서는 진공 방전에 의한 금속 전극 타겟(양극)에서 방사되는 X선을 이용하다 X선원의 진공 용기로는 유리 봉입관 이용되는 경우가 많다. 그림 7.2에 유리 봉입관형 X선 발생 장치 구조의 모식도를 나타낸다. 텅스텐 필라멘트에서 방출된 열전자가 가속되어 어노드에 충돌하는데, 이때 발생하는 X선이 베릴륨 창을 통하여 외부로 반출되는 구조로 되어 있다. 가속된 전자의 충돌로 인한 어노드의 온도 상승을 억제하기 위해 운전 중에는 노즐에서 사출된 고속의 물줄기에 의해 어노드의 배면이 항상 냉각된다.

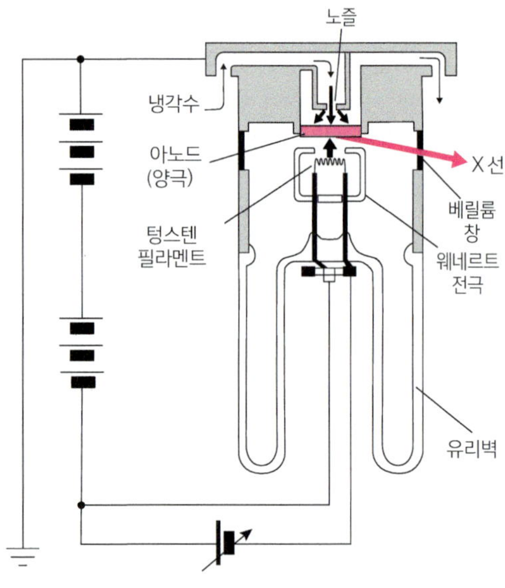

그림 7.2 유리봉입관형 X선원 구조 모식도

7.2.2 고니오미터

고니오미터는 X선원과 시료, 검출기 사이의 상대적인 각도의 관계를 정밀하게 변화시키기 위한 기구이다. 브래그·브렌타노형 분말 회절 장치에 탑재되는 고니오미터에는 ① 수평 회전형(θ–2θ형), ② 세로형(θ–2θ형), ③ 시료 수평형(θ–θ형: 만세형)으로 불리는 3종류가 있다. 각각의 형에는 장점도 단점도 있지만 세로형(θ–2θ형)의 고니오미터가 비교적 잘 보급되어 있다.

그림 7.3(a) 세로형(θ–2θ형)과 (b) 시료 수평형(θ–θ형) 고니오미터의 작동방식을 나타낸다. 세로형(θ–2θ형)장치에서는 X선원은 고정되어 검출기를 회전시킬 때 그 각도(2θ)의 절반의 각도 시료를 회전시키는 동작을 한다. 시료수평형 (θ–θ형) 장치에서는 시료가 수평으로 유지되어 X선원과 검출기를 동시에 대칭적으로 회전시키는 구동 방법이 취해진다.

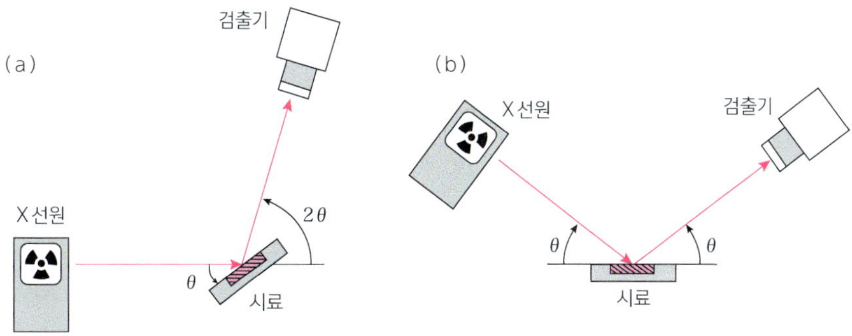

그림 7.3 고니오미터의 움직임
(a) θ -2θ 형, (b) θ - θ 형

7

7.2.3 분말 X선 회절 측정 검출기 계

X선 검출법에는 검출기가 받는 X선 광자 하나하나를 세는 계수형과 검출기가 받는 X선 에너지를 다른 물리량으로 변환하여 적산된 값을 읽어내는 적분형 두 가지가 있다. 또한 검출소자 위에서 X선 광자가 입사된 위치에 관한 정보를 얻을 수 있는 것을 위치 민감형 검출기(Position Sensitive Detector: PSD)라고 부르며, 그 중 1차원 위치 정보를 얻을 수 있는 검출기를 1차원 검출기, 2차원 위치 정보를 얻을 수 있는 검출기를 2차원 검출기라고 하며, 검출 위치 정보를 얻을 수 없는 검출기는 제로차원 검출기라고 한다.

최근까지 주로 이용되던 섬광 검출기는 제로차원 계수형 검출기에 상당한다. 현재 X선을 포함한 방사선 계측 분야에서는 반도체 검출기의 이용이 급속히 확대되고 있으며, 분말 X선 회절 측정에서는 1차원 계수형 검출기로 분류되는 실리콘(Si) 스트립(스트라이프) 검출기가 주로 사용되게 되었다.

광자계수법에 의한 강도 측정에서는 「셀 수 없음」의 영향을 무시할 수 없다. 셀 수 없는 특성의 실험적인 평가에는 칩맨의 호일 삽입법[2)]이 이용된다. 시중에 판매되는 분말 X선 회절 장치에는 셀 수 없는 특성 평가와 자동 보정 기능이 장착되어 있는 경우가 많다고 생각되므로 필요하면 적절히 이용하면 된다.

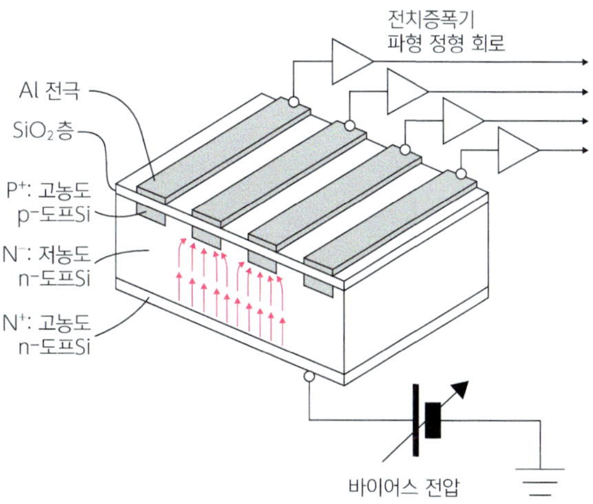

그림 7.4 Si 스트립 검출기 구조 모식도

Si 스트립 검출기는 폭 50~100 μm, 길이 10~20 mm의 길쭉한 Si 포토다이오드를 스트라이프 모양으로 배열시킨 구조를 갖는다. 그림 7.4에 검출소자 구성의 모식도를 나타낸다. N형 반도체 영역에 플러스, P형 반도체 영역에 마이너스 전압(역 바이어스 전압)을 가함으로써 캐리어(하전담체)의 고갈된 공핍층이 형성되고 여기에 X선이 조사되었을 경우에 발생하는 전자·공공의 이동으로 생기는 광전류를 펄스 신호로 검출한다.

개개의 스트립 소자 각각에 집적화된 증폭회로(amplifier), 파형 성형회로(shaper), 펄스고 변별기 혹은 펄스고 분석기, 계수회로가 접속된다. 분말 X선 회절 측정에 Si 스트립 검출기를 이용하면 단순히 감도가 100배 이상 될 뿐만 아니라 회절에 기여하는 결정립의 수도 100배 정도 이상으로 늘릴 수 있는 효과가 있다. 종래의 분말 X선 회절 측정에서 재현성이 높은 실험 데이터를 얻기 위해서는 회절 조건을 충족하는 충분한 수의 결정립을 확보하기 위하여 시료를 꼼꼼하고 세밀하게 분쇄하는 것이 필요하였으나, Si 스트립 검출기를 이용함으로써 분말 시료 조제에 소요되는 노력과 시간이 상당히 절약할 수 있게 되었다.

7.2.4 분말 X선 회절 측정 광학계

제로차원 검출기를 사용하는 경우의 브래그·브렌타노형 광학계의 광학 부품의 배치를 그림 7.5에 나타낸다. 평판 시료에 대하여, X선원과 검출기 직전에 설치되는 수광 슬릿과는 대칭적인 관계를 유지하도록 구동된다. 이는 브래그(Bragg)의 회절 조건과 집중 광학계의 롤랜드(Rowland) 집광 조건을 동시에 충족시키기 위해서이다. Si 스트립 검출기를 이용하는 경우에는 수광 슬릿은 사용하지 않으며, 그 위치에 검출기의 중앙 스트립이 배치된다. 솔라 슬릿과 수광 슬릿은 섬세한 부품이므로 슬릿 개구부에 직접 손으로 닿아 더럽혀지거나 기계적인 충격을 주어 치수를 틀어버리지 않도록 충분히 주의한다.

그림 7.6에 고니오미터의 대칭 반사 구동과 롤랜드 집광 조건과의 관계를 나타내는 브래그 브렌타노형의 디자인에는 ① 롤랜드 집광 조건의 이용에 의한 높은 각도 분해능 ② 발산빔의 유효 이용에 의한 충분한 강도 확보 ③ 롤랜드 집광 조건을 충족하지 않는 산란광·미광 배제를 통한 백그라운드 강도 저감이라는 세 가지 장점이 있다.

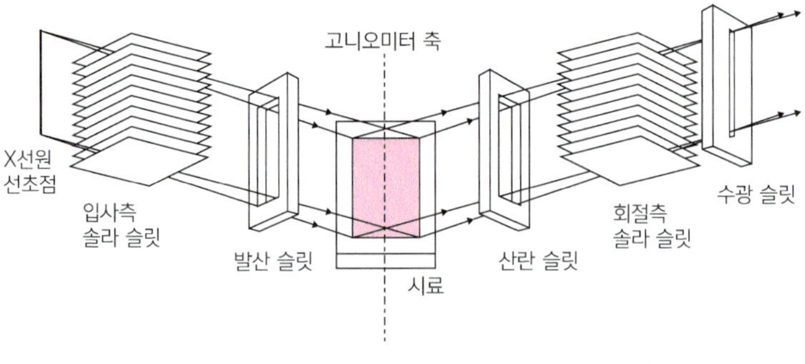

그림 7.5 브래그·브렌타노형 광학계 광학부품 배치

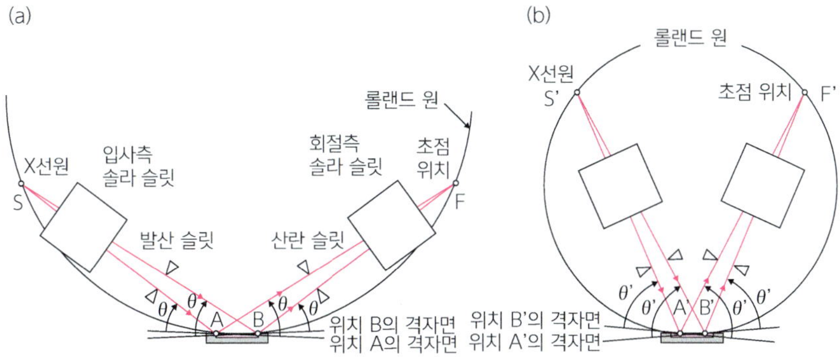

그림 7.6 브래그 · 브렌타노형 광학계와 롤랜드 집광조건의 관계
(a) 회절각 2θ, (b) 회절각 $2\theta'$.

7

7.3 분말 X선 회절장치 취급법

7.3.1 X선원 취급법

(1) X선 관구의 취급법

X선 관구는 방전을 하지 않는 동안 진공도가 저하되므로 장기간 이용하지 않았을 경우에는 진공도를 회복하기 위해 낮은 방전 전류를 유지하면서 서서히 가속 전압을 올리는 에이징이라고 불리는 조작이 이루어진다. 진공도가 낮은 상태에서 과도한 방전이 이루어지면 어노드 상에 스패터링에 의한 텅스텐막이 빠르게 퇴석되어 X선 관구가 열화되는 원인으로 된다. 비교적 새로운 장치라면 자동 에이징 기능이 장착되어 있을 것이므로 확인하는 것이 좋다.

일본과 같이 습윤한 기후에서는 X선 발생부를 운전하지 않은 상태에서 냉각수를 계속 흘리면 X선 관구 부근에 결로가 생기고 절연부 표면을 전도하는 누설 전류에 의해 방전 전류의 제어가 불안정해질 수 있다. 낮은 전압·전류로 일정한 시간 운전을 하면 가열에 의해 수분이 기화되고 절연이 회복되어 X선 출력이 안정화된다. 안정되게 방전을 유지할 수 있는 최저출력으로 X선원을 구동하는 스탠바이 모드를 설정할 수 있는 장치에서는 이를 활용하는 것이 좋다.

(2) 관전압·관전류의 설정

장치에 따라 적합한 관전압과 관전류가 대략 정해져 있으므로 이를 따르면 된다. 시판되는 장치는 제조회사가 보증하는 최대 정격 출력으로 사용해도 아직 여유있는 설계는 되어 있을 것이다. 다만 관전압·관전류의 설정에는 임의성도 있다. 장기간에 걸친 연속실험 등으로 경시적인 연속성을 확보하기 위해 관전류를 최대 정격보다 떨어뜨리는 사용법도 있을 수 있다. 따라서 측정 시에 측정 조건의 항목 중 하나로서 관전압·관전류의 기록을 남기는 것은 필수적이다.

7.3.2 측정 조건 설정

분말 X선 회절 측정 결과 얻을 수 있는 데이터는 회절각(혹은 고니오미터각)과 회절강도의 조($2\theta_j$, I_j)($j = 1, \cdots, N$)이다. 측정방법으로는 연속주사와 스텝주사를 선택할 수 있다. 주사속도와 각도 스텝, 슬릿 폭 등은 사용자가 지정한다.

(1) 발산 슬릿과 산란 슬릿 설정

발산슬릿의 열림각을 고정한 고정 발산 슬릿 측정이 표준적이다. 이 슬릿에서는 회절각에 따라 시료면 상에서의 조사폭이 변화한다. 한편, 시료 중에의 침입깊이는 고각의 반사가 될수록 깊어져 결과적으로 고정 발산 슬릿에서는 회절각에 의하지 않고 「조사부피가 일정」의 데이터를 얻을 수 있다. 장치에 자동 가변 발산슬릿이 장착되어 있는 경우에는 조사폭을 일정하게 하도록 연속적으로 발산 슬릿폭을 변경하는 측정도 가능하다.

7

발산 슬릿의 열림각은 최저각의 회절피크가 나타나는 회절각에서 입사 X선빔에 의한 조사범위가 시료에서 튀어나오지 않도록 설정하는 것이 보통이다. 시료면 상의 고니오미터축과 수직방향으로의 조사폭 W_{eq}와 고니오미터 반경 R, 발산슬릿각, 입사시사각(입사각의 보각) θ 사이에는 근사적으로 이하의 관계가 성립한다.

$$W_{eq}\sin\theta \cong R\Phi \tag{7.2}$$

단, Φ는 라디안(rad) 단위로 나타낸다. 각도 단위를 (°)에서 (rad)로 변환하려면 π / 180°를 곱하면 된다. π는 원주율을 나타낸다.

표준 분말 시료 홀더는 시료 충전부가 W_{eq} = 20 mm가 되도록 만들어져 있다. 예를 들어 고니오미터 반경이 R = 185 mm일 때 시료에서 입사 빔을 내밀지 않고 측정할 수 있는 최저 각도 $2\theta_{min}$은 Φ = 1°일 때 $2\theta_{min} \cong$ 19°, Φ = 0.5°일 때 $2\theta_{min} \cong$ 9.3° 등이 된다. 단, 시료로부터 X선 빔을 돌출시킨 조건에서 측정을 해서는 안 된다는 것은 아니다. 빔이 튀어나오는 조건에서는 시료 홀더로부터의 산란 X선 때문에 배경 강도가 증대하고 시료로부터의 회절 피크의 상대적인 강도가 낮아지지만 시료에 포함된 물질로부터의 회절 피크가 나타나는 것에는 변하지 않는다.

(2) 주사 각도 범위와 각도 스텝, 수광 슬릿 설정

주사할 수 있는 회절각의 범위는 장치에 따라 다르지만 대체로 20 = 5°에서 145° 정도의 범위이다. (1)에서 기술한 바와 같이 돌출효과가 있다 하더라도 저각에 예기치 못한 회절피크가 출현할 수도 있으므로 적어도 예비측정에서는 주사범위의 최저각은 20 = 5° 혹은 10° 등으로 해야 한다. 동정·정성 분석이 주목적인 경우, 주사 가능한 상한까지 주사할 필요는 없고, 90퍼센트 100퍼센트 110° 등의 회절각까지 주사하면 된다고 기술되어 있는 경우도 많지만, 현재의 측정 기술에서는 측정 가능한 상한까지 주사하는 것이 좋은 경우가 많을 것이다. 주사 단계를 결정할 때는 「나이키스트(Nyquist)의 표본화(샘플링) 정리」를 참고하면 된다. 나이키스트의 정리에 따르면 장치 분해능의 절반 이하의 단계에서 표본 데이터를 기록하면 정보 누락이 발생하지 않음을 보증한다.

측정 시간이 같으면 스텝을 거칠게 하는 것이 스텝 당 카운트 수가 늘어나 통계 오차가 작아진다고 생각할 수도 있지만 그 만큼 표본 수가 줄어들기 때문에 본질적인 의미는 전혀 없는 실효 초점폭이 W_{XS} = 0.1 mm인 X선관, 반경 R = 185 mm인 고니오미터, 수광 슬릿폭이 W_{RS} = 0.15 mm인 경우 장치의 기본적인 각도 분해능은

$$\frac{\sqrt{W_{XS}^2 + W_{RS}^2}}{R} \times \frac{180°}{\pi} \cong 0.056° \tag{7.3}$$

로 산출되며 0.028° 이하의 각도 스텝을 선택하면 된다. 정확한 수로 0.02°로 설정하면 결과를 보기 쉽고 얻을 수 있는 데이터도 다루기 쉬워진다. 수광 슬릿폭이 W_{RS} = 0.3 mm이면 기본 분해능은 0.098°로 산출되므로 각도스텝은 0.05°로 하면 된다.

Si 스트립 검출기를 이용하는 경우에는 스트립 간격이 수광 슬릿 폭과 같은 의미를 갖는다. 실효 초점폭 W_{XS} = 0.04 mm의 X선관, 고니오미터 반경 R = 240 mm에서 Si 스트립의 간격이 0.075 mm일 경우, 기본 분해능은 0.020°가 된다. 이 경우 샘플링 각도 스텝은 0.01°로 하는 것이 적절하다. 7

(3) 주사 방법

동정·정성분석 등이 주된 목적인 경우에는 연속주사를 하고, 정밀한 측정이 목적인 경우에는 스텝주사를 이용하면 좋다고 하는 경우도 많지만, 현재 시판되고 있는 장치에는 이것은 해당되지 않는다. 하드웨어나 제어 소프트웨어의 설계, 사용자의 목적에 따른 부분은 있지만 연속주사를 이용하는 것이 합리적인 선택인 경우가 많아지고 있다.

7.4 시료의 조제

분말 X선 회절 측정을 위한 시료를 준비하는 방법은 비교적 단순하지만, 실현 가능한 분석 정밀도가 시료 조제 단계에서 거의 결정된다는 것은 다른 많은 분석 방법과 같다. 주의해야 할 점은 이하이다.

① 분말이 충분히 미세할 것. X선에 대한 투과율이 낮은(중원소 포함) 물질에서는 특히 주의가 필요하다.
② 특정 결정축에 대한 배향성을 갖는 것(선택 배향 효과)을 가급적 피할 것. 평판상 결정 혹은 침상 결정의 형상을 취하기 쉬운 물질 등 분말을 평판 시료 홀더에 충진할 때 특정한 배향성이 나타나는 일은 드물지 않다.
③ 특히 다단계 혼합물의 경우 전체 분말 시료가 균일하고 고르지 않아야 한다.
④ 분말을 시료 홀더에 과부족 없이 채우고 분말 표면 높이를 시료 홀더의 기준면과 엄격하게 일치시켜야 한다.

이 모든 것을 동시에 실현시키는 것은 어려운 경우도 많다. 측정의 목적이나 요구되는 정밀도, 혹은 실현 가능한 정밀도, 측정에 사용하는 장치의 특성, 시료 조제에 필요한 시간·노력 등의 관점에서 합리적인 판단을 해야 한다.

7.4.1 시료의 분쇄

브래그·브렌타노형의 분말 회절 측정에서는 기하학적 요청에 따라 시료 분말의 표면이 평면적인 것을 전제로 하므로 시료가 비뚤어진 형태일 때는 분쇄하여 분말 형태로 만든 다음 평판 모양으로 다시 성형하는 것은 당연하다. 또한 어느 정도 평활하고 평판 모양으로 성형된 시료가 측정 대상이라 하더라도 분쇄 후 측정하는 것은 보통이다. 심지어 시료가 분말 상태일지라도 가루 알갱이가 더 잘게 쪼개지도록 다시 분쇄해야 할 수도 있다.

시료 분말의 알갱이가 거칠면 똑같은 시료라도 다시 측정할 때마다 결과에 차이가 난다. 이는 관측되는 회절 강도에 기여하는 결정립의 수가 유한하기 때문이며, 입자 통계 변동, 입자 통계 오차 등으로도 불린다.

시료 분말을 어디까지 잘게 분쇄해야 하는지에 대해 1948년 Alexander 등에 의해 전형적인 분말 X선 회절 장치의 광학 부품의 기하학적 치수와 배치로부터 이론적으로 예상된 결과가 공개되었다. 그 결과를 표 7.1에 나타낸다.

7

표 7.1에 제시된 지표는 현재에도 이용되는 브래그·브렌타노형의 분말 X선 회절 장치로, 제로차원 검출기를 이용하여 측정할 경우에 예상되는 값과 모순되지 않는다. 샘플의 성상에 따라 다르겠지만, 제로차원 X선 검출기를 사용하는 경우에는 분말 X선 회절 측정에 사용되는 시료를 분쇄하기 위해 수작업으로 십여 분에서 수십 분 정도 시간을 들이는 것이 보통이었다.

한편, 만약 1차원 X선 검출기를 장비한 장치를 사용할 수 있다면 표 7.1 중의 입자 크기를 4~5배로 바꾸어 읽으면 된다. 예를 들어 규산광물을 측정할 때 제로차원 검출기를 사용할 경우에는 입자통계 변동에 따른 관측 회절강도 오차를 몇 퍼센트 이내로 억제하기 위해서는 10 μm 이내로 입자지름을 잘게 분쇄할 필요가 있는데, 1차원 검출기를 사용할 수 있다면 수십μm 정도 이내로 미세하게 하면 된다.

분말 X선 회절 측정뿐만 아니라 시료를 잘게 분쇄하기 위해서는 마노제 막자사발과

표 7.1 관측되는 분말 X선 회절 강도의 입자 통계 변동계수의 예측값

입자크기(μm)	여러가지 선흡수계수값 μ에 대하여 예상되는 입자통계변동(%)				
	μ = 5 cm^{-1}	μ = 20 cm^{-1}	μ = 100 cm^{-1}	μ = 500 cm^{-1}	μ = 2000 cm^{-1}
1	0.02	0.04	0.1	0.2	0.4
2	0.06	0.1	0.3	0.6	1.2
5	0.2	0.5	1.1	2.4	4.9
10	0.7	1.4	3.1	6.9	13.8
20	2.0	3.9	8.7	19.5	39.0
30	3.6	7.2	16.0	35.8	
40	5.5	11.0	24.7		
50	7.7	15.4	34.5		
Cu Kα선원의 경우에 해당하는 물질	유기화합물	유기금속 화합물	규산광물	Cu, Ni, TiO_2, $CdSO_4$	Ag, Pb, PbO, HgO

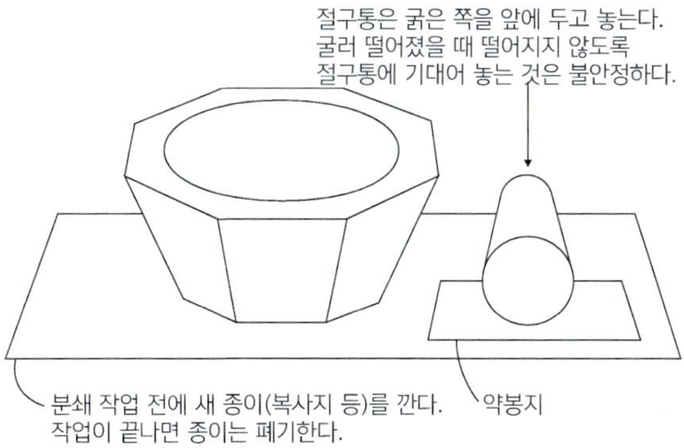

그림 7.7 마노 절구통과 절구공이
마노 절구통은 건조기에 넣어서는 안 된다.

절구통(그림 7.7)을 사용한 수작업으로 「부드럽고 정성스럽게 문지르면 좋다」고 한다. 마노의 주성분은 석영(수품, quartz), 미세한 결정립의 치밀한 집합체이며 인성(끈기)을 가진다. 새로 구입한 마노 절구, 절구통 표면은 매끄럽게 마감되어 있으며 절구통을 가볍게 움직여 알갱이를 굴리게 하면, 조대한 입자에 응력이 집중되어 깨진다(그림 7.8), 절구통을 가볍게 들고 손가락을 움직이면 분말이 거친 상태이고, 있으면 손가락 끝의 감촉으로 거칠음을 느낄 수 있다.

경도가 높은 시료 분말을 강하게 절구에 밀어 넣으면 절구나 절구 표면에 상처가 나는 절구나 절구에 깊은 상처가 나면 미세한 분말을 조제하기가 어려워진다. 절구통을 절구에 내리치는 동작을 해서는 안 된다. 사용 후 마노 절구는 에탄올로 적신 킴와이프(종이 페이퍼) 등으로 닦아 깨끗이 한다. 발색이 강한 시료가 부착되어 얼룩처럼 되고, 닦을 수 없을 때 불필요한 흰 벽돌을 분쇄하는 작업을 하면 깨끗해지는 경우가 있다. 마노 절구를 가열하면 깨지는 경우가 있으므로 가열하는 타입의 건조기를 사용하면 안 된다고 한다.

습식 분쇄는 많은 경우에 효과적이다. 절구나 절구 가장자리에 부착된 분말을 소량의 에탄올이나 아세톤 등으로 씻어내면서 문지르면 회수율도 좋아진다. 분쇄가 진행되면 용매에 미립자가 균일하게 분산되어 페이스트 상태가 된다. 습식 분쇄 후 건조한 분체는 응집덩어리를 만드는 경우가 많으므로 건조 후에 아주 가볍게 건식 분쇄를 다시 하여 응집덩어리를 어느 정도 잘게 한다.

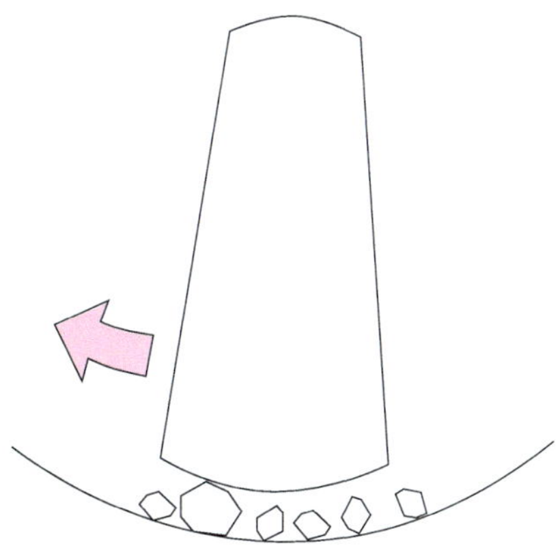

그림 7.8 마노 절구통과 절구공이 사용법 주의
「절구통을 가볍게 움직이면 자연스럽게 큰 알갱이에 응력이 집중되어 선택적으로 깨진다」. 고 상상한다. 마노 절구통을 절구통에 내동댕이치는 식으로 사용해서는 안 된다.

적당한 크기의 응집덩어리(과립)가 형성되어 있는 것이 분체를 균일하게 채우는 경향이 있다는 것도 알아두면 좋다. 거친 입자를 제거하기 위해 그물체를 사용하고 입자 크기로 분체를 분류하는 「분급」 조작이 사용될 수 있다. 그러나 이 작업은 실제 시료와 측정 시료 사이에 조성의 차이를 도입할 수 있으므로 정량분석이 목적일 경우 주의가 필요하다. 그물마디의 세밀함은 1인치(25.4 mm) 중 눈의 수(메쉬)로 표현되지만, 최근에는 그물코의 크기(눈뜨기)가 명기되는 경우도 많다. 100, 200, 400 메쉬라고 불리는 그물체의 눈뜨기는 각각 150 μm, 80 μm, 30 μm 정도이다. 그물체로 체질한 가루의 대표 입경은 그보다 작아질 것이지만, 필요한 정밀도에 따라 그물체로 장식한 후에 더 분쇄하는 것이 좋을 수도 있다.

7.4.2 분말 시료의 시료 홀더에 충전

7

(1) 분말 X선 회절 측정에 사용되는 시료 홀더

브래그·브렌타노형 분말 회절계를 이용할 경우 분말 시료를 평판상의 시료 홀더(시료판)에 충전하여 측정 시료로 한다(그림 7.9). 화학 분석이 목적이라면 유리판에 0.2 mm 또는 0.5 mm 정도의 오목한 유리제 시료 홀더를 취급하기 쉽다. 이 유형의 시료 홀더에 분말을 충전하는 방법은 프론트 로딩(front loading)이라고 불린다. 한편 관통구멍을 뚫은 알루미늄판을 시료홀더로 이용하여 배면에서 시료를 충전하는 백 로딩(back-loading)이라 불리는 방법도 있다. 이 샘플 홀더들은 시중에 판매되고 있다.

점토계 광물 등의 층상 화합물을 판에 밀어 붙이도록 충전하면 층상 구조의 적층 방향이 시료판의 면과 수직인 방향을 향하기 쉬워진다. 그러한 경우에는 사이드 로딩(side-loading)이라는 방법이 취해지는 경우도 있다. 또한 미량의 시료밖에 얻을 수 없는 경우에 실리콘 단결정을 「회절 조건을 충족하지 않는 방위」로 잘라낸 「무반사판」이라고 불리는 판에 분말을 부착하여 측정하는 방법도 있다.

(2) 프론트·로딩

유리 시료 홀더(유리 시료판)는 적당한 크기의 판유리의 소정의 위치를 부분적으로 연마(연삭) 가공하여 분말 시료 충진을 위한 오목한 것이다(그림 7.9). 오목한 바닥 부분은

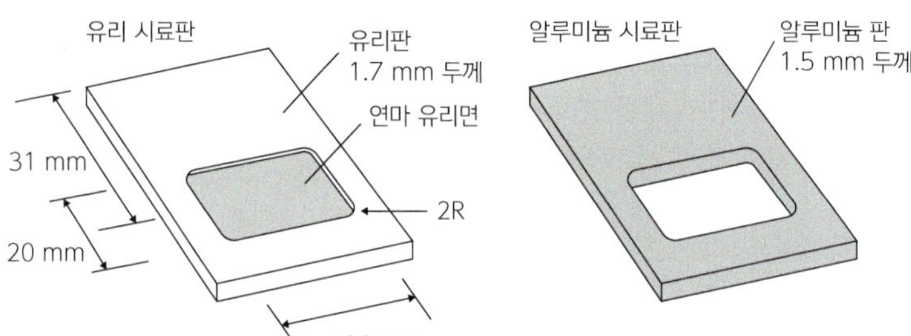

그림 7.9 유리 시료판과 알루미늄 시료판
리각사의 제품

상당히 거친 갈림 유리 모양으로 되어 있어서 분말이 매끄럽게 잘 빠지지 않는다.

리각사로부터 오목 깊이 0.2 mm 또는 0.5 mm의 유리 시료판이 판매되고 있다. 오목은 바닥면 20 mm × 20 mm의 정사각형 기둥 모양이며 모서리에는 2R 정도(반경 2 mm의 원통면 형상)의 둥근 모양이 되어 있다. 다만 실제로 입수할 수 있는 유리 시료판의 오목 깊이에는 상당한 편차가 있다. 유리 시료판에 분말을 충전할 때에는 이하의 조작을 한다.

① 과부족이 없는 적당한 분량의 분말을 시료판의 오목한 부분에 넣는다.
② 다른 판유리(유리 시료판이라도 좋다)를 사용하여 처음에는 가볍게 누르거나 판유리 가장자리를 사용하여 응집된 가루를 푸는 등의 조작을 하여 오목한 부분의 안쪽에 분말이 느슨하고 균일하게 분포되도록 한다.
③ 조작측의 판유리에 얕은 각도(몇도 정도)를 붙여 시료판에 밀면서 당기는(유리판의 가장자리를 사용하여 문지르는) 동작을 한다(그림 7.10). 유리판의 가장자리는 반드시 모따기 가공되어 있으나 모따기가 너무 깊거나 가공의 정밀도가 나쁘면 문지른 시료면이 평활하지 않게 되므로 주의한다.

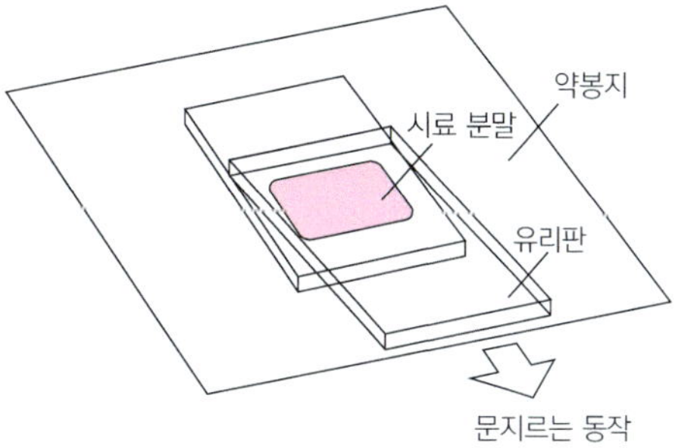

그림 7.10 유리제 시료 홀더에 분말 충전 작업 마무리

이 「닳아 자르다」는 조작에 의해 분말 시료의 표면과 시료 홀더의 기준면을 일치시켜 평활하게, 균일하게, 또 어느 정도 치밀하게 마무리할 수 있다. 한편, 이 조작에 의해 분체 시료의 표면 부근에서 결정립이 특정 방향을 향하기 쉬워지는 선택 배향 효과가 강조되는 경우도 있다. 이러한 분말 충전 방법은 시료를 표면에서 충전하기 때문에 프런트·로딩이라고도 한다.

(3) 백·로딩

알루미늄제 시료 홀더(알루미늄 시료판)는 적당한 크기의 알루미늄판의 소정의 위치에 모서리 둥근 사각형의 구멍을 뚫은 것이다(그림 7.11). 알루미늄 시료판에 분말을 충전할 때에는 예를 들어 이하의 절차를 취한다.

① 10 cm 각 정도의 유리판 위에 약포장지를 깔고 그 위에 알루미늄 시료판을 놓는다(그림 7.11(a)).
② 적당한 분량의 분말을 시료판의 개구부에 건져 넣는다(그림 7.11(b)).
③ 가루 위에 또 다른 약포장지를 씌우고 그 위에서 손가락으로 가루를 눌러 가루를 굳힌다(그림 7.11(c)).

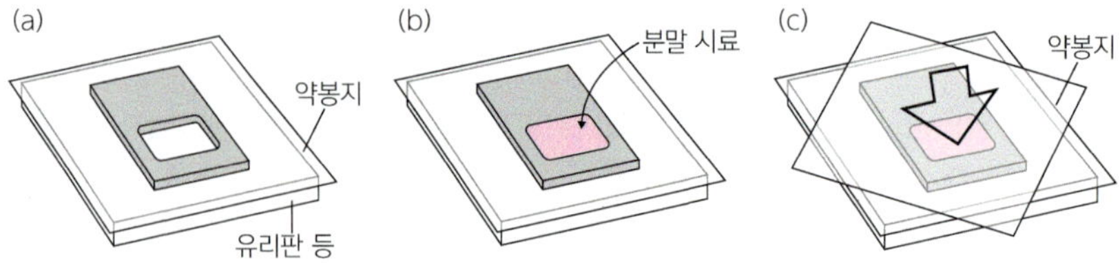

그림 7.11 알루미늄 시료 홀더에 분말 충전
(a) 유리판 등 위에 약봉지를 깔고 알루미늄 시료판을 올려놓는다. (b) 알루미늄 시료판의 개구부에 분말 시료를 넣는다. (c) 약봉지 위에서 분말을 밀어 넣는다.

④ 시료판을 뒤집어 분말이 탈락되지 않도록 확인하여 측정 시료로 사용한다.

7

이 방법은 측정에 사용하는 시료면의 뒤쪽에서 시료를 충전하므로 백·로딩이라고도 한다. 분말 시료면을 시료 홀더면과 엄밀히 같은 높이로 마감하는 것은 프런트·로딩보다 오히려 용이하다. 시료 분말이 탈락되지 않으면 시료판 개구부의 부피에 대해 충전한 분말의 양에 다소 과부족이 있어도 문제가 없다. 알루미늄 시료판을 이용한 백·로딩에서는 유리 시료판을 이용한 프론트·로딩과 달리 표면을 「문질러 깎는」 조작이 필요 없기 때문에 선택 배향 효과가 조금 경감된다.

7.5 결과의 해석

7.5.1 동정과 정성분석

동정·정성분석을 목적으로 분말 X선 회절 실험을 하는 경우에는 ICDD PDF 데이터베이스를 이용하는 것이 표준적이다. 측정 결과와 데이터베이스에 기재된 $(d–I)$ 목록을 대조하여 데이터베이스에 기재된 물질과 일치하는지를 조사한다. 장치 제조사에서 제공하는 소프트웨어에는 $K\alpha_2$, 제거, 백그라운드 제거, 스무딩, 자동 피크 검출 등의 기능이 구비되어 있는 경우가 많으므로 $(d–I)$ 목록을 작성하기 전에 적절히 이용하면 된다.

데이터베이스에는 검색 소프트웨어가 표준 장비되어 있으며, 주성분 동정이 주된 목적이라면 그것을 이용하면 된다. ICDD PDF의 경우 정성분석용으로 다른 소프트웨어 Sleve+가 제공되고 있으며, $(d–I)$ 목록과의 대조, 일치도 지수(Goodness Of Match: GOM)의 표시·일치도 지수에 의한 압축 등을 할 수 있다. 미지 시료가 대상이라면 ICDD PDF에 기재된 방대한 데이터에서 측정 시료에 포함된 모든 물질을 찾아내는 것은 쉽지 않다.

ICDD PDF에 부속된 검색 소프트웨어에서는 최강 피크·제2 최강 피크·제3 최강 피크의 위치, 최저각 피크·제2 최저각 피크·제3 최저각 피크의 위치 정보나 광물·금속 세라믹스·유기 화합물·생체 물질 중 어느 것인지, 포함된 것으로 알려진 원소의 종류, 포함되지 않은 것으로 알려진 원소의 종류, 포함될지 모르는 원소의 종류, 화학 조성 등의 정보 등으로 검색 결과를 좁힐 수 있다. 후보 물질 목록을 좁혀 항목별로 임의의 우선순위를 정하여 정렬할 수도 있다.

7.5.2 정량분석

분말 X선 회절법에 의한 정량분석은 원소 분석으로 화학 조성을 결정하는 것과는 의미가 다르며, 정량상 조성분석(Quantitative Phase Analysis: QPA)이라 불리는 경우도 있다. 정량분석의 용도로도 SIeve+를 이용할 수 있다. ICDD PDF 데이터베이스에 기재되는 참조 강도비(Reference Intensity Ratio: RIR)를 이용하는 방법은 비교적 간편하다.

이 방법에 의한 정량분석은 참조강도비법, 혹은 RIR법이라 불린다. ICDD PDF의 (d–I) 목록에는 최강피크의 강도를 100 혹은 1000으로 했을 때의 각 피크의 상대강도가 기재되어 있다. 또 다른 란에 $A1_2O_3$의 최안정상인 코란담(α-알루미나, 사파이어)의 최강 피크에 대하여 그 물질의 최강 피크가 몇 배인가를 나타내는 수치(참조 강도비, RIR값)가 기재되어 있는 경우가 많다. 복수상 혼합물의 경우, 각 성분으로부터의 회절 피크의 상대 강도는 중량 분율에 비례한다. 정성 분석으로 얻은 각 성분의 (d–I) 리스트와, 데이터베이스에 기재된 (d–I) 리스트, RIR 값을 사용하여 각 결정상의 중량 분율이 구해진다.

리트벨트(Rietveld)법은 결정구조 모델을 바탕으로 예상되는 분말 회절도형을 실측 데이터에 직접 적용하는 해석법으로 미지물질의 결정구조 해석에도 이용된다. RIR값을 사용하지 않고도 정량분석이 가능하며, 실제로는 이미 알려진 물질의 정량분석 목적으로 이용되는 경우도 많다.

비정질상으로부터의 회절은 분말회절 데이터에서는 배경강도로 나타나며, RIR법·리트벨트법으로 그대로 정량할 수 없다. 비정질상을 포함한 시료의 정량분석에는 내부표준법(표준첨가법)을 이용하는 것이 일반적이다.

미국 국립표준기술연구소(NIST)로부터 정량상 조성 분석을 위한 내부표준으로 SRM674, SRM676 시리즈로 불리는 표준물질이 배포되고 있다. 2019년 현재 최신 제품인 SRM674b는 산화아연 ZnO, 루틸형 산화티타늄 TiO_2, 산화크롬(III) Cr_2O_3, 산화세륨(셀리아) CeO_2의 4가지 표준 분말 세트로 판매되고 있다.

SRM676a는 과거에 SRM674 세트에 포함되어 있던 코란담형 산화알루미늄 Al_2O_3의 표준 분말이다. 내부 표준법에 의한 정량분석은 다음과 같은 절차를 취한다.

① 화학조성으로부터 시료의 선 감쇠계수(질량 감쇠계수에 진밀도를 곱한 값)를 견적한다. 원소별 질량 감쇠계수(μ/ρ) 값은 NIST 웹사이트에서 참조할 수 있다. 화학식 $A_xB_yC_z$ …로 표시되는 물질의 진밀도가 ρ, 구성 원소 A, B, C, …의 원자량이 M_A, M_B, M_C, …, 질량 감쇠계수가 $(\mu/\rho)_A$, $(\mu/\rho)_B$, $(\mu/\rho)_C$, …라면, 이 물질의 질량 감쇠계수는

$$(\mu/\rho)_{A_xB_yC_z}\cdots = \frac{xM_A(\mu/\rho)_A + yM_B(\mu/\rho)_B + zM_C(\mu/\rho)_C + \dots}{xM_A + yM_B + zM_C + \dots} \tag{7.3}$$

로 나타내며, 선 감쇠계수는 다음과 같다.

$$\mu_{A_xB_yC_z\cdots} = \rho(\mu/\rho)_{A_xB_yC_z\cdots} \tag{7.4}$$

② 표준물질 Al_2O_3(μ = 126 cm^{-1}), ZnO(μ = 279 cm^{-1}), TiO_2(μ = 536 cm^{-1}), Cr_2O_3(μ = 912 cm^{-1}), CeO_2(μ = 2203 cm^{-1}) 중에서 시료와 선 감쇠계수가 가까운 것을 선택한다. 이는 선 감쇠계수가 다른 물질의 혼합분말에서는 감쇠가 약한 물질로부터의 회절피크가 상대적으로 강하고 감쇠가 강한 물질로부터의 회절피크가 상대적으로 약하게 나타나는 미소 감쇠효과(micro-attenuation effect)라고 불리는 현상의 영향을 경감시키기 위해서이다.

③ 표준물질의 질량분율이 20~30% 정도가 되도록 시료와 표준물질을 정확하게 칭량하여 균일해질 때까지 혼합한다. 이때 시료와 표준물질의 질량이 W_S, W_R이라고 하자. 또한 NIST의 표준물질도 비정질상을 포함하는데, 각 표준물질에 대해 결정상의 질량분율 w_C는 보증서에 기재되어 있다. 미소 감쇠효과는 입자가 클수록 영향이 강하므로 혼합 분말을 더욱 꼼꼼하고 잘게 분쇄하는 것이 일반적인 작업이다.

④ 혼합분말에 대하여 분말회절 측정을 실시하여 RIR법이나 리트벨트법으로 결정상의 중량분율을 구한다. 이 결과 시료 중의 복수의 결정상 1, 2, ⋯, N의 중량분율이 w'_1, w'_2, w'_N, 표준물질의 결정상의 중량분율이 w'_R로 견적되었다고 하자. 이때 원래 시료 중의 각 결정상의 중량분율은

$$w_j = \frac{W_R\, w_C\, w'_j}{W_S\, w'_R}\ (j = 1, 2, \cdots, N) \tag{7.5}$$

로 추정되며 시료 중의 비정질상의 중량분율은 다음 식으로 추정되었다.

$$w_A = 1 - w_1 - w_2 - \cdots - w_N \tag{7.6}$$

【참고 문헌】

1) W. Parrish, J. I. Langford, "International Tables for Crystallography, Vol. C (2nd Ed.)," Sec. 2.3, The International Union of Crystallography (2006).

2) D. R. Chipman, *Acta. Crystallogr.*, *A* **25**, 209 (1969).

3) W. H. Press et al, "Numerical Recipes, 3rd ed.," Chapter 12, Cambridge University Press (2007).

4) L. Alexander et al, *J. Appl. Phys.*, **19**, 742 (1948).

5) H. Rietveld, *J. Appl. Crystallogr.*, **2**, 65 (1969).

8 X선 광전자 분광법

8.1 처음에

X선 광전자 분광법은 X선 분석법·광전자 분광법의 일종으로 상태 분석법인 동시에 가장 일반적인 표면 분석법이기도 하다. 휘발성이 없는 유기화합물 및 무기화합물 쌍방의 측정이 가능하다. 또한 고체이면 도전성이 없는 시료로도 측정할 수 있다. 10^{-7} Pa 정도의 진공하에서 시료를 구성하는 원소(수소·헬륨 제외)의 전자궤도 에너지를 직접적으로 구할 수 있다.

감도가 매우 높지만 정량의 신뢰성은 그리 높지 않다. 전처리는 거의 필요하지 않고 측정·데이터 해석도 시간이 많이 걸리지 않아 비교적 간편하기 때문에 많은 분야에서 이용되고 있다. 평면방향 원소 분포·화학상태 분석뿐만 아니라 층상 시료 등에 대해 스패터링 조작과 측정을 반복함으로써 깊이방향 원소 분포나 각각의 원소의 화학 상태의 변화를 밝힐 수 있다.

원자에는 원자핵(양성자+중성자)과 전자가 존재하고 음의 전하를 가진 전자는 양의 전하를 가진 원자핵과 정전 상호작용(쿨롱력)에 의해 연결되어 있다. 물질은 많은 원자로 이루어져 있으며 일정 이상의 에너지를 가진 전자파(빛)를 조사하면 물질을 구성하는 각 원자로부터 전자가 방출된다. 이 현상이 일반적인 광전효과이며, 방출된 전자는 빛에 의해 여기되었기 때문에 광전자라고 명명되고 있다. 스웨덴의 시그반(K. Siegbahn)이 이 원리를 응용하여 고분해능 광전자 분광법을 개발하여 표면 분석 및 화학 결합 상태 분석에 유효함을 밝혔다. 시그반은 이 업적으로 1981년에 노벨 물리학상을 수상했다. 이 방법은 Electron Spectroscopy for Chemical Analysis: ESCA로 명명되었지만, 원리 때문에 X-ray Photoelectron Spectroscopy: XPS로 불리는 경우가 더 많다.

8.2 XPS 원리

물질을 구성하고 있는 각각의 원자에는 여러 궤도에 전자가 존재하고, 각각은 정해진 에너지를 가지고 있다(그림 8.1). 고진공 속에서 물질에 에너지 일정한 전자파($E = h\nu$)를 조사하면 물질 표면에서 광전자가 방출된다(그림 8.2). 광전자는 여러 전자궤도에서 튀어나와 이들의 운동에너지(E_k)를 측정함으로써 전자의 결합 에너지(E_B)를 다음 식으로 구할 수 있다.

$$E_k = h\nu - E_B - W \tag{8.1}$$

전자기파의 에너지 중 일부는 원자핵과 전자 사이의 정전 상호작용(속박 에너지에 상당함)을 끊는 데 쓰이고 나머지 에너지는 자유전자가 되어 튀어나온 광전자의 운동에너지가 된다. 다만, 이는 시료의 작업함수(W)의 에너지만큼 감소하였다. 이러한 관계를 시료측과 전자분광기측으로 나누어 그림 8.3에 간략적으로 나타내었다.

시료와 비교해, 전자 분광기에 있어서는 페르미 에너지(E_F)와 일함수(W')가 다르다. 따라서 실제로 관측되는 전자의 운동에너지(E_k')도 다르겠지만, 에너지 교정이나 기준물질의 피크를 이용한 보정으로 올바른 결합에너지(E_B)를 구하는 것은 가능하다.

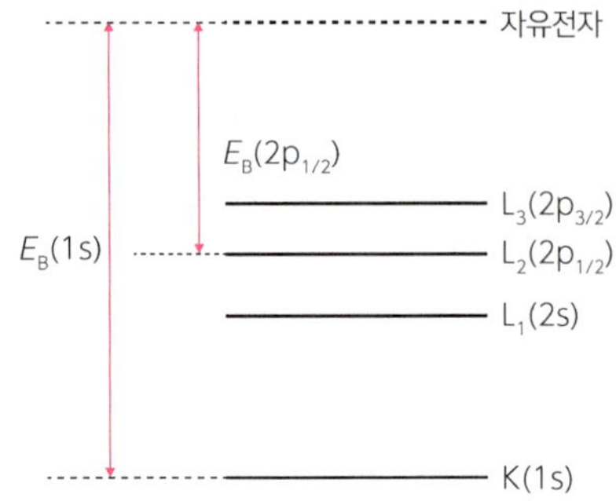

그림 8.1 XPS 측정과 관련된 전자의 에너지 준위도

전기를 통하지 않는 절연성 시료에서 볼 수 있듯이 광전자 방출에 의해 시료가 점차 정전하를 띤다(charge up). 이에 따라 전체적으로 스펙트럼 피크가 고에너지 쪽으로 쉬프트한다. 이 대전으로 인한 쉬프트를 제거하기 위해 저에너지의 전자를 조사하는 중화총이 부속되어 있다. 그러나, 통상은 기준 물질의 스펙트럼을 시료와 동시에 관측하고, 기준 물질과 시료 사이에 전기적인 평형이 유지되고 있다고 가정하여 기준 물질에 있어서의 문헌값과 측정값의 차이를 차감함으로써 대전 보정을 실시한다. 그 때 작업 함수(W)

8

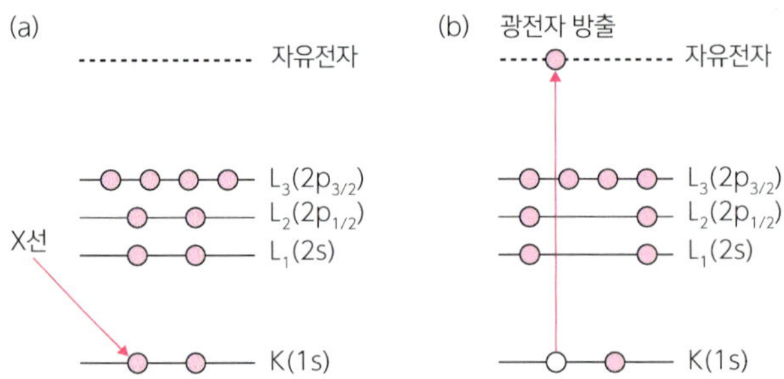

그림 8.2 X선 조사(a)에 의한 광전자 방출(b)

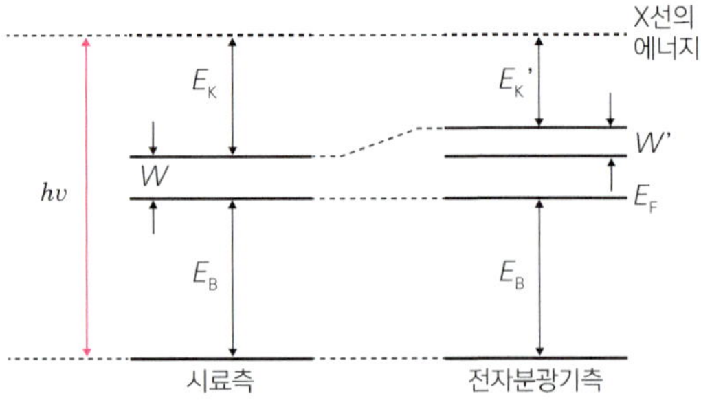

그림 8.3 시료와 전자분광기에서의 에너지 관계

와 관련된 에너지도 제거되므로 정확한 결합 에너지(E_B)를 나타내는 스펙트럼을 얻을 수 있다.

결합 에너지는 원소에 고유한 값이기 때문에 원자 번호 1의 수소와 원자번호 2의 헬륨(빛에 의해 전자가 방출될 확률인 광이온화 단면적의 값이 매우 작기 때문에 관측할 수 없다)을 제외한 원자의 종류와 양을 구할 수 있다. 원소별 각 궤도의 결합 에너지는 권말 부록 4에 제시되어 있다. 여기서 $_{26}Fe$, $_{27}Co$, $_{28}Ni$, $_{29}Cu$, $_{30}Zn$을 포함하는 합금을 대상으로 하는 XPS 분석을 실시한다고 하자. 각 원소의 2p 궤도 전자와 관련된 2개의 피크 중 저에너지측의 $2_{P3/2}$ 스펙트럼 피크가 $_{26}Fe$: 706~714eV, $_{27}Co$: 777~784eV, $_{28}Ni$: 852~861eV, $_{29}Cu$: 931~938eV, 30Zn:1026 eV의 범위에 나타난다. 즉, 원자번호가 커짐에 따라, 전자의 결합 에너지가 점차 높아진다. 원자 번호 26에서 30인 원소에서는 원자번호가 1 커지면, 2p 궤도 전자의 결합 에너지가 대략 70~90 eV 높아진다. 이들 원소 사이에 각각의 피크가 나타나는 범위가 겹치지 않고, 피크의 위치에서 시료 안에 존재하는 원소를 결정할 수 있다.

또, 측정 원소의 산화수 및 측정 원소 주변에 존재하는 배위 원자의 종류와 수, 또 배위 구조와 결정 구조로 피크의 위치와 형상(피크 반값 폭과 위성 피크 강도)이 많이 달라진다. 측정 시료의 피크의 위치와 기준 물질(대부분은 단체)의 그것과의 차이를 화학적 이동이라는 대부분의 경우, 화학적 이동은 수 eV정도이다. 이것으로부터 각각의 측정 원소의 화학 결합 상태를 밝힐 수 있다. 즉, 원자번호 3의 리튬 이후 원소를 대상으로 한 정성 및 상태 분석이 가능하다. 또한 XPS의 X선원에는 연 X선인 Mg Kα선(1253.8 eV) 또는 Al Kα선(1486.6 eV)이 일반적으로 이용되고 있다. 연 X선에 의해 여기된 전자의 평균 자유행정은 수 nm 이하이기 때문에 광전자의 발출 심도(XPS 분석 대상으로 하는 시료 깊이)는 표면으로부터 수 nm 정도가 된다. 이것이 XPS 분석이 대표적인 표면 분석 방법의 하나로 여겨지는 이유이다.

원소별, 전자궤도별로 감도에 상응하는 광이온화 단면적의 값이 밝혀져 있다. 이를 이용하여 스펙트럼 피크 면적에서 정량할 수 있지만 유감스럽게도 원소의 존재비에 대한 정밀도는 그리 높지 않다. 한편, 시료 중의 한 원소에서 복수의 화학 상태가 존재하는 경우, 그들의 존재비에 대해서는 비교적 신뢰성이 높은 값을 얻을 수 있다.

8.3 XPS장치

일반적인 XPS장치의 개략도를 그림 8.4에 나타낸다. 장치는 시료를 측정실에 도입하기 위한 시료반송계·시료 도입실·매뉴필레이터, 복수의 진공펌프, X선관·단색화 X선 발생장치·중화총·이온총 등의 에너지조사계, 분광기(에너지 분석부), 검출기와 측정계의 제어와 데이터의 축적과 해석을 수행하는 컴퓨터부로 구성되어 있다.

8.3.1 X선원(X선관)

상태 분석을 실시하기 위해서는 가능한 한 에너지 분해능이 높은 스펙트럼을 얻을 필요가 있다. 그러므로 스펙트럼 피크의 반값 폭에 영향을 미치는 X선원에는 특성 X선의

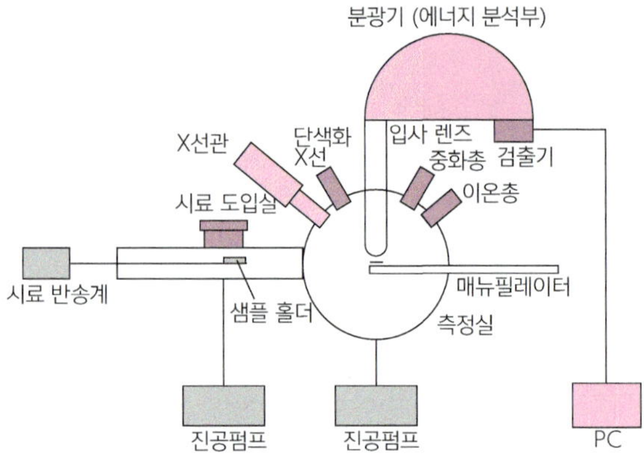

그림 8.4 일반적인 XPS 장치의 개략도

8 반값 폭이 더 작은 것을 선택한다. 형광 X선 분석법(XRF)이나 X선 회절법(XRD)에서 많이 사용되고 있는 Cu Kα선(에너지: 8047.8 eV, 반값폭: 3.0 eV)으로는 부적합하다. 한편, Mg Kα선과 Al Kα선의 반값 폭은 각각 0.7 eV와 0.85 eV이며, XPS 분석에 적합하다. XPS 장치에서는 Mg와 Al의 트윈 타겟 X선관이 이용되는 경우가 많아 쌍방을 전환하여 사용할 수 있다.

또한, X선 발생장치를 작동시키면 X선관에 다량의 열이 발생하기 때문에 X선관을 냉각하는 물의 순환이 확보되어 있어야 한다. X선관을 작동시키는 전력(400 W 정도)은 상한이 설정되어 있으며 그 이하의 전압·전류(예를 들어 15 kV·27 mA)에서 사용한다. 스펙트럼의 에너지 분해능을 더 높일 필요가 있을 경우에는 Al Kα선의 분광, 단색화가 이루어지고 있다. 이 단색화 X선원을 이용하면, 광원 유래에 의한 새틀라이트 피크(이는 데이터 분석 시 제거 가능)이 나타나지 않고 또 백그라운드의 저감을 기대할 수 있다.

8.3.2 진공 펌프

청정한 시료 표면 오염을 막고, 발생한 광전자를 효율적으로 검출기로 이끌고 X선 발생 장치의 타격을 제거하는 등의 이유로 XPS장치에서는 다른 기기 분석 장치보다 매우 높은 진공이 요구된다. 그래서 다음에 나타내는 복수의 진공 펌프를 조합하고 사용한다. 진공도가 저하하면 자동적으로 X선 발생 정지 안전장치가 작용하게 설계되었다.

(1) 오일 회전 펌프(로터리 펌프 RP)

오일 회전 진공 펌프라고도 불리며, 편심한 회전축을 가진 로타, 고정 날개, 오일에 의해서 압축한 기체를 배기(도달 진공도: 1.0×10^{-1} Pa 정도) 가장 일반적인 진공 펌프로, 대기압에서 작동할 수 있다. 초기 조인키를 위한 보조 펌프로서 XPS장치에서는 시료 도입실에 쓰인다.

(2) 터보 몰레큘러 펌프(TMP)

금속제의 터빈 날개를 가진 회전체인 로타가 고속 회전하면서 기체 분자를 튕김으로써 가스를 배기한다(도달 진공도: 1.0 × 10^{-7} Pa 정도). 동작압력에 제한이 있고 사용 중에 압력이 급격히 변화할 경우 펌프가 파손될 수 있다. 미리 로터리 펌프로 충분한 진공상태로 만든 XPS 장치의 시료 도입실로 밸브를 전환하여 사용한다.

(3) 이온 펌프(IP)

벌집 모양의 양극(양극) 배열과, 양극을 끼듯 배치된 티타늄산의 캐소드(음극)로 구성되며, 그것들 사이에 전압을 걸면 방전된다. 전자의 일부는 기체 분자와 충돌하고 이온을 생성하고, 그 이온이 티타늄 음극 표면에 부닥치자 거기에서 티타늄 원자들이 튀어나오다. 티탄은 산소와 질소 등의 활성인 기체 분자를 화학적으로 흡착하고 여기에 따른 용기 내의 진공도가 높아진다(도달 진공도: 1.0 × 10^{-8} Pa 정도). XPS장치에서는 측정실용 진공 펌프로 사용되고 있다.

8.3.3 측정 시료·샘플 홀더

XPS에서는 분말, 층상, 판상의 고체 시료를 측정할 수 있다. 시료의 취급에는 다음의 주의가 필요하다. 또한 절연성 시료의 경우에는 가능한 한 줄이는 것이 바람직하다.

① 시료 표면을 유기 용제로 닦거나 손가락으로 만지거나 해서는 안 된다. 시료를 취급할 때는 비닐이나 플라스틱의 일회용 장갑을 끼고 핀셋 등을 쓴다.
② 스테인리스제 샘플 홀더(시료대)에 도전성 양면테이프를 붙여 거기에 시료를 시료 반송 중에 찍히지 않도록 단단히 눌러 고정한다.
③ 일부 고착되지 않은 분말 시료는 블로워 브러시 등을 사용하여 공기를 불어 최대한 제거한다.
④ 합성·정제 시 유기용매나 물을 사용한 시료, 흡습성이 있는 시료, 다공성 시료 등 장치를 오염시키거나 측정실 내의 진공도를 저하시킬 수 있는 시료에서는 시료를 사전에 충분히 건조시킨 후 시료 도입실에서 시간을 들여 배기한다. 샘플홀더 시료대, 그림 8.5)에는 단순한 디스크형(25 mmϕ) 외에 나사나 핀에 의해 시트상, 판상 시료를 고정하는 것, 각형(25 mm × 55 mm), 대형 시료용(100 mmϕ) 등이 준비되어 있어 시료에 맞게 선택한다. 하나의 샘플 홀더에 복수의 시료를 고정할 수도 있지만 시료 상호의 오염이나 시료의 취급에 다소 조심한다. 장치에 따라 다르지만 시료 사이즈는 5~10 mm 각 정도가 최적이라고 되어 있다.

그림 8.5 일반적인 시료 홀더

8.3.4 중화총 · 이온총

중화총은 광전자 방출에 의해 올바르게 대전된 시료 표면에 수 eV 정도의 저에너지의 전자를 공급하고 시료의 대전들을 제거하기 위해 사용된다. 다만, 전기적으로 중화되는 조건은 시료의 재질, 밀도나 도전성, X선관의 종류와 그 작동 전압·전류값 등에 따라 상당히 다르기 때문에 최적 조건을 찾기 어렵다.

이온총은 이온에칭에 의한 시료표면을 청정하게 하기 위해(오염물질 및 산화물층의 제거), 또는 시료를 표면으로부터 깎으면서 깊이방향 분석을 실시하기 위해 이용되는 아르곤(Ar) 등의 불활성가스를 이온화실에 도입하고 필라멘트로부터의 전자에 의해 이온화한다(Ar는 Ar^+가 된다). 그것을 소정의 에너지까지 가속하여 시료표면에 조사한다. 조사 조건이나 시료의 재질에 따라 표면에서 어느 정도 깎이느냐가 다르기 때문에 사전 확인이 필요하다.

8.3.5 분광기(에너지 분석부) 및 검출기

8

XPS 장치의 분광기에는 에너지 분해능이 높고 효율도 높은 정전 반구형 분석기(에너지 분석기)가 이용되는 경우가 많다. 시료에서 방출한 광전자를 분석기에 모아 광전자를 감속하고 분해능을 조절하기 위해서 분석기의 입구에 입사렌즈가 놓여 있다. 그곳을 통과한 전자는 일정한 전압을 인가받은 분석기에 의해 에너지별로 나뉘며, 어떤 에너지를 가진 전자만이 검출기에 도달하는 이 전압을 변화시킴으로써 검출기에 도달하는 전자의 에너지를 선별하여 스펙트럼을 얻는다.

검출기에는 전자증배관인 채널트론, 다채널 트론, 마이크로채널 플레이트가 사용된다. 검출기에 도착한 전자는 증폭되어 계수 회로에서 펄스 계측된다. 단위시간 당 발생하는 광전자가 너무 많아지면 셀 수 없는 현상이 일어나 신뢰성 높은 데이터를 얻을 수 없다. 또한 검출기에는 계수한 전자의 누적수에 따른 수명(계수명)이 있으며, 일반적으로 그것은 10^{14} counts 정도로 여겨진다.

8.4 XPS 측정과 데이터 해석

8.4.1 측정 조건

시료를 측정실로 도입하고 측정 포인트를 선택한다. 주사형 또는 현미형 장치의 경우 측정 포인트를 광학적으로 직접 관측할 수 있도록 되어 있으므로 매뉴필레이터로 최적의 위치까지 이동시킨다. 측정 조건은 측정 시료 및 측정 목적에 따라 다르다. 일반적으로 X선원의 종류와 전압·전류값(통상적으로는 설정되어 있는 최대값을 입력한다), 분석 면적(0.8 mmϕ 정도)과 그에 따른 어퍼처의 선택 등은 고정하는 경우가 많다.

먼저, Wide 측정(X선원이 Mg Kα선일 경우에는 1000~0 eV, 에너지 스텝 1~2 eV)을 수행하여 함유 원소를 확인한다. 다만, 미량 성분이나 비록 주성분이지 외각 전자 궤도를 대상으로 하는 경우, 단시간에 실시하는 Wide 측정으로는 그것들의 피크가 관측되지 않을 수 있다. Narrow 측정에서는 원소 및 전자 궤도의 종류, 에너지 범위 (Lower energy, Range), 패스에너지(S/N비에서 최적의 값을 선택한다) 등을 결정한다. 또한 측정 시간과 관계하는데 에너지 스텝(관측하는 광전자의 에너지 간격: 0.05~0.20 eV), 스텝 시간(스텝 1회당 곱하는 시간: 5~600 ms), 반복 횟수(S/N비에 따라 다르며 1~10회 정도) 등을 설정한다.

또한 시료가 대전될 가능성이 있는 경우는 대전 보정을 실시할 필요가 있기 때문에 다른 원소의 경우와 같은 측정조건으로 기준물질(거의 모든 시료에서 관측되는 불순물탄소 또는 시료에 증착한 금 등)의 특정 궤도전자가 관련된 에너지 범위를 측정한다. 측정자에 따라 다르지만, 표면 오염 물질인 무기 탄소의 C(1s) 피크에서는 284.8 eV, 유기 탄소의 C(1s) 피크에서는 285.0 eV, 시료에 증착한 금의 Au($4f_{7/2}$) 피크에서는 84.0 eV를 취하는 것이 일반적이며, 이러한 값과 측정값의 차이를 대전 보정값으로 한다.

8.4.2 데이터 해석

(1) 와이드 측정

데이터 모음이나 장치에 내장된 해석 소프트웨어를 이용함으로써 각각의 스펙트럼 피크를 귀속할 수 있다. 미지 시료에 대해서는 Wide 측정에 의해 포함되어 있는 원소를 확인하고 다음의 Narrow 측정 조건을 생각한다. 또한 각 피크의 강도(전자 카운트 수), 백그라운드 강도, 피크의 위치와 형상 등에서 장치의 현재 상태를 파악할 수도 있다.

그림 8.6에 수소, 탄소, 질소, 산소, 구리를 포함하는 평면 4배위형 구리(II) 시프 염기착체 Cu(acacen)의 Wide 측정(측정시간: 2분) 결과를 나타냈다. 고에너지측에서 Cu(2p), O(1s), N(1s), C(1s), Cu(3s), Cu(3p) XPS 피크가 각각 명료하게 나타나고 있다. 이들 외에도 N, O의 KLL 및 Cu LMM 오제전자(오제전자에 대해서는 후술)에 의한 많은 피크가 인정된다. 또한 C KLL 오제전자 피크는 1000 eV를 넘은 영역에 나타난다.

(2) Narrow 측정

이어서 함유 원소마다 Narrow 측정을 하는데, 보통은 측정 가능한 여러 궤도 전자 중

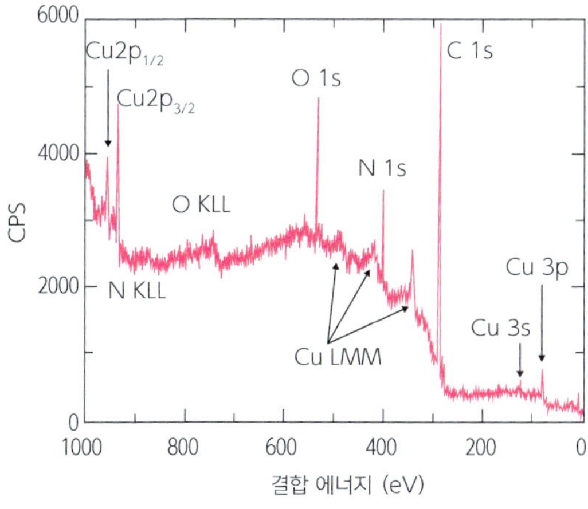

그림 8.6 Cu, C, N, O을 포함한 금속 착체의 Wide 측정 결과

8

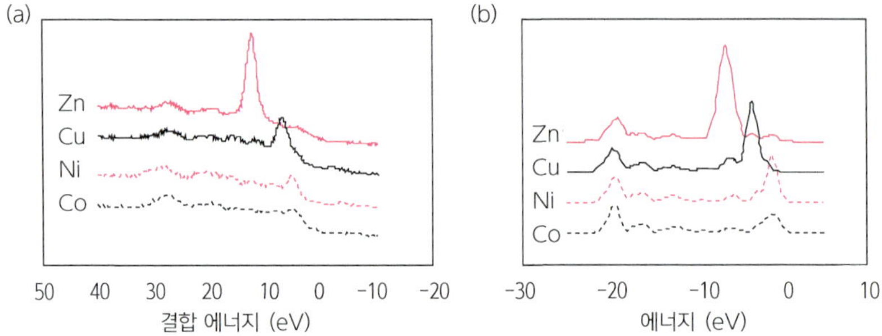

그림 8.7 M^{II}(salen)(M = Co, Ni, Cu, Zn)의 (a) 실측과 (b) 이론 VB XPS 스펙트럼
이론 스펙트럼의 에너지 값은 각 전자 궤도의 에너지 준위를 나타내고 있으며 실측 스펙트럼과 정부가 반대로 되어 있다(관련된 모든 전자 궤도의 광이온화 단면적 값을 입력하고 각각의 피크 반값 폭은 0.5로 고정하여 표시). 야마구치 토시히로 외, *DV-Xα* 연구협회회보, **15**, 76(2002).

8

에서 가장 고강도 XPS 피크를 주는 하나만을 선택하는 경우가 많다(C, N, O에서는 1s 전자, Fe, Co, Ni, Cu, Zn에서는 2p 전자 등). 그러나 그들보다 외각 궤도의 전자 스펙트럼에서 시료의 화학 결합 상태에 따라 더 큰 피크 형상의 변화가 관찰될 수 있다. 특히, 최근에는 VB(가전자대) 영역이 주목받고 있다.

많은 원소들의 최외각 궤도의 전자가 관여하기 때문에 매우 복잡한 스펙트럼이 될 것으로 예상된다. 그러나 분자 궤도 계산 결과와 결합하면 전자 상태에 대한 보다 자세한 정보를 비교적 쉽게 얻을 수 있다. 그 예로 같은 배위자를 갖는 평면 4배위 구조의 Co(II), Ni(II), Cu(II), Zn(II) 착체에 대한 실측과 분자궤도 계산 결과에서 구한 이론의 VB XPS 스펙트럼을 그림 8.7에 나타낸다. VB XPS 스펙트럼에서는 가장 저에너지 쪽에 금속 원소의 3d 전자에 관한 피크가 비교적 강하게 나타나고 있다. 그 밖에 C, N, O 원자의 2s와 2p 전자에 관한 피크가 20~30 eV 부근에 나타나고 있다. DV-Xα법을 이용한 분자 궤도 계산에 의해 이론 VB XPS 스펙트럼을 도출할 수 있다. 그것들은 서로 매우 잘 대응하고 있으며 정점을 이론적으로 해석하는 데 사용될 수 있음을 시사한다. 또한 몇몇 유기 고분자에서는 VB(가전자대) 영역의 스펙트럼 피크 패턴이 다르기 때문에 이 데이터로부터 재료의 특정(그림 8.8)이나 그 화학적 데미지의 평가가 가능하다.

또한 관측하고 있는 원소로부터의 광전자 유래 피크 외에 불순물이나 오염물에 의한 것, 시료에 포함되어 있는 다른 원소의 궤도전자에 의한 것(관측하고 있는 원소보다 원자번호가 작게 관측하고 있는 궤도보다 내각의 궤도전자, 또는 원자번호가 크게 관측하고 있는 궤도보다 외각의 궤도전자), 광원 유래의 것, 그리고 오제전자에 의한 것 등이 있다. 또한 불순물·오염물에는 원래 시료에 포함되어 있던 경우와 측정 준비 중이나 측정 중에 혼입된 경우가 있다.

(3) 대전 보정

기준물질로부터의 피크를 설정값에 맞추어 대전보정을 실시한다. 다만, 이 보정값이 수 eV 이상으로 매우 커진 경우에는 데이터의 신뢰성 저하를 초래할 수 있으므로 시료의 전처리, 시료의 두께 등을 재검토하는 것이 좋다.

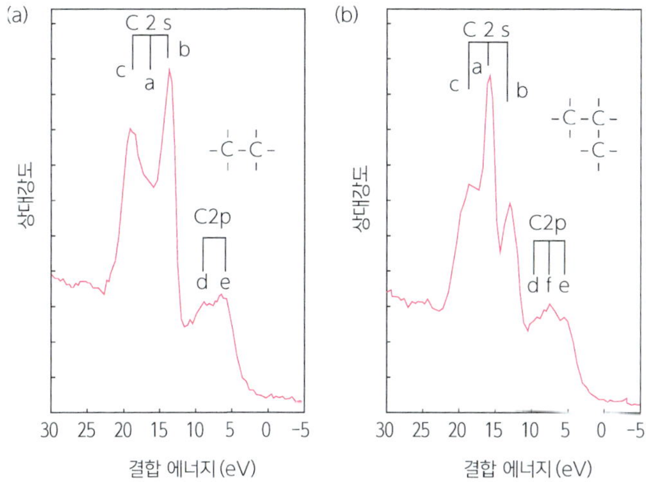

그림 8.8 폴리에틸렌 (a)와 폴리프로필렌 (b)의 VB XPS 스펙트럼

(4) 스무딩 조작

어느 정도의 노이즈가 포함된 스펙트럼에서는 측정 포인트 수 5~25점으로 스무딩 처리를 한다. 다만, 이 조작으로 인해 화학 상태의 차이에 따라 분열되어 있던 2개 이상의 피크가 결합하는 등 피크 형상이 변화할 수 있으므로 주의가 필요하다.

(5) 광원 유래 새틀라이트 피크 제거

단색화되지 않은 광원(예를 들어 Mg Kα선)을 이용했을 경우, 강한 피크의 저에너지 측(8~10 eV)에 약한 피크(상대강도로서 7~10%)가 관측된다. 이는 광원에는 고강도 K$\alpha_{1,2}$ 외에 K$\alpha_{3,4}$ 등(X선으로서는 고에너지)이 포함되어 있기 때문이다. 이들의 에너지 차이나 상대강도는 이미 밝혀졌기 때문에 데이터 처리용 컴퓨터에 내장된 해석 소프트웨어를 이용하여 제거할 수 있다.

(6) 백그라운드 제거

샘플 내에서 발생한 광전자가 여러 번 비탄성 산란되면 스펙트럼에 어느 정도 강도의 백그라운드가 나타난다. 이 때문에 정량을 행할 때에는 백그라운드 제거가 필수적이다. 일반적으로, 고결합 에너지(저운동 에너지)측이 크고, 저결합 에너지(고운동 에너지)측이 작다.

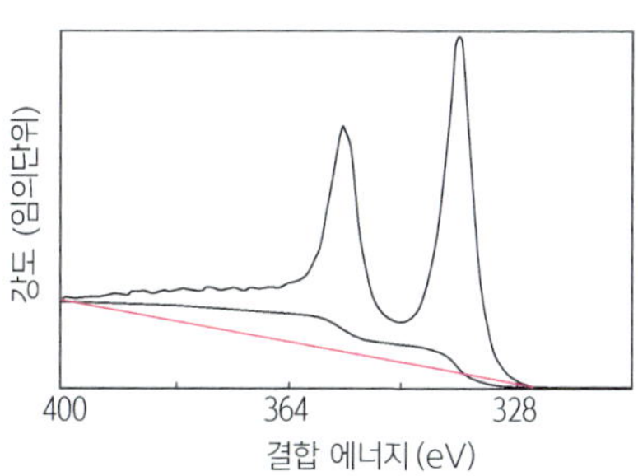

그림 8.9 백그라운드 제거
빨간 선: 직선법, 검은 선: Shirley 법.

백그라운드를 제거하는 방법에는 직선법·셔리법·투가드법 등이 있다. 피크 면적을 구하기 위해 보다 정확한 Tougaard법보다 Shirley법(그림 8.9)이 더 자주 사용되고 있으며 피크의 시작점과 종점 설정에 주의가 필요하다.

(7) 메인 피크의 위치(결합 에너지 값) 평가

메인 피크는 관측하고 있는 원자의 전자 밀도가 높으면 저에너지 쪽으로, 전자 밀도가 낮으면 고에너지 쪽으로 쉬프트하는 경향이 있다. 관측되고 있는 원자의 산화수 변화에 대응하는 수 eV 정도의 변화가 관측되고 있다. 게다가, 많은 금속 착체와 금속 화합물에서 배위 원자의 종류와 수에 따른 쉬프트도 관측되고 있어 피크 위치에 대한 정보는 상태 분석에 매우 유용하다.

그 예로서, 여러 배위 도너를 갖는 구리(I) 착체의 Cu(2p)XPS 스펙트럼은 그림 8.10에 나타낸다. $2p_{1/2}$ 및 $2p_{3/2}$ 메인 피크가 저에너지 쪽으로 이동하면서 배위자의 전자 공급이 강화되고 있다.

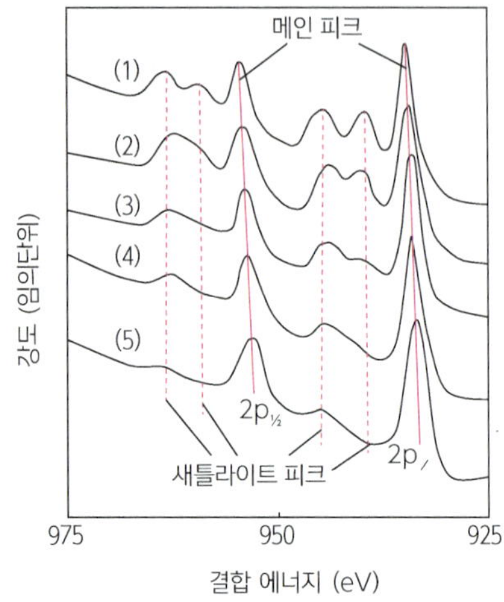

그림 8.10 각종 도너 세트를 가진 구리(II) 착체의 Cu(2p) XPS 스펙트럼

(1) 평면 4배위 O_4, (2) 육면체 5배위 이핵 O_5, (3) 평면 4배위 N_2O_2, (4) 평면 4배위 N_4, (5) 평면 4배위 N_2S_2, 후지와라 학외, X선 분석의 진보, **25**, 337(1994).

(8) 피크 분리

어떤 원소에 대해 여러 화학 상태가 공존하고 있는 경우, 그 원소 유래 피크가 분열되어 관찰되는 경우와 반값 폭이 큰 하나의 피크로 관찰되는 경우가 있다. 1개의 피크를 이루는 경우에도 그 피크의 대칭에서 복수의 피크가 관계하고 있다고 판단할 수 있다. 피크를 분리하여, 각각의 피크 면적 대비로 화학 상태의 다른 화학종별의 존재비를 구할 수 있다.

(9) 새틀라이트 피크

메인 피크의 5~10 eV 고에너지 측에, 복수 새틀라이트 피크가 나타나는 경우가 있다. 새틀라이트 피크의 원인은 교환 상호작용, 배치 간 상호작용, 정전장에 의한 분열, shake up 및 shake off 등 다양한 설명이 이루어지고 있다. 관측하고 있는 금속 원자상에 존재하는 부대전자의 수에 의존하여 새틀라이트 피크 강도가 높아지는 것으로 보고되고 있다.

또한 금속 이온 주위의 배위 원자로부터의 전자 공여가 강해짐에 따라 금속 이온에 의한 메인 피크가 저에너지로 쉬프트함과 동시에 이에 부수하여 나타나는 새틀라이트 피크의 강도가 저하된다(그림 8.10).

(10) 오제 전자

X선 조사에 의해, 시료를 구성하는 각 원자에서 광전자가 방출된다. 전자가 튀어나온 후의 내각궤도의 일부는 비어 있고, 그것은 에너지적으로 불안정한 상태이다. 그 상태를

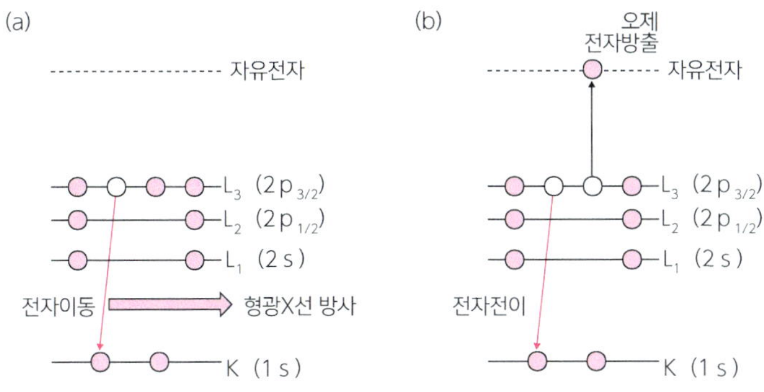

그림 8.11 형광 X선 방사 (a)와 오제 전자 방출 (b) 과정

해소하는 완화 과정으로서, 먼저 외각궤도의 전자가 내각궤도로 전이한다. 이에 이어 열의 방출, 형광 X선 방사(그림 8.11(a)), 외각궤도의 전자 방출(그림 8.11(b))의 세 과정에 의해 두 궤도 사이에 있는 에너지 차이가 해소되고 있다.

이때 방출되는 외각 궤도의 전자는 오제 전자라고 부른다. 예를 들어 X선 조사에 의한 K각(1s궤도)의 전자가 나와서 거기에 L각(L_2 또는 L_3, 2p궤도)에서 전자가 전이하는, 1s궤도와 2p궤도 사이의 에너지 차이를 쓰고 L각(L_2 또는 L, 2p궤도)에서 방출되는 다른 전자가 KLL 오제 전자(KL_2L_2, KL_2L_3, KL_3L_2, KL_3L_3 등이 있고 각각 다른 에너지 영역에 피크가 나타나다. 그러나, 피크가 겹치는 경우도 있고, 그 경우는 L_{23} 등으로 표현된다)이다. 여기서 얻은 오제 전자 스펙트럼 피크($E_k = h\nu - E_B$에서 전자의 운동에너지로 환산)와 XPS 피크(E_B)로부터 오제 파라미터($E_k + E_B$)를 산출한다. 거의 같은 위치에 XPS 피크를 가진 두 화합물도 양쪽의 AES 피크가 다를 수 있다.

이로써 오제전자의 E_k와 광전자의 E_B에 대한 2차원 분포를 얻을 수 있어 보다 자세한 상태 분석이 가능해진다. 또한 전자선의 조사에 의해 여기하는 오제 전자 분광(AES) 장치가 있지만 스펙트럼의 기본적인 해석은 같다. 다만 선원의 빔 지름, 관측 깊이, 시료와의 상호작용 정도나 전이 확률 등이 다르다. 그러므로 스펙트럼 형상(일반적으로 AES에서는 미분 스펙트럼으로 표시)은 동일하지 않다. 또한 시료에 주는 데미지도 AES 장치 쪽이 상당히 크다. 전자빔 직경이 작은 것보다 미세하게 분석할 수 있는 이점이 있다.

8.4.3 특수한 측정법

(1) 각도 분해

청정 금속이라도 표면은 매우 얇은 금속 산화물 층으로 덮여 있다. 고진공 하의 측정실 또는 시료 도입실에서의 스패터링 조작에 의해 금속 산화물층을 제거한 후에 벌크를 측정할 수 있다(파괴 분석). 그 밖에 X-ray 빔과 시료 표면 사이의 각도를 변화시킴으로써 표면층으로부터 벌크로부터의 피크 강도비가 바뀌고, 저각도 조사를 통해 표면층으로부터의 정보를 강조한 스펙트럼을 얻을 수 있다.

서로 다른 각도를 가진 두 데이터를 비교함으로써 비파괴적으로 벌크만 정보를 추출할

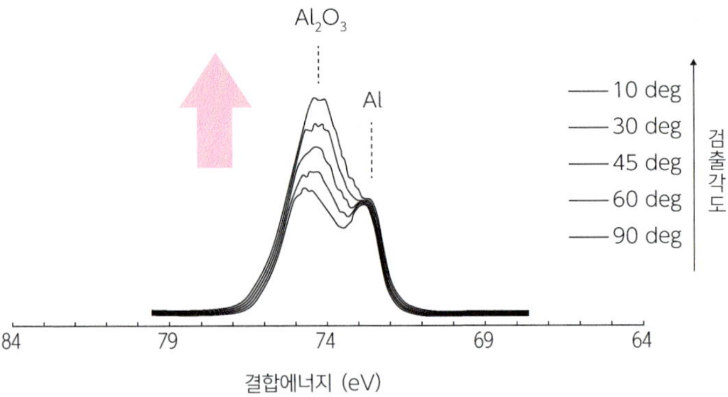

그림 8.12 알루미늄박의 각도분해 Al(2p) XPS 스펙트럼
저에너지 측 피크 강도를 갖춰 표시했다. 검출각도는 10 deg, 30 deg, 45 deg, 60 deg, 90 deg.

8

수 있다. 알루미늄박의 Al(2p) XPS 스펙트럼은 그림 8.12에 나타낸다. 시료와 검출기 사이의 각도가 저각으로 변함에 따라 표면의 산화알루미늄(Al_2O_3) 비율이 점차 증가하고 있어 시료 표면에 더욱 민감해지고 있음을 알 수 있다.

(2) 시간 분해

측정실은 매우 고진공이기 때문에 수화 화합물은 탈수가 진행될 수 있다. 그 외에 X선 조사에 의해 생성물의 탈리를 수반하는 산화 환원 반응이 일어날 수도 있다. 입사 X선은 비교적 시료 내부까지 침입할 수 있는데, 거기서 발생한 전자는 전자의 평균 자유행정 이상의 거리보다 깊은 곳에 존재하기 때문에 시료 표면에서 튀어나올 수 없다. 시료 내부에 남은 전자는 화학 반응의 트리거가 될 수 있으며, X선 조사에 의해 산화 환원 반응 등이 진행되어 스펙트럼 변화가 일어날 수 있다.

어떤 에너지 범위에서 일정 시간마다 측정하는, 즉 어떤 원소가 있는 궤도 전자에 대한 Narrow 측정을 반복함으로써, 그 화학 결합 상태의 변화, 즉 화학 반응을 추적할 수 있다. 물론, 이러한 측정에는 스펙트럼 당 몇 분 정도 걸리므로 변화가 빠른 반응계에 적용할 수는 없다. 두 클로로 배위자와 두 분자의 디아민 배위자가 배위한 팔면체 6배위 구조의 백금(IV) 착체가 X선 조사에 의해 대응하는 평면 4배위 구조의 백금(I) 착체로 환원되는 반응을 추적한 시간분해 Pt(4f) 및 C1(2p) XPS 스펙트럼을 그림 8.13에 나타낸다.

Pt(4f) XPS 스펙트럼에서는 80과 76 eV의 두 피크의 강도가 저하됨과 동시에 77과 73 eV의 두 피크의 강도가 증가하고 있다. 이러한 변화는 Pt(IV)가 Pt(II)로 2전자 환원된 것에 해당한다. 한편, C1(2p) XPS 스펙트럼에서는 203~195 eV 범위에 Pt(IV) 이온에 상하 방향에서 배위된 두 개의 염화물 이온과 배위하지 않은 두 개의 염화물 이온에 대응하는 피크가 인정되지만, X선 조사에 의해 고에너지 측의 배위된 염화물 이온에 의한 피크만의 강도가 저하되어 미배위 염화물 이온에 의한 피크만 된다. 이러한 변

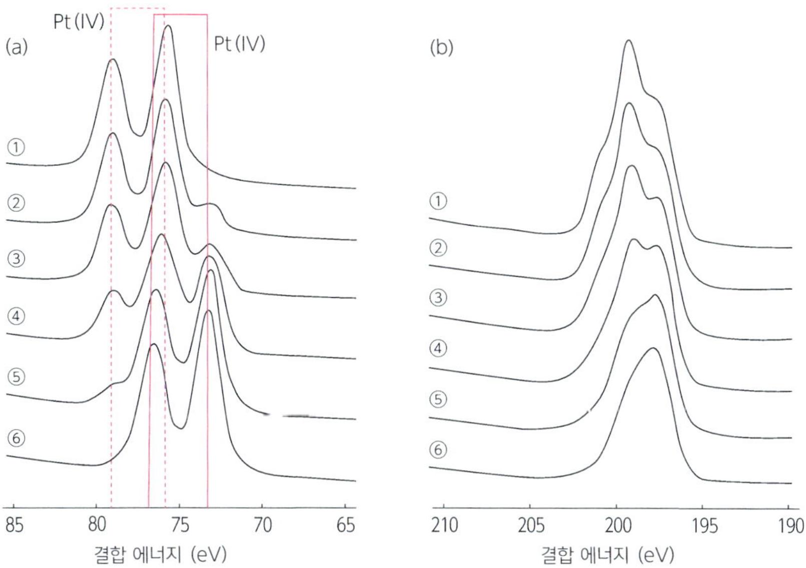

그림 8.13 시간 분해 스펙트럼의 예

두 개의 염화물 이온이 배위한 팔면체 6배위 백금(IV) 착체 [Pt(chxn)Cl_2]Cl_2의 X선 조사에 의한 산화환원반응. (a) Pt(4f), (b) Cl(2p) XPS 스펙트럼, X선 조사시간: ① 1분, ② 5분, ③ 10분, ④ 30분, ⑤ 60분, ⑥ 120분. 후지와라 학외, X선 분석의 진보, **30**, 153(1999).

화는 Pt(IV) 이온에 배위된 두 개의 염화물 이온이 2전자 산화되어 염소 분자가 되어 계외로 탈리된 것에 대응하고 있다. 시간 분해 측정 결과보다 속도론적 해석을 수행할 수 있나.

8.5 끝에

XPS법은 장치 개발로부터 약 60년이 지나 재료 분석에서의 응용 범위가 크게 넓어지고 있다. 다양한 분야에서 XPS 스펙트럼이 측정되게 되었는데 측정 대상으로 가장 많은 것은 역시 금속 원소를 포함하는 재료일 것이다. 본 장에서는 증가하고 있는 유기 화합물에 대한 적용을 고려하여 유기 화합물(배위자) 무기 화합물(중심 금속 이온)의 중간으로 생각되는 금속 착체를 주요 측정 예로 선택하여 이들의 특징과 스펙트럼 해석을 설명했다.

많은 장비 분석 방법과 마찬가지로 측정 시료와 비교할 표준시료의 선택이 중요하다. 또한 스펙트럼 피크의 올바른 에너지 값을 얻기 위해 적절한 대전 보정을 수행할 필요가 있다. 이론적인 대처가 점점 중요해지고 있는데, 다행히도 X선 분석과 분자 궤도 계산법은 친화성이 높으며 XPS 스펙트럼 해석에 적용할 수 있는 여러 가지 계산 방법이 있다.

경 X선 여기에 의한 시료 심부로부터의 정보 획득, X선 빔의 개량에 의한 공간 분해능

향상과 측정 시간의 단축, 싱크로트론 방사광의 이용 등 최근에도 진보가 현저하다. 또한, 다른 표면 분석법과 조합하여 재료 표면의 조성이나 화학 상태를 종합적으로 해석하는 경우, 각각의 수법으로 정의되는 표면의 범위가 다르다는 점에 주의해야 한다.

【참고 문헌】

1) K. Siegbahn et al, "ESCA, *Atomic, Molecular, and Solid State Structure Studied by Means of Electron Spectroscopy*" Almqvist and Wiksells (1967).

2) 染野檀, 安盛岩雄編,『表面分析−IMA, オージェ電子·光電子分光の応用』, 講談社サイエンティフィック(1976).

3) 日本化学会編,『化学総説　No. 16　電子分光』, 学会出版センター (1977).

4) 大西孝治他編,『固体表面分析I』, 講談社サイエンティフィック (1995).

5) 保母敏行監修, 名越正泰, 福田安生著,『高純度技術体系　第1集　分析技術』, フジ·テクノシステム (1996).

6) 日本表面科学会編,『表面分析技術選書 X線光電子分光法』, 丸善 (1998).

7) 日本化学会編,「第5版　実験化学講座24 −表面·界面−』, 丸善 (2007).

8) 日本分析化学会編, 石田英之他著,『分析化学実技シリーズ(応用分析編 1)表面分析』, 共立出版(2011).

【데이터집】

9) D. Briggs, Ed., "*Handbook of X-ray and Ultraviolet Photoelectron Spectroscopy,*" Heyden (1977).

10) "*Handbook of Photoelectron Spectroscopy,*" Physical Electronic, Inc., (1995).

11) C. D. Wagner et al, "*HANDBOOK OF X-RAY PHOTOELECTRON SPECTROSCOPY A Reference Book of Standard Data for Use in X-ray Photoelectron Spectroscopy,*" Perkin-Elmer Corporation (1979).

9 광학 현미경

9.1 처음에

광학 현미경은 미세한 시료를 수 백~천 배 정도로 확대하여 형태 관찰을 할 수 있으므로 분자, 원자 수준 분석에 들어가기 전의 거시적 파악에 효과적이다. 전자 현미경(주사형 전자 현미경: SEM) 등을 이용한 정밀한 분석 전에 육안의 형태관찰이나 촬영화상에 의한 길이·면적의 계측, 계수 등을 할 수 있다. 나뭇잎이나 가지를 보는 것이 전자 현미경이고 숲을 보는 것이 광학 현미경이라고 비유할 수도 있을 것이다. 전자 현미경에서는 수 nm 단위의 미세관찰을 할 수 있는 반면 전자선을 조사하기 위해 시료를 진공 챔버에 넣어야 하기 때문에 시료의 색상정보는 보이지 않는다. 그에 비해 광학 현미경은 대기 중에 있는 그대로의 가시광선을 이용해 시료를 쉽게 관찰할 수 있다는 장점이 있다.

다만, 광학 현미경이라고 해도, 표 9.1과 같이 실체 현미경, 생물 현미경, 금속 현미경, 공초점 레이저 주사형 현미경 등이 있으며, 각각에 적합한 용도가 있다. 고체평가 분야에 관해서는, 쉽게 고체표면을 관찰할 수 있는 금속 현미경을 활용하는 경우가 많다. 원하는 것이 정해져 있다면 목적에 맞는 관찰법으로 평가한다. 무엇이 보이는지 알고 싶다면 여러 관찰법을 비교 검토해서 방향을 찾는 것이 좋다.

이 장에서는 금속 현미경을 잘 사용하기 위해 알아야 할 기본 사항과 샘플의 무엇이 어떻게 보이는지에 대해 설명한다.

표 9.1 광학 현미경의 주된 종류와 특징

종류	관찰법과 용도
실체 현미경	명시야, 암시야, 편광, 편사 조명법. 수십 배까지의 배율로 시료 전처리 작업이나 대략적인 관찰에 이용한다.
생물 현미경	명시야, 암시야, 위상차, 미분간섭, 편광, 형광, 릴리프콘트라스트, 분산법, 투명조명으로 투명, 반투명 시료 관찰에 적합하다.
금속 현미경	명시야, 암시야, 미분간섭, 편광, 형광법 낙사(반사) 조명으로 시료의 표면 관찰에 적합하다.
생물용 공초점 레이저 주사형 현미경	미분 간섭, 형광, 세포 등을 고분해능 3차원 영상으로 획득할 수 있으며, 다양한 세포 기능의 해석에 적합하며, 생물 현미경의 이점을 가진다.
금속용 공초점 레이저 주사형 현미경	명시야, 미분 간섭, 표면 형상을 고분해능의 3차원 화상으로서 취득할 수 있으며, 길이, 높이의 정밀한 측정에 적합하다. 금속 현미경의 이점을 가진다.

9.2 금속 현미경의 구성

대물렌즈의 선단부가 아래를 향하고 있는 것을 정립형 현미경이라고 부르고, 위를 향하고 있는 것 도립형 현미경이라고 부른다. 이는 시료의 크기나 모양에 대응한 구조의 차이로 정립형 현미경은 얇은 시료(1~2 cm 이하), 도립형 현미경은 크고 두꺼운 시료(수 cm 이상) 관찰에 적합하다. 여기서는 일반적인 정립 현미경으로 설명한다. 많은 금속 현미경이 시스템 현미경이다. 시스템 현미경은 관찰 방법이나 용도에 따라 각 부분의 유닛을 선택하고 조합할 수 있는 구조로 되어 있다.

주요 유닛의 기능·특징을 잘 이해하면 여러 기능을 조합한 사용법이 있다. 그림 9.1에 입형 금속 현미경의 예를 제시하고 각 부의 기능·특징을 기술한다.

① 카메라 어댑터

삼안경통의 상부 또는 중간경통에 부착한다. 배율을 선택할 수 있다. 촬영의 실시야는 카메라의 촬상크기와 어댑터 배율로 결정된다. 어댑터 배율을 선택할 때는 카메라의 촬상크기(유효화면의 세로×가로 치수, 단위 mm)를 알아두면 된다. 촬영실 시야(세로, 가로) = 촬상크기(세로, 가로) / (대물배율×중간 변조 장치 배율×어댑터 배율)이다.

9

② 삼안경통

카메라와 관찰의 광로 전환을 할 수 있다. 접안렌즈의 시야수에 맞춘 사양이 있으며, 크게 광시야, 초광시야 2종류가 있다. 그림 9.1에 나타내는 경통에서는 상이 보이는 방향

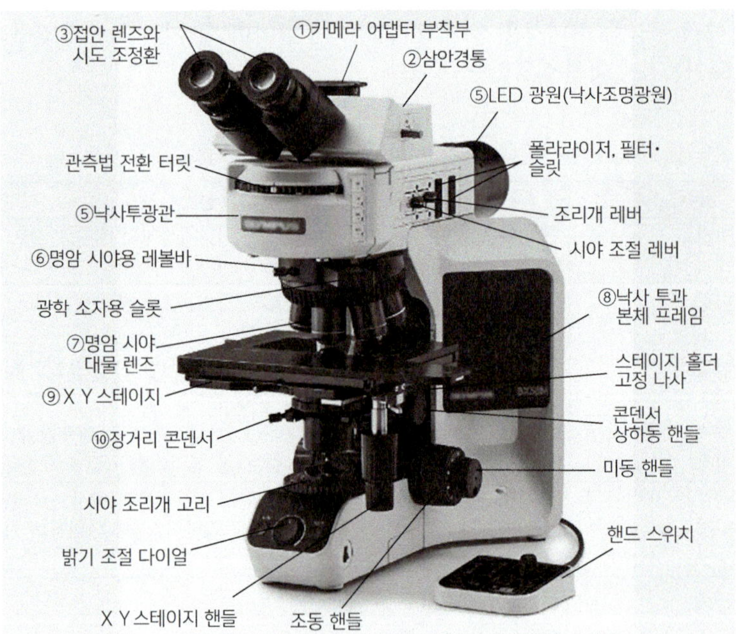

그림 9.1 금속현미경의 구성
투과 낙사 조명 양용 타입

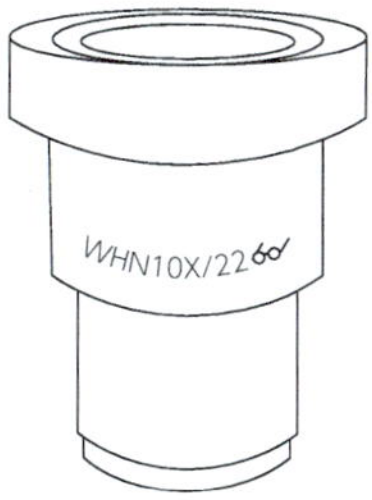

W	종류 (광시야 타입)
H	하이아이 포인트
10×	배율10×
22	시야수
(안경 마크)	안경 사용 가능

그림 9.2 접안렌즈 표시 예

이 시료의 방향과 상하좌우가 다르다(도립상). 상이 보이는 방향이 시료의 방향과 같다(정립상, 정립상에 대해서는 9.3.4항과 그림 9.8 참조).

③ 접안렌즈

배율과 중간상(9.3.1항, 그림 9.5, 그림 9.8 참조)의 직경이 되는 시야수(mm)의 표시가 있다. 더욱 초점판을 내장하는 방식과 후부식이 있다. 그림 9.2에 나타내는 예는 배율 10배, 시야수 22이다. 안경마크는 안경을 쓴 채로 관찰할 수 있음을 나타낸다. 배율은 10~15×로 선택폭은 좁다. 이는 15×를 넘는 고배로 하면 시야수가 너무 작아져 실용에 적합하지 않기 때문이다.

④ 중간 경통

편광용 중간 경통, 중간 변배 장치, 카메라 포트 등 현미경의 기능을 확장하는 유닛으로 용도에 따라 경통과 낙사 투광관 사이에 배치한다.

⑤ 낙사 투광관과 낙사 조명 광원

관찰법(명시야, 암시야, 형광), 조명 광원의 종류(LED램프, 할로겐램프, 수은램프)를 선택할 수 있다. 형광관찰에서는 수은램프를 사용한다. 낙사 투광관에는 관찰 방법 전환 기구, 폴라라이저용 슬롯, 필터 슬롯, 시야 조리개·개구 조리개와 그 심출 기구가 있다.

⑥ 레볼바

대물렌즈의 종류(명시야, 명암시야), 장착홀수, 동작방법(수동, 전동), 코드기능(대물부착홀 식별기능), 액세서리용 슬롯의 유무 등 용도에 따른 종류가 있다.

⑦ 대물렌즈

대물렌즈의 선택은 관찰의 기본이다. 배율, 개구수, 작동거리, 관찰법(명시야, 명암시야, 미분간섭, 형광, 편광)에 따른 선택을 할 수 있다. 그림 9.3에 대물렌즈 표시의 예를 나타낸다. 금속 현미경의 시료는 노커버 글라스이므로, 커버 글라스 두께 표시는 「0」 또는 「–」이다. 또한 명시야, 암시야의 양쪽 관찰에 대응하는 명암시야용 대물렌즈는 암시야 조명용 광로를 내장하고 있으므로 외경이 굵다. 그림 9.4와 같이 대물렌즈의 장착나사부의 몸체 부착면에서 초점이 맞을 때의 시료면까지의 거리를 동초점거리라고 부르며, 시료면에서 대물선단까지의 거리를 작동거리라고 부른다. 동초점거리는 「45+15×m(m = –1, 0, 1, 2, 3, 4) mm」로 규격이 있어 제조사마다 다르다. 현미경은 모두 동일한 동초점거리의 대물렌즈를 세팅하므로 대물 변환 시 초점 맞추기를 최소한의 미세 조정으로 할

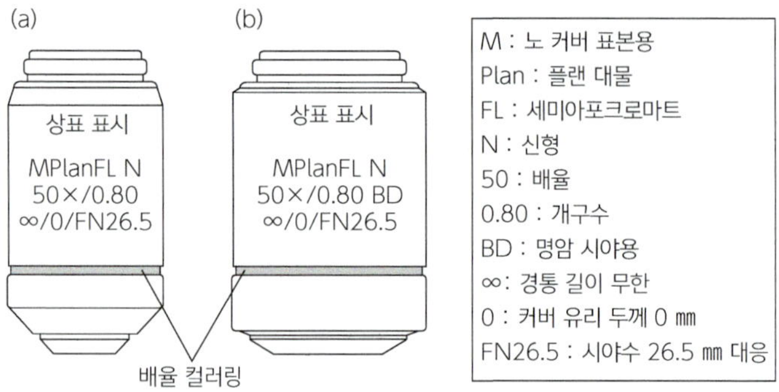

그림 9.3 대물렌즈 표시 예
(a) 명시야 대물렌즈, (b) 명암시야 대물렌즈

수 있다.

대물렌즈의 끝부분의 바깥 둘레의 색은 배율 염색이라고 하며, 배율 대비 표시색은 국제 표준으로 정해져 있다. 예로는 회색(2배), 빨간색(5배), 노란색(10배), 녹색(20배), 파란색(50배), 흰색(100배)이다.

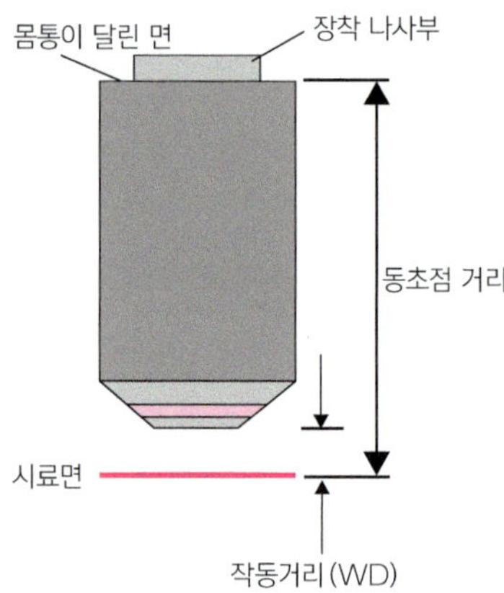

그림 9.4 대물렌즈의 동초점거리와 작동거리

⑧ 현미경 본체(프레임)

전원 스위치, 밝기 조정 다이얼, 초준 핸들(조동 핸들과 미동 핸들)이 있다. 낙사 조명 전용 타입, 투과 낙사 조명 양용 타입 두 종류가 있으며, 투과 낙사 양용 타입에는 투과 조명용 시야 조리개 고리가 있다.

⑨ 스테이지

시료의 사이즈, 유지방법(플레인, 클렌멜, 웨이퍼), 조작법(회전, XY 이동)에 따라 선택할 수 있다.

⑩ 콘덴서

투과 낙사 조명 양용 타입의 현미경 본체에 장착하여 투과 조명으로 사용한다. 개구 조리개가 있다.

⑪ 각종 관찰용 액세서리

미분 간섭 슬라이더(프리즘), 편광 필터 등을 선택할 수 있다. 이것들은 낙사 투광관이나 레볼바의 슬롯에서 삽탈한다.

⑫ 기타

용도에 맞는 촬영용 카메라, 현미경용 카메라에는 현미경 영상처리에 최적화된 소프트웨어가 포함되어 있으므로 화상처리 소프트웨어의 기능이나 발전성을 고려하여 선택하는 것이 좋다.

9.3 금속 현미경의 원리

광학 현미경 관찰에는 기본적인 세 가지 요소가 있는데, 어느 것이 빠져도 관찰이 되지 않는다. 첫 번째는 「배율」로 「보고 싶은 크기로 보인다」, 두 번째는 「분해능」으로 「크기를 구별할 수 있다」, 세 번째는 「콘트라스트」로 「뚜렷하게 보인다(검출할 수 있다)」이다. 이 3가지 요소를 성립시키는 것이 아래에 설명된 광학 원리이다.

9.3.1 현미경의 광학 원리

그림 9.5에 금속 현미경의 구성과 광로를 나타낸다. 대물렌즈가 조명렌즈를 겸한 낙사(반사) 조명에 의해서, 고체 표면의 반사광으로부터 관찰상을 얻는다, 투과 조명에서는 시료의 엣지부(엣지의 그림자)를 관찰할 수 있다.

광학계는 광원(램프)에서 시료면까지의 조명 광학계(켈러 조명이라고 부른다)와 시료면에서 상면(관찰자의 눈의 망막)까지의 관찰 광학계의 두 가지로 구성되는데, 원리적으로는 광원에서 시료면을 포함하여 관찰자의 망막까지를 하나의 현미경 광학계로 취급한다.

9

광원에서 나온 조명광은 투광관의 개구 조리개를 거쳐 45°로 설치한 하프미러에 입사한다. 여기서 광량의 절반이 반사되어 대물렌즈에 이끌려 시료를 조명한다.

그리고, 시료면에서 반사되면 그 정보를 포함한 빛으로 변하고, 대물렌즈를 거쳐 다시 하프미러에 입사하며, 다시 광량의 절반이 투과하고, 접안렌즈를 거쳐 관찰자의 눈의 망막에 이른다. 동시에 망막에 시료의 상이 맺는다.

이 광학계의 특징은 시야 조리개가 관련된 「상의 공역관계」와 개구 조리개가 관련된 「눈동자의 공역관계」의 두 공역관계가 결합된 형태로 되어 있다는 것이다. 렌즈를 통해 물체의 상이 생길 때 물체와 상과는 공역이라고 한다. 상에는 실상과 허상의 두 가지가

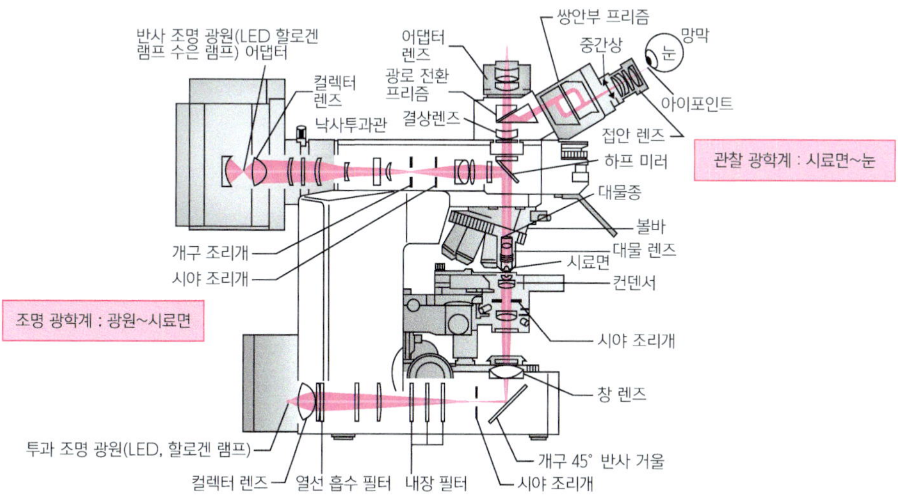

그림 9.5 금속현미경의 광학계 원리도

있는데, 이 공역관계에서는 모두 실상이다. 상의 공역 관계에서는 시야 조리개가 조명 렌즈와 대물렌즈를 통해 시료면에 상을 연결하고, 시야 조리개 상과 시료가 대물렌즈를 통해 접안렌즈 앞에 상(중간상이라고 부른다)을 맺는다. 게다가, 중간상은 접안렌즈, 눈의 렌즈를 통해 망막에 실상을 연결한다. 시야 조리개, 시료면, 중간상, 관찰자의 망막이 공역이다.

한편, 눈동자의 공역 관계에서는 광원의 상이 개구 조리개 위치에 묶고, 광원상과 개구 조리개 상이 대물렌즈 동자에 묶고, 또한 관찰자의 눈의 동공면(아이포인트: 접안렌즈의 뒷초점)에 묶는다. 광원, 개구 조리개, 대물렌즈 동자, 아이포인트가 공역이다.

가변 조리개의 시야 조리개와 개구 조리개는 대물렌즈의 변환이나 관찰 방법에 따라 최상의 상을 얻을 수 있도록 광속을 조절하기 위한 것이다. 이것들이 이루어지려면 시료에 핀트가 맞아야 하는데, 시료면이 완전한 경면(표면이 평탄하고 빛의 반사율이 동일)인 경우는 조명광은 단지 반사되어 돌아올 뿐이고 시야가 하나같이 밝아 보일 뿐 초점을 맞출 수는 없다.

이러한 시료는 관찰 대상이 되지 않는다. 시료가 광학적으로 완전히 균일하고 투명한 경우(생물 현미경의 경우)도 마찬가지다. 초점을 맞추려면, 눈으로 보이도록 명암 혹은 색이 필요하다. 시료면에서 대물렌즈를 향하는 빛이 상에 콘트라스트를 주는 빛이 되어야 하며, 빛을 그렇게 바꾸는 시료가 관찰 대상이 된다. 현미경의 각종 관찰법은 어떤 빛을 상의 콘트라스트로 하느냐에 따라 차이가 있다. 표 9.2에 상에 콘트라스트를 주는 시료면에서의 빛의 변화(강도 변조 또는 진폭 변조, 산란, 회절, 위상 변조, 타원 편광으로의 변화, 자가 형광 발광)와 관찰법과의 관계를 정리했다.

표 9.2 금속 현미경 관찰법

관찰 방법	상에 콘트라스트를 주는 것 조명(투광관) 측		관찰법에 관련된 유닛·부위	
			관찰 측	
명시야 관찰	빛의 분광 반사의 강도차	반사에 의해 빛이 강도 변조를 받는다.	개구 조리개 시야 조리개 하프 미러	
암시야 관찰	산란광 , 회절광	미세한 요철로 산란광, 회절광이 발생하지 않음	링조명 미러 암시야용 대물렌즈	
미분 간섭 관찰	빛의 위상차	미세한 요철로 반 발사로 빛이 위상 변조를 받는다.	폴라라이저 미분 간섭 프리즘*	미분 간섭 프리즘* 분석기
편광 관찰	리타르데이션	반사광이 타원 편광으로 변한다.	폴라라이저 예민한 색판	편광용 대물렌즈 분석기
형광 관찰	자가 형광	조명광(여기광)을 흡수하여 형광을 발한다.	고휘도 광원 여기 필터 다이크로익 미러	다이크로익 미러 흡수 필터

* 미분 간섭 프리즘은 1개로 조명측, 관찰측 2개의 역할을 한다.

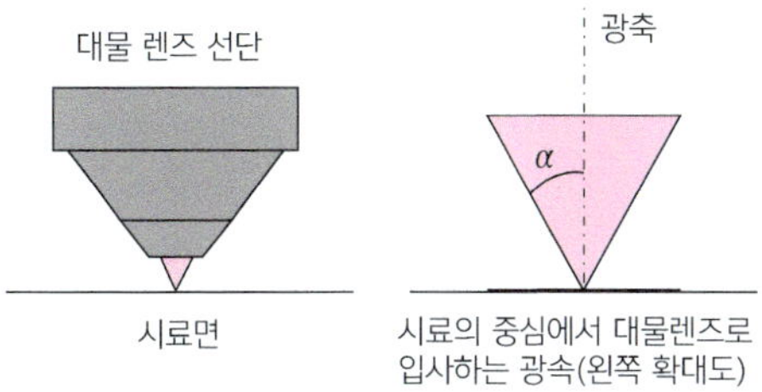

$NA = n \cdot sin\alpha$

NA :개구수
n : 물체 공간의 굴절률(공기의 경우 $n = 1$)
α : 광축과 최주변광을 이루는 각도

$$\delta = 0.61\frac{\lambda}{NA}$$

δ :분해능, λ :빛의 파장, NA :개구수

그림 9.6 개구수 개념과 레일리 분해능 δ

9.3.2 구분하면 찾아낸다.

현미경 관찰에는 구별하면 발견한다의 두 가지 사용법이 있다. 구별한다는 것은 시료측의 두 점을 두 점의 상으로 인식할 수 있는 것이다. 구별하는 공간 능력을 분해능이라고 부르며, 대물렌즈의 개구수로 결정된다. 그림 9.6에 개구수의 개념도와 분해능과의 관계를 나타낸다. 여기서는 일반적으로 광학 현미경의 분해능으로 취급되는 레일리의 분해능을 나타낸다. 개구수가 클수록 고분해능(δ가 보다 작은 값이 된다)으로 보다 미세한 시료의 크기를 구별할 수 있다.

δ를 계산하는 파장 V_λ는 0.55 μm(녹색 파장, 사람의 눈에 있어 감도가 높은 파장)를 사용한다. 상의 크기 측정하면, 시료의 크기는 확대 배율로부터 계산할 수 있다(시료의 크기 = 상의 크기/확대 배율). 시료면의 미세구조를 반사 회절격자라고 생각하면, 반사광의 ±1차 회절광이 결상광으로서 대물렌즈에 입사하면, 그 회절격자는 상을 맺는다는 이론(아베의 재회설 이론, 참고문헌 5))이 있다. 이 사고의 경우는 회절각이 그림 9.6의 각α에 상당한다.

배율이 같은 대물렌즈라도 개구수가 큰 대물렌즈가 더 고분해능이고 미세한 것이 잘 보인다. 분해능에는 그 밖에 아베의 분해능이나 홉킨스의 분해능이라고 부르는 정의도 있지만, 자세한 것은 다른 참고서에 양보한다[3),4),5)].

한편, 찾는다는 것은 검출할 수 있는 것이다. 분해능에 대해서 검출능이라고 할 수도 있다. 분해능 이하의 크기가 보인다는 사용법이다. 밤하늘에 보이는 별이 크기는 모르지만 존재는 알 수 있듯이, 현미경에서는 시야가 어둡고 시료가 밝아 보일수록 검출능은 높고(높은 S/N : 시그널/노이즈) 커 보인다. 따라서 형광 관찰이나 암시야 관찰의 경우에는 확대배율에서 단순 계산하여도 시료의 크기는 결정되지 않을 수 있다(「시료의 크기/확대배율」). 또한 상의 밝기는 개구수의 제곱에 비례하여 배율의 제곱에 역비례하므로 고배 대물렌즈일수록 배율의 영향이 크고 어둡다.

9.3.3 초점 심도

초점 심도를 그림 9.7에 나타낸다. 초점 심도는 핀트가 맞아 보이는 상하방향의 거리이며, 대물렌즈의 개구수, 관찰종합배율(대물렌즈 배율×접안렌즈 배율), 눈의 분해능으로 결정된다. 계산식에서는 눈의 최소 착란원(핀트가 어긋나도 상보임을 느끼지 않는 크기로 눈의 분해능에 의존)에 따른 심도(전항) 광학적인 깊이(후항)의 합으로 나타난다. 대

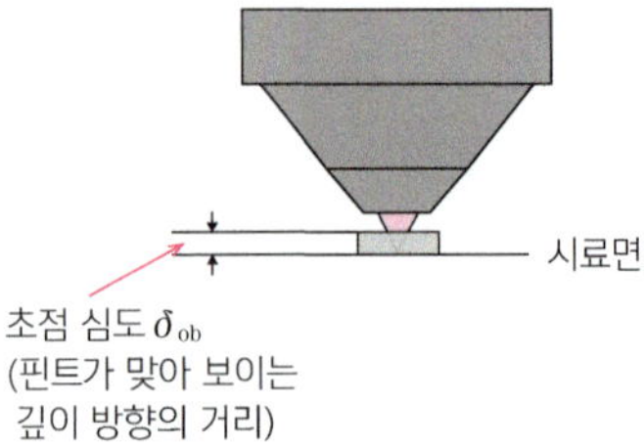

$$\delta_{ob} = n \times \left(\frac{250000 \times \omega}{M_{TOTVIS} \times NA} + \frac{\lambda}{2 \times NA^2} \right)$$

δ_{ob} :초점 심도
M_{TOTVIS} :관찰 종합 배율
ω :눈의 분해능=0.0014
NA :개구수
λ :파장=0.55μm

그림 9.7 초점 심도

물렌즈의 배율이 높을수록, 개구수가 클수록 얕다.

시료의 요철이 초점 깊이보다 크면 초점이 맞는 부분 외에는 흐려 보이므로 전체를 보려면 초점 위치를 바꾸면서 관찰해야 한다.

9.3.4 시야수, 실시야와 시야 조리개

이들은 상의 공역관계에 있다. 그림 9.8에 실시야(관찰하고 있는 표본상의 범위), 접안렌즈의 시야수와(중간상의 지름) 눈으로 보이는 겉보기 시야의 크기에 대한 계산 예를 제시한다. 접안 렌즈가 배율 10배, 시야수 22 mm, 대물 렌즈가 배율 10배일 때(종합 배율 100배), 실제 시야는 ϕ2.2 mm, 중간상은 ϕ22 mm, 겉보기 시야는 ϕ220 mm가 된다. 중간상은 대물렌즈에 의한 실상이며 도립상(시료와 상하좌우가 역방향)이다.

또한 중간상을 접안렌즈를 통해 눈으로 보는 상은 허상(像像)이며, 정립상(중간상과 상하좌우 방위가 동일)이다. 그림 속의 문자 F는 중간상이 도립상, 겉모습이 정립상(시료에 대해서는 도립상)이므로, 육안의 상은 시료에 대해 도립상이 된다. 다만, 경통에 정립경통을 조합하면, 상의 방향이 경통 내에서 반전되므로, 육안의 상은 시료에 대해 정립상이 된다. 시야 조절은 조명 범위를 실제 시야에 맞출 수 있는데, 예를 들어 시야 조절을 작게 하면 밝기나 초점 깊이 등은 변하지 않고 조명 범위만 작아진다.

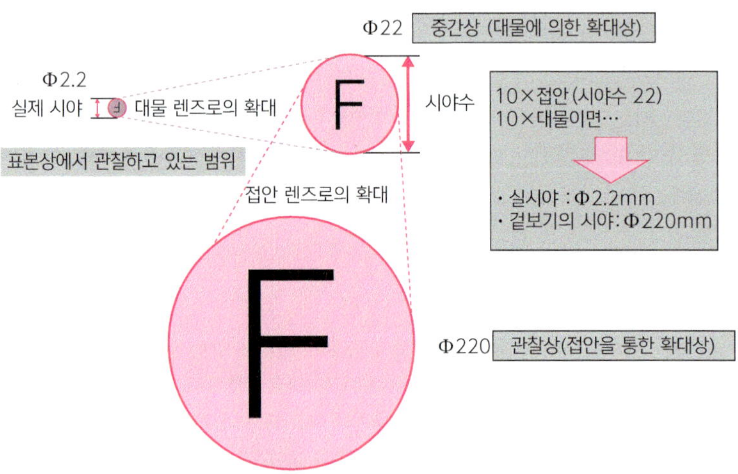

그림 9.8 시야수와 외관의 시야

9.3.5 대물렌즈의 눈동자, 개구수와 개구 조리개

이들은 눈동자의 공역관계에 있다. 개구 조리개와 대물렌즈의 눈동자는 접안렌즈를 빼내어 슬리브 안을 들여다보면 볼 수 있다. 개구 조리개를 다 열면 눈동자 전체가 보이고, 조금만 짜면 거기에 개구 조리개가 보인다. 「대물렌즈 눈동자의 지름 = 2× 개구수 × 대물렌즈의 초점거리」의 관계가 있으며, 눈동자의 크기는 대물렌즈마다 다르다. 눈동자의 공역 관계는 상(像)의 질과 관련이 있다. 예를 들어, 개구부를 눈동자에 대해 작게 하면 조명의 개구수가 작아지기 때문에, 상(像)의 대비가 강해지고, 초점 깊이가 깊어지고, 밝기가 어두워진다.

9.4 기본 조작법

시료를 최선의 광학 성능으로 관찰하기 위해서는 아래에 나타내는 기본적인 조작이나 조정이 필수적이다. 시료의 준비부터 기본 조정까지의 절차를 나타낸다.

9.4.1 시료표면 확인

9

시료 표면이 산화물로 덮여 버리면 소재의 표면 상태를 볼 수 없다. 금속과 같은 산화되기 쉬운 재료는 표면 에칭 처리와 같은 전처리를 필요로 할 수 있다.

9.4.2 시료의 유지 방법

관찰하는 면이 광축에 비해 경사져 있으면, 상은 한쪽이 흐려져 시야 전체의 초점이 맞지 않으므로 관찰면은 수평으로 유지해야 한다. 시료는 그대로 스테이지에 올리는 경우와 플레이트(대)에 올린 후 스테이지에 올리는 경우가 있다. 플레이트에 올리는 경우는 관찰면이 기울지 않도록 플레이트 위에 점토 등 가소성의 소재를 놓고 그 위에 시료를 올려 표면이 수평이 되도록 세팅하면 좋다.

9.4.3 스테이지 높이 조정

정립형 현미경의 스테이지 표준 높이는 얇은 시료에 대해 핀트를 맞추기 쉽도록 초기 설정하였다. 시료에 두께가 있으면 핀트를 맞출 수 없으므로 스테이지 홀더의 고정 나사를 부속 렌치로 풀고 시료의 두께만큼 스테이지 위치를 낮춰 다시 고정한다. 다만 시료의 두께가 조정 범위를 넘을 경우에는 도립 현미경이 필요하다.

9.4.4 관찰 전 기본 조정

시료를 세트 후에 명시야 관찰에서 이하의 ①~⑧에 나타내는 조정을 반드시 실시한다.

① 낙사투광관의 관찰법 전환 터렛의 확인

광로 전환은 BF(명시야), DF(암시야)의 두 포지션이 기본이며 유닛에 따라서는 DIC/POL(미분간섭, 편광)이나 형광필터 타겟의 전환이 가능하다. 기본 조정은 명시야 관찰로 하므로 [BF] 포지션으로 한다.

② 핀트 조정과 시야 조정

눈은 아이포인트에 두는 것을 의식한다. 우선 10× 대물렌즈로 초점을 맞춘다. 시료면에 요철이 있으면 맞추기 쉽고, 평활할 때는 맞추기 어려운 올바르게 초점이 맞으면 시야를 좁히면 조리개의 상이 선명하게 보인다. 핀트가 맞추기 어렵다. 경우는 시야 조리개를 조금 좁혀 핀트 맞추기 조작을 실시하면, 시료면에 핀트가 맞았을 때에 시야 조리개상이 명확하게 보인다. 이와 같이 시야 조리개를 핀트 맞추기에 이용할 수 있다. 시야 조리개가 중심에 있지 않을 때는 시야 조절 장치를 사용하여 시야의 중심에 맞추는 심출 조절을 한다.

초점을 맞춘 후, 시야 조리개는 시야보다 약간 넓게(시야 내에 시야 조리개가 보이지 않을 정도로) 조정한다. 적정한 시야 조리개 지름으로 조정하면 노이즈 빛을 저감시킬 수 있다.

③ 개구 조리개 조정

9 접안렌즈 중 어느 한쪽을 뽑아 슬리브를 들여다보면, 대물렌즈의 눈동자가 보이고, 개구 조리개는 이 눈동자 상에 보인다. 만약 개구 조리개상이 눈동자의 중심에 없을 때는 개구 조리개 심출기구로 조정을 실시한다.

개구 조리개의 크기는 눈동자의 직경에 대하여 70~80% 정도가 적정하다. 눈동자의 직경은 대물렌즈에 따라 다르므로 대물렌즈를 전환할 때마다 조정한다. 보다 좁히면 콘트라스트가 강해지므로 관찰 시에는 보기 쉬운 콘트라스트가 되도록 재조정하는 것이 좋다.

④ 시도 조정

10× 대물로 핀트를 맞출 수 있으면, 스테이지를 내리지 않은 채 50×(또는 40×)대물로 변환하고, 미동 핸들로 핀트를 맞춘다. 그 후, 다시 10×대물렌즈로 되돌리고, 초준 핸들에는 일체의 손을 대지 않고, 접안렌즈 부분의 시도 조정환으로 좌우 시야의 핀트를 맞춘다.

대물렌즈를 10× ⇒ 50×(40×) ⇒ 10×로 전환하는 이유는 고배율의 대물렌즈는 시료측의 초점심도가 얕기 때문에 시료와 대물렌즈와의 거리를 적정하게 맞출 수 있다는 것, 그리고 저배율의 대물렌즈는 상측의 초점심도가 얕기 때문에 시도조정에 적합하기 때문이다.

이 조정은 대물렌즈의 배율 변환에 대해 동초점으로 조정할 수 있으며 관찰자의 좌우 양안 시도의 차이를 조정할 수 있다. 촬영할 경우, 이 시점에서 카메라측 모니터 화상의 초점을 확인하고 카메라 어댑터측 초점 조정 기구에서 관찰상과 모니터 상을 동초점으로 조정한다.

⑤ 안폭 조정

경통 쌍안부를 양손으로 잡고 자신의 좌우 눈과 좌우 접안렌즈의 중심을 맞추는 조정으로, 두 눈으로 보고 시야가 하나가 되도록(양안시가 되도록) 조정한다. 자연체일 때 사람은 약 1 m 전방을 보고 있다고 알려져 있으며, 두 눈의 광축은 내측을 향하는(혼잡 안구 운동을 한다) 반면 양 접안렌즈의 광축은 평행하다. 먼 곳을 보도록 의식하면 두 눈의 광축이 평행이 되어 맞추기 쉬워진다.

⑥ 조명의 색을 조정한다.

낙사 조명 광원이 할로겐램프의 경우, 밝기 조정(램프 전압 조정)으로 조명의 색(색 온도)이 변하고 만다. 조명의 색은 흰색(색 온도 5500K)에 세트하는 것이 바람직하며, 소정의 램프 전압에 색 온도 변환 필터를 넣어 설정하다 LED램프의 경우에는 색 온도 변환 필터는 불필요하다.

⑦ 관찰하는 곳을 정한다.

실제 시야가 넓은 5× 또는 10×대물렌즈로 보고 싶은 대상을 찾아 그것이 시야의 중심이 되는 스테이지를 조정한다.

⑧ 관찰하는 배율로 변환힌다.

대물렌즈를 고배율로 변환하는 경우는 스테이지의 조미동 핸들을 건드리지 말고 레볼바를 바꾸고, 변환 후에 미동 핸들만으로 초점을 맞춘다.

9.4.5 배율 교정

대물렌즈의 실제 배율은 표시 배율에 대해서 최대 몇 %정도의 오차가 있다. 카메라 모니터의 눈금 표시는 대개 카메라의 화소 사이즈에 근거한 내부 설정 값으로 표시하므로 촬영률의 오차에 대한 보정이 포함되지 않는다. 보다 정확한 스케일을 표시하려면 그림 9.9에 나타낸 대물 마이크로미터를 촬영하여 스케일 길이를 교정한다.

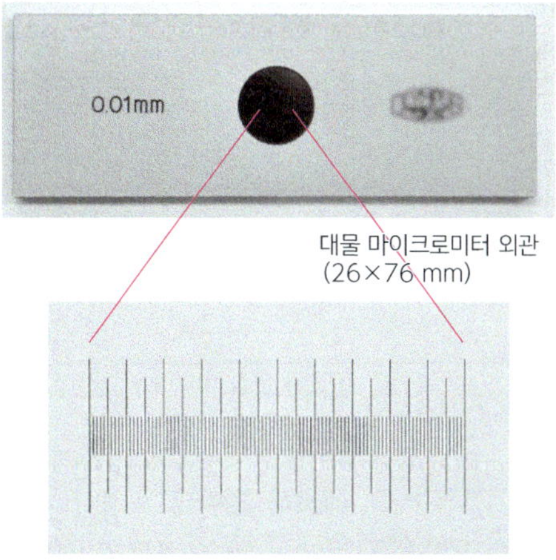

그림 9.9 대물 마이크로미터

9.5 각종 관찰법의 사용법과 특징

관찰법은 시료의 무엇을 보고 싶은지에 따라 거의 결정된다. 무엇이 보일지 모르는 경우, 명시야 관찰부터 시험해 보고 암시야, 미분 간섭 등 다른 관찰법으로 보이는 방법을 비교할 필요가 있다. 어떤 관찰법이 보기 쉬운지, 보이지 않는지의 차이로 시료의 무엇이 보이는지를 알 수 있다.

9.5.1 명시야 관찰(bright field: BF)

투광관의 조명광로는 「BF」 포지션이다. 관찰하는 대물렌즈로 변환하고 개구 조리개를 조정하여 보기 쉬운 콘트라스트로 만든다. 좁힐수록 콘트라스트가 좋아지지만 분해능이 나빠지기 때문에 양쪽의 균형을 잘 보이게 한다.

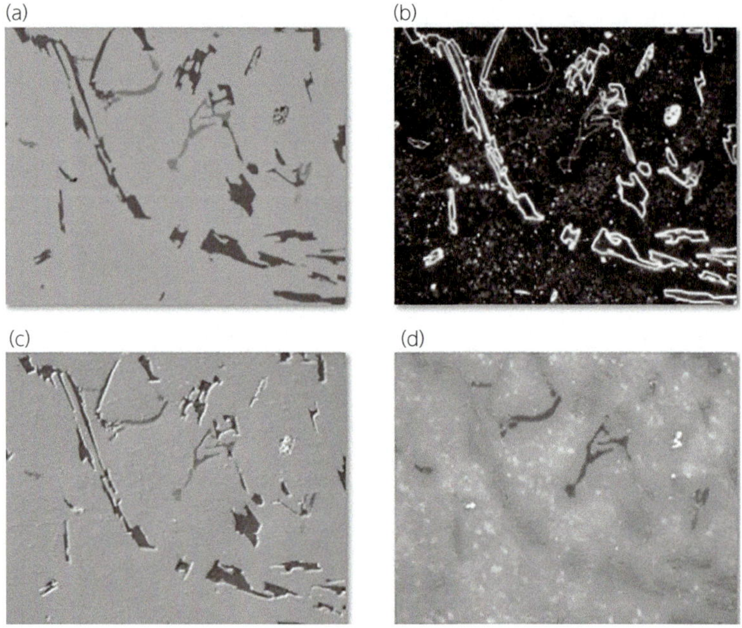

그림 9.10 관찰법에 따른 콘트라스트의 차이
웨이퍼 표면의 흠집이나 오염 관찰상, (a) 명시야, (b) 암시야, (c) 미분 간섭, (d) 편광

9

그림 9.10은 웨이퍼 표면의 흠집이나 얼룩 상의 콘트라스트가 관찰법의 차이에 따라 다른 모습을 나타내고 있다. 표면의 반사율의 차이가 명암이나 색의 대비가 되어 관찰할 수 있다(그림 9.10(a) 명시야). 투명하고 평활한 박막의 경우는 반사에 의한 간섭색이 보일 수 있다. 잘 보이지 않는 미세한 요철이나 평활한 면은 암시야, 미분 간섭 등으로 전환하여 관찰한다.

9.5.2 암시야 관찰(dark field:DF)

명암시야용 대물렌즈 사용한다. 투광관의 조명광로를 「DF」 포지션으로 한다. 또한 기본조정으로 실시한 각 조리개의 설정은 해제하고 개구조리개, 시야조리개 모두 전개한다. 암시야상에서는 시료표면의 미세한 요철에 조명광이 산란하여 그 산란광의 강약하고 요철의 대소를 추정할 수 있다. 밝을수록 크게(또는 굵게) 보인다. 평활한 표면상의 미세한 요철을 감도 좋게 검출하기 쉽다(그림 9.10(b) 암시야).

9.5.3 미분 간섭 관찰(differential interference contrast DIC)

조명광로는 「BF」 포지션이다. 관찰 전에 올바른 직교 니콜로 조정한다. 직교 니콜 조정이란 경면상의 시료에 초점을 맞추어 폴라라이저, 분석기의 두 편광판의 진동방향을 직교방위로 하는 것이다. 개구 조리개를 전개하고 폴라라이저, 분석기를 광로에 넣어 접안

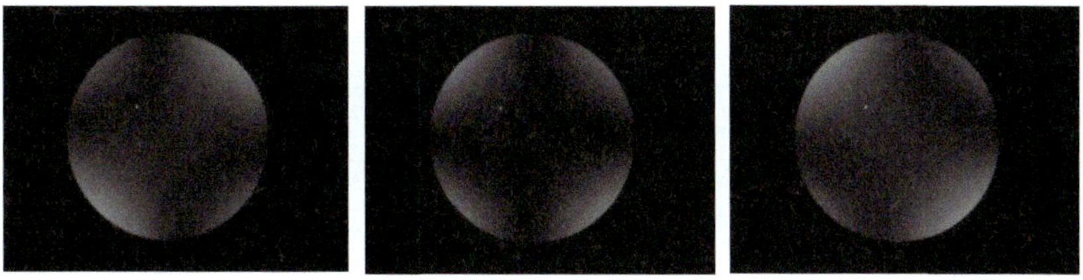

그림 9.11 직교 니콜 조정과 아이소자이아 형태

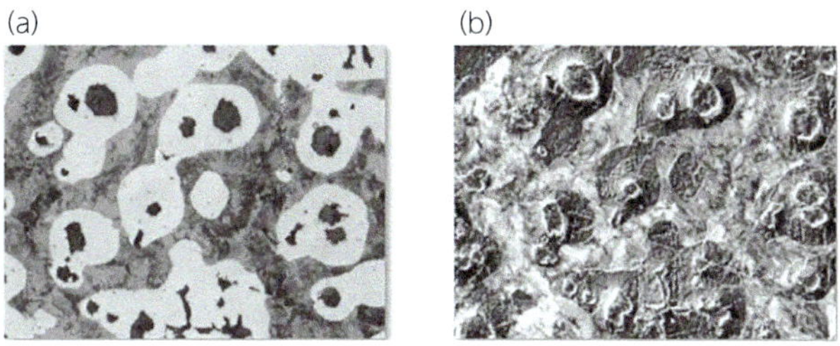

그림 9.12 명시야와 미분 간섭 관찰의 비교

구상 흑연 주철, (a) 명시야, (b) 미분 간섭. 명시야에서는 보이지 않는 미세한 단차가 미분 간섭에서는 보인다.

렌즈를 빼고 대물렌즈 동상 그림 9.11에 나타내는 것과 같은 아이소자이아(검은 편광 간섭상)가 적정한 형태가 되도록 분석기를 회전 조정한다.

그 후에 DIC(미분 간섭) 슬라이더를 넣는다. 슬라이더의 조정 나사로 콘트라스트를 조정할 수 있고, 가장 입체감 있는 콘트라스트로 한다(그림 9.10(c) 미분 간섭). 그림 9.12(b) 미분 간섭에서 보듯이 명시야에서는 보이지 않는 미세한 요철을 알 수 있다. 표면의 너울거림 유무는 저배 대물렌즈를 사용하면 보기 쉽다. 주의해야 할 것은 입체감은 어디까지나 콘트라스트이지 실제 요철이 아니다. 시료의 요철은 요철을 알고 있는 다른 부분의 콘트라스트와 비교해서 같은 대조인지 아닌지로 판정한다.

DIC 슬라이더에는 「표준」, 「고콘트라스트」, 「고해상」의 세 종류가 있다. 보통 「표준」 혹은 「고해상」 타입의 슬라이더를 사용하는 것이 좋다. 「고콘트라스트」 타입으로 관찰하면 미세한 형태가 이중상으로 보일 수 있으므로 주의한다.

9.5.4 형광관찰(fluorescence:FL)

형광관찰은 물질이 빛의 에너지를 흡수하여 형광을 발하는 현상을 이용하는 관찰법으로, 시료에 비추는 빛을 여기광이라고 부른다. 여기광의 파장대의 차이로 크게 U(ultra violet) 여기, B(blue) 여기, G(green) 여기의 3종류의 여기법이 있다. 여기법마다 형광필터가 다르며, 그 전환은 투광관의 관찰법 전환 터렛으로 행한다. 또한 광원의 수은램프는 적정하게 중심 조정하여 둔다.

고체 표면의 관찰은 이물질 관찰인 경우가 많고 U 여기법으로 관찰하는 경우가 많다.

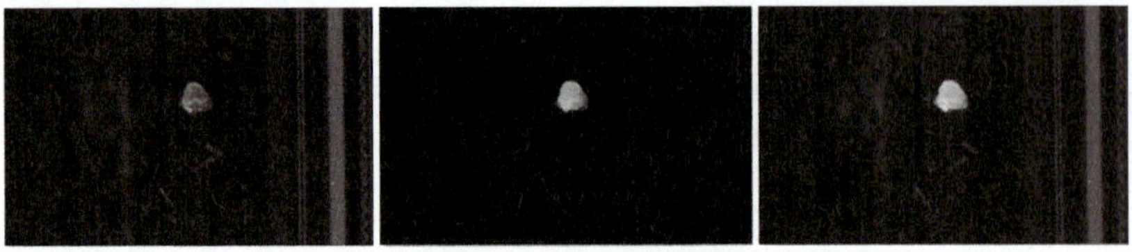

그림 9.13 형광, 암시야와 그 동시관찰의 비교
웨이퍼 상의 포토레지스트 잔여물. (a) 암시야, (b) 형광, (c) 암시야+형광. 암시야에서는 이물질이 있는 부위를 알 수 있지만 형광은 보이지 않는다. 형광으로는 자가 형광만 보이고 부위가 보이지 않는다. 동시 관찰로 양쪽이 보인다. 커버 소매에 풀 컬러도를 게재.

자외선 여기에서는 유기물의 대부분은 자가 형광을 발생하기 쉬우므로 그림 9.13(b) 형광에 나타내는 것과 같은 자가 형광을 검출할 수 있다. 형광 관찰은 암시야이므로 보이는 것은 형광만이 된다. 그래서 그림 9.13에 나타낸 바와 같이, 암시야 관찰과 동시 관찰로 하여 시야 전체의 형태도 함께 관찰하는 방법이 있다. 또 상처나 균열 부위만 형광으로 관찰하는 방법(형광탐상법)으로는 형광펜으로 잉크를 바른 후 바로 닦아내는 간편한 방법으로도 관찰할 수 있다.

9.5.5 편광관찰(polarized light: POL)

조명 광로는 「BF」 포지션이다. 미분 간섭 관찰과 마찬가지로 관찰 전에 올바른 직교 null로 조정한다. 이때 폴라라이저의 진동 방향은 시야에 대해서는 수평 방향이다.

시료표면이 자기광학효과를 가지면 직선편광이 반사되어 원편광이나 타원편광으로 바뀌고, 그 리타데이션은 편광간섭 대비로 관찰된다. 리타데이션은 그림 9.14와 같이 직

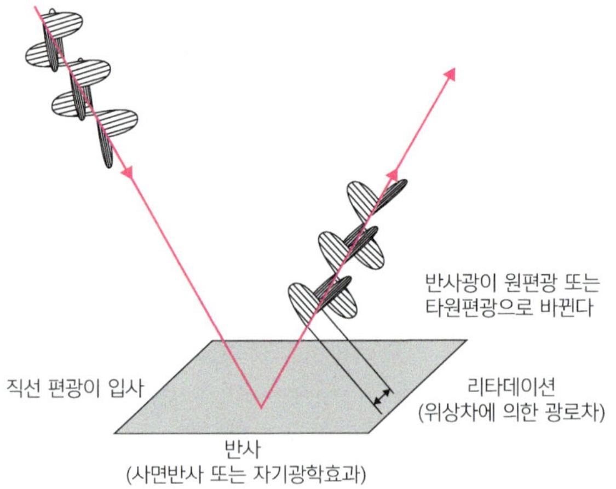

그림 9.14 리타데이션

교하는 두 전기 벡터의 위상 어긋남량으로 원편광이나 타원편광에 포함된다. 리타데이션이 있는 부위는 무대를 돌리면 45°마다 희비가 엇갈린다.

자기광학 효과가 없는 시료표면에서도 미세한 사면(또는 홈)의 반사광이 타원편광이 되는 경우가 있으므로 암시야 또는 미분간섭 관찰로 표면의 요철을 평가해 두는 것이 참고가 된다. 다채로운 예민한 간섭색으로 관찰할 경우에는 예민한 색판이 있는 폴라라이저를 사용하거나 폴라라이자와 하프미러 사이에 예민한 색판을 넣는다.

또, 그림 9.10(d) 편광상과 같이, 명시야 관찰에서 콘트라스트가 약한 시료에 대해서, 분석기를 돌려 콘트라스트를 강조하는 사용법도 있다.

9.5.6 투과 명시야 관찰

스테이지 하측의 콘덴서에서 투과 조명광을 비추어서 관찰하는 방법. 콘덴서에 있는 개구 조리개로 상의 콘트라스트를 조정한다. 불투명한 부분을 그림자나 엣지상으로 관찰할 수 있다.

9.5.7 동시관찰

그림 9.15에 명시야, 암시야와 그 동시 관찰의 예를 나타낸다. 그 밖에 「형광+암시야」, 「투과+명시야」 등도 가능하며 밝기를 균형 있게 조절함으로써 각각의 장점을 살린 복합적인 상을 관찰할 수 있다.

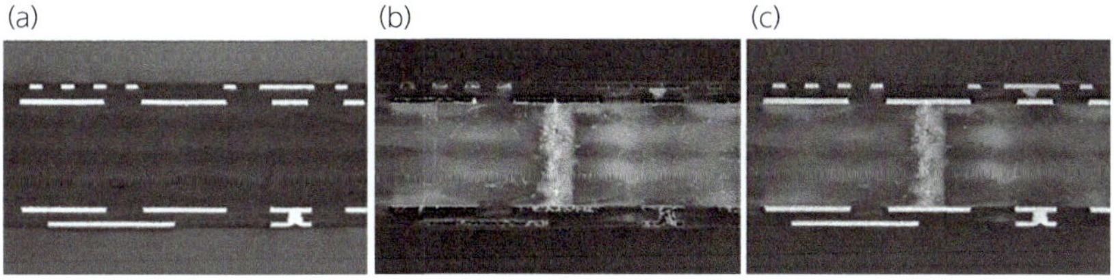

그림 9.15 명시야, 암시야와 그 동시 관찰
프린트회로기판 단면 (a) 명시야, (b) 암시야, (c) 명시야+암시야. 명시야에서는 전극부만이 보인다. 암시야에서는 기판 재질의 층과 스루홀이 보인다. 동시 관찰로 양쪽이 보인다.

9.5.8 화상처리 소프트웨어 활용

촬영한 화상에 대해 각종 화상처리 소프트웨어를 활용할 수 있다. 계수나 계측 외에 이치화, 콘트라스트 강조, 노이즈 제거, 화상의 자동 중첩 등 다양하고 목적에 맞는 화상처리 소프트웨어와 적절한 화질로 촬영할 수 있는 카메라를 조합하면 좋다.

그림 9.16의 예는 초점 깊이보다 더 큰 요철이 있는 시료로 핀트 위치를 바꾸어 복수의 상을 촬영하고, 전 시야에서 핀트가 맞는 화상(그림 9.13(d) 전초점 화상)으로 합성하고 있다.

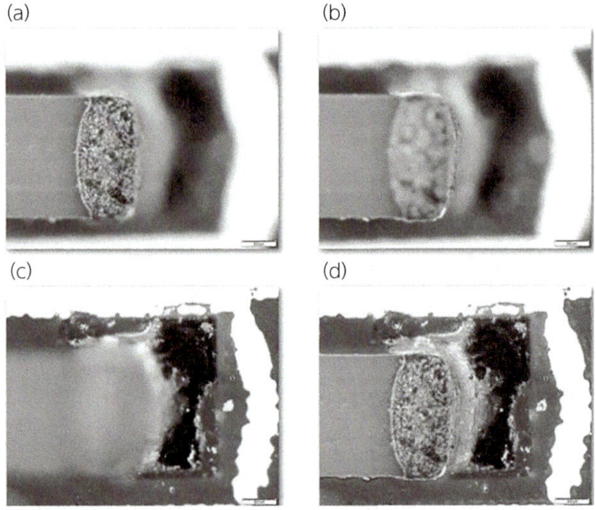

그림 9.16 전초점 화상의 예

인쇄회로기판 상의 요철 (a) 맨 위의 초점상, (b) 중단부의 초점상, (c) 최하단 초점상, (d) 전초점 화상

9.6 무엇이 보이나

금속 현미경으로 보이는 것은 시료면에서 반사된 빛의 간섭색, 회절광, 산란광, 형광에 의한 상이 중첩된 것이다. 이들과 관찰법의 대응을 정리하면 표 9.3이 된다. 보이는 대비가 무엇 때문인지 알기 어려울 때는 미리 보이는 방법을 알고 있는 다른 시료의 이미지와 비교하여 알 수 있다.

① 개구수에 따른 분해능으로 관찰하고 있는 부분의 모양이 보인다.

분해능 이상의 크기의 형태가 크기를 구별할 수 있는 상으로 보인다.

② 시료 표면의 반사율 차이가 보인다.

이미지의 명암이나 색상은 시료의 반사율 차이를 나타낼 수 있다. 조명의 강도를 높여도 상이 암흑일 경우 그 부위는 빛을 흡수한다고 할 수 있다.

③ 시료 표면에서 발생하는 빛의 간섭이 보인다.

기판 위의 박막이나 얇은 층상의 액체에서는 표면 반사와 이면 반사의 빛이 간섭하여 상에 간섭색이나 간섭 줄무늬가 생긴다.

④ 시료 표면의 요철과 너울러짐이 보인다.

명시야 관찰에서 보이지 않는 표면의 미세한 요철이나 너울거림은 미분 간섭 관찰에서 볼 수 있다. 미분 간섭상은 편광 2광속 시어링광을 조사하여 시료면의 요철이나 너울거림의 경사 부분에서 반사할 때 생기는 편광 간섭상이다. 리타데이션에서 십수 nm를 넘

표 9.3 보이는 것과 관찰법

보이는 것	관찰법	검출능	특 징
표면 반사율 차이로 인한 빛의 강약	명시야	분해능(개구수)에 의존한다.	반사율의 차이는 이미지의 명암과 색상의 대조를 이룬다.
얇은 투명체 반사에 의한 간섭 줄무늬	명시야	십 수 nm의 두께	두께가 파장 정도일 때 간섭 줄무늬가 보이고 간섭 줄무늬가 보이지 않으면 두껍거나 매우 얇거나 둘 중 하나가 된다.
미세한 요철과 너울거림으로 인한 빛의 위상차	미분 간섭	십 수 nm의 단차	요철에 대해 고감도 입체감 있는 대비책이 된다. 겉보기의 요철과 실제 요철은 일치하지 않을 수 있다.
미세한 요철에 의한 산란광 회절광	암시야	수 nm의 단차	고감도(분해능 이하의 크기 검출 가능) 큰 단차가 밝고 작은 단차는 어둡게 보이며 큰 단차 근치에 있는 작은 단차는 보이지 않을 수 있다.
비스듬한 반사, 자기 광학 효과에 의한 타원 편광의 리타데이션	편광	십 수 nm의 리텐데이션	선광이나 타원 편광 이외에는 보이지 않기 때문에 명시야 관측과 다른 대비가 된다
이물질 등의 자가 형광	형광	수 십 nm의 미립자 등	고감도(분해능 이하의 크기 검출 가능) 어두운 시야 속에서 시료의 형광이 빛난다.

9

는 위상차가 생기는 요철이나 경사가 있으면 콘트라스트를 관찰할 수 있다.

⑤ 시료의 미세한 단차나 흠집이 보인다.

미분 간섭 관찰로도 보이지 않는 미세한 흠집이나 단차는 암시야 관찰에서 볼 수 있다. 개구수보다 더 큰 각도로 조명빛을 비추기 때문에 검출력이 높고 수 nm의 흠집이나 단차를 발견할 수 있다.

⑥ 반사에 의한 리타데이션이 보인다.

편광 관찰에서는 십 수 nm 정도의 리타데이션이 명암이나 색으로 보인다. 또한 시료면에 복굴절성이 없더라도 빛은 대각선 입사에 의해 반사광이 약간 타원 편광이 되기 때문에 명시야 관찰로는 잘 보이지 않는 미세 구조를 보기 쉽게 관찰하는 데에도 응용될 수 있다.

⑦ 시료의 자가 형광이 보인다.

많은 물질은 자외선 파장을 흡수하여 자가 형광을 발한다. 물질에 따라 형광 파장은 다르지만 여기광의 조사로 형광을 발하면 볼 수 있다. 암시야상이기 때문에 암시야 관찰만큼이나 검출력이 높다. 검출하고 싶은 것만 형광표지판(형광염색)하고 여기법을 선택함으로써 그 형광상만(자가형광에 대하여 특이형광이라 부른다)을 볼 수도 있다.

9.7 끝에

「잘 보이지 않는다」「관찰할 수 없다」는 것은 동상의 대비가 너무 약하기 때문이다.

시료의 전처리도 포함한 관찰법의 재검토나 연구로 개선되지 않을 때는, 「광학 현미경에서는 보이지 않는다」라고 생각하기 쉽지만, 렌즈나 필터 등의 광학계에 먼지가 있으면 불필요한 산란광을 일으켜, 콘트라스트를 나쁘게 할 수 있다. 렌즈가 더러워져서는 좋은 상을 얻을 수 없다.

먼지와 산, 습도가 적은 환경에 설치하는 것은 물론 실험실 유지 관리 프로그램에 정기적인 청소가 포함되어 있는 것이 바람직하다. 렌즈를 청소하려면 무수 알코올과 같은 유기 세척액, 렌즈 페이퍼, 면봉 등을 사용한다. 분석자가 직접 할 수 있도록 연습해 두는 것도 중요하다.

【참고 문헌】

1) 稲澤讓治他監, 『顕微鏡フル活用術イラストレイテッド』, 秀潤社(2000).
2) 朝倉健太郎他編, 『材料解析·顕微鏡研究者のためのマクロ観察と新型顕微鏡技報Q&A』, アグネ承風社(2010).
3) 辻内順平他著, 『最新光学技術ハンドブック　普及版』, 朝倉書店(2012).
4) 小瀬輝次他編, 『光工学ハンドブック』, 朝倉書店(1986).
5) 早水良定, 『光機器の光学Ⅰ, Ⅱ』, 日本オプトメカトロニクス協会(1989).
6) B. Dougla et al, "Fundamentals of Light Microscopy and Electronic Imaging Second Edition," WILEY-Blackwell (2013).

9

【참고 웹 사이트 현미경 각사의 웹 사이트」(2021년 1월 현재)】

· オリンパス㈱
https://www.olympus-ims.com/ja/microscope-solutions/
https://www.olympus-lifescience.com/ja/support/learn/
https://www.olympus-lifescience.com/ja/microscope-resource/
· ㈱ニコンソリューションズ
https://www.nsl.nikon.com/jpn/learn-know
https://www.microscopyu.com/
· カールツアイス㈱
http://zeiss-campus.magnet.fsu.edu/
· ライカマイクロシステムズ㈱
https://www.leica-microsystems.com/science-lab/science-lab-home/

10 전자현미경(TEM, SEM, EPMA)

10.1 처음에

전자현미경(electron microscope)은 크게 두 가지로 분류된다. 하나는 투과형 전자현미경(transmission electron microscope: TEM), 다른 하나는 주사형 전자현미경(scanning electron microscope: SEM)이다. TEM은 구면수차 보정 TEM(Cs-corrected TEM)의 출현에 의해 저가속 고분해능이 실현되어 수소원자의 관찰이나 1원자로부터의 원소분석이 가능해셨다. SEM은 고진공 SEM에서 저진공 SEM까지 폭넓은 용도의 것이 있다. 최근에는 대기압 SEM의 개발로 대기압 그대로 습한 시료와 용액 속의 시료도 관찰할 수 있게 되었다.

본장에서는 범용 타입의 TEM, SEM 및 전자선 마이크로 분석기(electron probe (X-ray) micro analyzer: EPMA)를 중심으로 장치원리부터 상관찰, 전자회절도형의 해석, 원소분석기법 등 데이터를 제시하면서 알기 쉽게 해설한다.

10.2 투과형 전자 현미경

10.2.1 투과형 전자 현미경으로 무엇을 알 수 있는가?

TEM에서 알 수 있는 것, 관찰할 수 있는 일을 이하에 나타낸다.

① 낮은 배율에서는 조직, 입자 형상, 입자 크기, 응집 정도가 관찰할 수 있다.

② 높은 배율에서는 원자 배열, 결정 배향, 격자 결함, 적층 결함, 국소 결정 구조 등을 전자회절도형과 결합하여 판단할 수 있다.

③전자회절도형에 의해 비정질이냐 결정질이냐의 판단, 미소의 회절반사와 고분해능상의 조합에 의한 장주기 구조를 판단할 수 있다. 스트릭스에 의한 적층 결함, 다른 회절법과 조합하여 결정계, 공간군을 판단할 수 있다.

④ 에너지 분산형 X선 분광(energy-dispersive X-ray spectroscopy: EDS) 검출기를 장착한 것은 원자 레벨에서의 원소 분석이나 원소 분포(맵) 정보를 얻을 수 있다.

⑤ 전자 에너지 손실 분광(electron energy-loss spectroscopy: EELS) 검출기를 통해 경원소의 분석이나 원소의 화학 결합 상태를 알 수 있다.

10.2.2 투과형 전자 현미경의 원리

진공 중에서 전자선을 시료에 조사하면, 그림 10.1과 같이 각종 정보를 얻을 수 있다. TEM에서는 그 중의 투과전자와 탄성 산란전자를 주로 이용한다.

탄성 산란전자는 입사 전자가 시료 중의 원자와의 상호작용에 의한 산란으로 진행 방향을 바꾸어 통과한 것이다. 한편, 비탄성 산란전자는 입사 전자가 시료 중의 원자의 전자와 상호작용하여 에너지를 조금 손실하고 통과한 것이다. TEM은 전자총으로 전자를 발생시켜 가속전극으로 가속하며 전자선을 전자렌즈에 의해 수속되거나 확대 관찰되는 장치이다. 전자총에는 텅스텐, LaB_6 단결정, 숏키, 냉음극 전계 방출 등이 있으며 휘도, 광원 크기, 에너지 폭, 에미션 안정성 등이 다르다. 전자총의 타입은 SEM의 항에서 자세히 설명한다. 그림 10.2에 광선도와 투과형 전자 현미경 장치를 나타낸다. TEM의 분해능을 식으로 나타내면 다음 식이 된다.

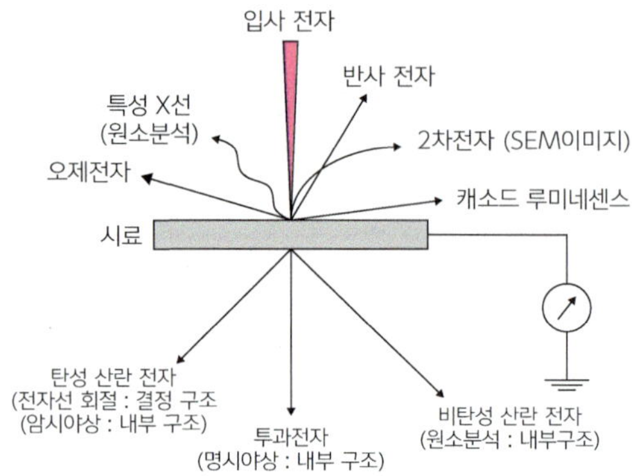

그림 10.1 전자선과 시료의 상호작용

$$ds = 0.65\ Cs^{1/4}\lambda^{3/4}$$ (ds: 점분해능, Cs: 구면수차 계수 , λ: 파장) (10.1)

이 식을 통해 분해능을 좋게 하기 위해서는 파장(1) 혹은 렌즈의 구면수차(Cs)를 줄일 필요가 있음을 알 수 있다. 구면수차가 존재한다는 것은 그림 10.2의 광선도에 점선으로 쓰여져 있듯이 렌즈의 중심을 지나는 전자선보다 렌즈의 바깥쪽을 지나는 전자선의 초점거리가 짧아진다는 것을 의미한다. 이전에는 가속전압을 올린 1000 kV 이상의 초고압 전자현미경으로 분해능을 향상시켰다. 최근에는 구면수차(Cs)를 보정하는 투과형 전자현미경이 개발됨에 따라 수소원자까지도 관찰할 수 있는 시대가 되었다. Cs-보정 TEM은 일반 TEM에 비해 자기장이나 전류변동 등의 영향을 크게 받기 때문에 설치하는 방 환경을 정비하지 않으면 본래의 분해능을 얻기 어렵다.

10.2.3 관찰용 시료 제작법

TEM 관찰에서는 박편 시료 제작이 가장 중요한 작업이며, 이에 따라 TEM 데이터의

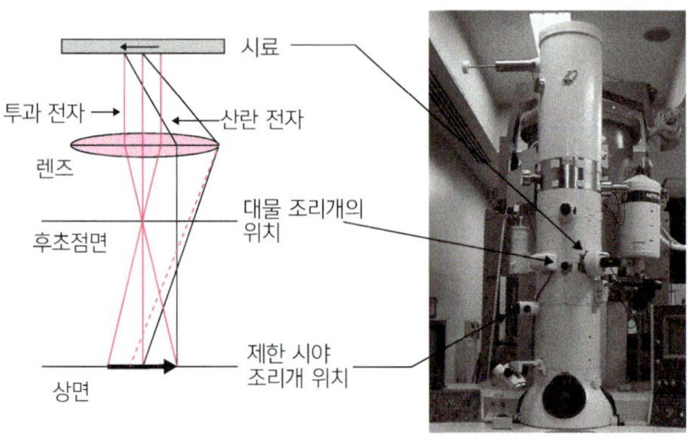

그림 10.2 광선도와 투과형 전자현미경 장치

좋고 나쁨이 결정된다. 시료 제작 방법은 다양하고 노하우도 많다[1,2]. 여기서는 분체 시료, 무기 재료 시료, 금속 시료, 생물 시료의 대표적인 방법만 기재한다. (1) 이외는 숙련이 필요한 작업이다.

(1) 분체 시료

분체 시료의 가장 간단한 관찰법으로, 분체를 그대로 마이크로그리드 부착 메쉬(직경 3 mm)에 올리는 방법이 있다. 메쉬는 구리제인 것이 많아 메쉬 크기, 형상, Mo제 등을 용도에 따라 구분해 사용한다. 분말을 용매(에탄올 등)에 분산시켜 1방울 메쉬에 떨어뜨리거나, 수면에 부유하고 있는 가루를 메쉬로 건져서 잘 건조시킨 후 관찰한다.

(2) 무기 재료

무기 재료는 집속이온빔(FIB) 장치, 이온밀링 장치 등을 사용하고 시료를 관찰 위치에 맞게 박편화한다. FIB를 사용하면 가장 짧은 시간에 박편 시료를 얻을 수 있지만, 데미지층을 제거하는 작업이 중요해진다. 이온밀링 장치는 전 작업으로 직경 3 mm로 커팅, 딤플러 가공공정이 있고 마지막으로 작은 구멍을 뚫어 그 주변을 관찰한다.

(3) 금속 시료

금속 시료 관찰의 대표적인 것으로 전해 연마법이 있다. 시료를 양극으로 전해하여 전해액 속에 금속을 용해시켜 박편화하는 방법으로 용해시키는 액이 금속에 따라 다르기 때문에 적합한 용액을 이용하는 것이 중요하다.

(4) 생물 시료

생물 시료는 수지 포매법과 초박절편법(마이크로톰)의 조합이 자주 사용된다. 마이크로톰은 유리 나이프 또는 다이아몬드 나이프를 사용하여 포매 시료를 전자선의 투과 가능 두께(50~100 nm) 이하의 얇은 조각으로 잘라 메쉬로 시료를 건져낸다.

10.2.4 클라이오 전자 현미경법

2017년 노벨화학상 수상 대상이 된 클라이오 전자 현미경에 대해서도 조금 언급한다. 일반 전자현미경으로는 진공 속에서 관찰하기 때문에 수분을 머금은 것은 증발해 버리기 때문에 관찰할 수 없다. 이에 반해, 클라이오 전자 현미경법은 물에 녹아 있는 분자를 관찰하는 기법이다. 얼어붙은 관찰 시료를 식히면서 전자 현미경으로 관찰하므로 생물 단백질의 구조 해석을 가능하게 했다. 노벨상 수상자들은 많은 현미경상으로부터 입체 구조(3D상)를 구축함으로써 해석의 정확도를 향상시켰다.

10.2.5 얼라인먼트

TEM의 성능을 최대한 끌어내기 위해서는 각종 렌즈의 전자광학계를 관찰 시에 조정할 필요가 있으며, 여기서는 필라멘트 축, 조사계 렌즈, 결상계 렌즈의 세 가지 축 조정에 대해 주로 기재한다.

10

그림 10.3 지지막의 TEM상에서의 비점수차 조정전후를 비교
(a) 비점수차 있음, (b) 비점수차 보정 후

(1) 필라멘트 축 조정

이것은 매일 조정할 필요가 없으며, 계시 열화에 따라 필라멘트에서 발생하는 전자선을 효율적으로 얻기 위해 적시어 조정하면 된다.

(2) 조사계 렌즈

10

상질을 향상시키기 위해 집속 가동 조리개를 삽입하고 전자선이 동심원 모양으로 퍼지도록 위치 설정을 한다.

(3) 결상계 렌즈

대물렌즈와 결상계 렌즈의 전자광학 중심축을 맞춤으로써, 포커스 변경 시의 상의 이탈을 없애고, 상질을 향상시킬 수 있다. 고배율 촬영 시에는 대물렌즈의 비점수차의 보정이 중요하다.

마이크로그리드 메쉬의 지지막 상 또는 시료의 비정질 영역에서 TEM상(또는 장치에 의해 푸리에 변환 이미지)을 확인하여 비점수차를 보정한다. 그림 10.3에 비점수차 보정 전후의 사진을 나타낸다. 비점수차 보정 없이 고배율 사진 촬영을 하면 본래의 분해능이 나오지 않는다.

10.2.6 상 · 조직 관찰

TEM 상을 관찰하기 위한 대비는 크게 산란, 회절, 위상 콘트라스트가 있다.

(1) 산란 콘트라스트

산란 콘트라스트는 전자선의 일부가 산란하는 것으로 원자의 종류에 따라 산란량이 다르다. 무거운 원자일수록 산란되기 쉬우므로 대조되지 않은 생물 시료를 중금속으로 염색하는 것은 이것 때문이다.

(2) 회절 콘트라스트

결정성 시료에 조사한 전자선이 특정 방위로 브래그 반사한 것이 회절 반사이다. 이 회절 반사에 대물 조리개를 넣어 결상시키면 회절 대비가 암시야상을 얻을 수 있다.

(3) 위상 콘트라스트

평행한 전자선으로 얇은 시료를 조사하여 투과 전자선과 산란 전자선이 모두 통과하도록 대물 조리개를 이용하면 상에 콘트라스트가 생긴다. 투과파와 산란파의 위상이 약간 달라서 생긴 콘트라스트를 위상 콘트라스트라고 부르며 고분해능 상을 관찰할 수 있다.

렌즈에는 구면 수차가 있기 때문에(그림 10.2), 정규 초점보다 길게 하여 아래쪽에 상을 형성하도록(언더포커스) 사진을 촬영한다. 그러면 상에 콘트라스트가 붙어 원자 배열이 정확하게 반영된다. 언더포커스로 한다는 것은 대물렌즈의 렌즈 전류값을 작게 하여 렌즈를 약하게 작용시키고(구면 수차의 효과를 약하게 한다), 원자로부터의 산란파의 위상을 어긋나게 하는 것에 대응한다. 이 때, 관찰 시료가 충분히 얇으면, 원자 번호가 큰 원자열은 보다 진한 흑의 콘트라스트를 나타낸다. 가속 전압에 따른 최적의 포커스 값(Δf: 어긋남량)은 식 (10.2)에서 계산할 수 있다. 이 최적값은 셸처 포커스라고 불리며, 이 값으로 촬영하면 깨끗한 구조상을 얻을 수 있다.

$$\Delta f = 1.2\,(Cs\lambda)^{1/2} \tag{10.2}$$

그림 10.4는 언더포커스와 오버포커스 사진을 보여준다. 이 사진은 알기 쉽게 하기 위해서 포커스를 약간 크게 어긋나게 촬영하고 있다. 프린지의 차이로 판단할 수 있으며, 일반적으로 언더포커스로 촬영한다. 언더포커스에서는 상과의 사이에 흰 선이 나온다. 오버포커스일 경우에는 상과의 사이에 검은 선이 나온다.

계면 관찰 시에 필요한 기술로서, 전자빔에 대해 수직으로 계면을 세우는 엣지온 관찰이 있다. 그 중에서도 자형을 가지지 않는 입자나 둥근 형상의 입자끼리 형성되는 계면 관찰에 있어서는, 초보자에게는 조금 어려운 기술이지만, 정확하게 계면층을 관찰하기 위해서는 필요한 기술이다. 그림 10.5에 AIN 세라믹스의 3입자 계면 사진을 나타낸다. 그림 10.5(a)는 I의 입자에 III나 III 입자가 겹쳐 중심 부분의 입계 3중점을 관찰할 수 없다.

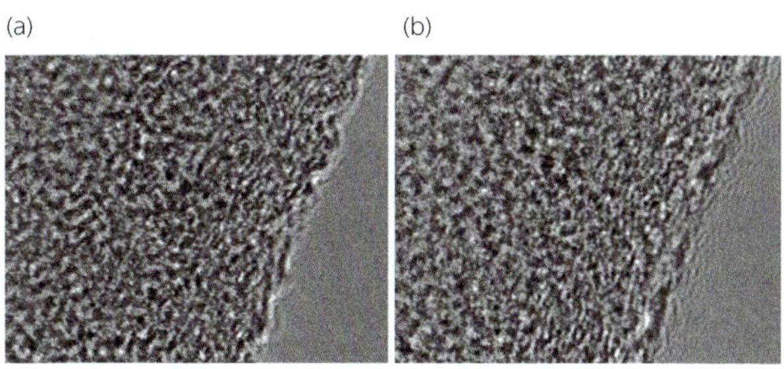

그림 10.4 언더포커스와 오버포커스의 차이
(a) 언더포커스, (b) 오버포커스.

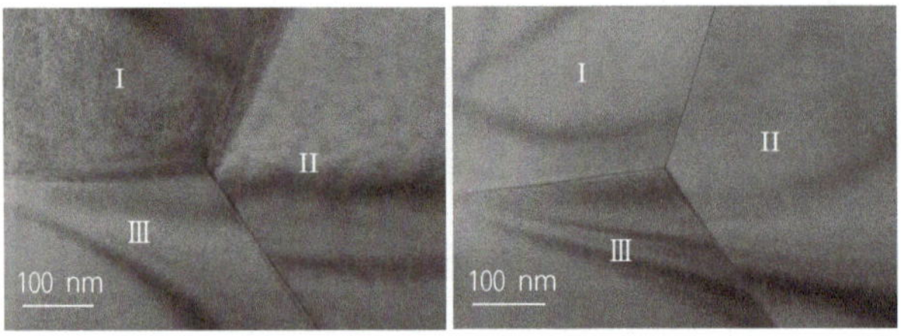

그림 10.5 AlN 세라믹스의 입자 계면 관찰
(a) I의 입자에 II나 III의 입자가 중첩되어 있다, (b) 엣지온 조건.

그에 비해, 그림 10.5(b), 삼중점이 깔끔하게 관찰되고 있다. 엣지온 조건으로 하려면 시료 두께가 얇은 곳에서 입자 계면에 나타나는 프린지가 양쪽으로 균등하게 나오도록 시료를 경사지게 조정한다. 시료의 두꺼운 부위에서의 관찰은 프린지가 나오기 어렵고, 입계가 직선적이지 않은 경우에는 엣지온 관찰이 쉽지 않다. CCD나 CMOS 카메라에 의한 촬영이나 보존이 간편해지고, 소자의 성능이 향상됨으로써, 이전과 같은 필름에서의 촬영은 거의 볼 수 없게 되었다.

10

10.2.7 전자회절도형과 해석법

전자회절도형을 정확하게 관찰하기 위해서는 중간렌즈 위치에 제한시야 조리개를 넣고 규정된 렌즈 전류값에 세팅하여 포커스를 만지지 않고 회절점을 좁힐 필요가 있다. 포커스를 만지면 렌즈의 초점거리가 변화하여 카메라 정수가 어긋나기 때문에 정확하게 해석할 수 없다. 전자회절도형을 해석하기 위해서는 금을 표준물질로 사용하고 그림 10.6과 같은 다결정회절도형(디바이링)을 각 카메라 길이로 촬영한다. 이 데이터를 바탕으로 미지 시료의 해석이 가능해진다. 표 10.1과 같이, Au(Cubic: α = 0.4078 nm)의 다결정 회절도에서 R_1에서 R_4을 측정하고, 여기에 각각의 격자 상수(d)를 곱하여 카메라 상수($R \times d$)를 산출해 둔다.

다음으로 관찰 시료(예를 들어 Al: 입방정α = 0.4050 nm, 그림 10.7)의 회절반사간의 거리(R_x, 예: 7.75 mm)를 측정한다. 카메라 상수(예: 1.57)를 측정한 회절간의 거리(R)로 나누면 관찰 시료의 (격자간격 예: 0.2025 nm)를 산출할 수 있다. 관찰 시료의 격자 상수를 알고 있으면 회절 반사의 hkl 지수를 계산할 수 있다. 전자회절도형은 역격자이기 때문에 역격자 벡터는 실격자(TEM상)의 hk1면에 수직이 된다. 전자회절도형으로의 미

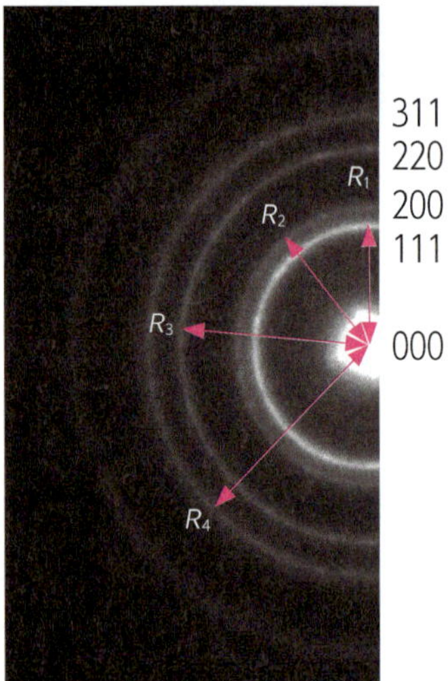

그림 10.6 Au(fcc)의 다결정 링

표 10.1 카메라 상수 (R × d) 구하는 방법

hkl	d(nm)	R(mm)측정예	R × d
111	0.2355	R_1 6.7	1.58
200	0.2039	R_2 7.7	1.57
220	0.1442	R_3 10.9	1.57
311	0.1230	R_4 12.8	1.57
		평균값	1.57

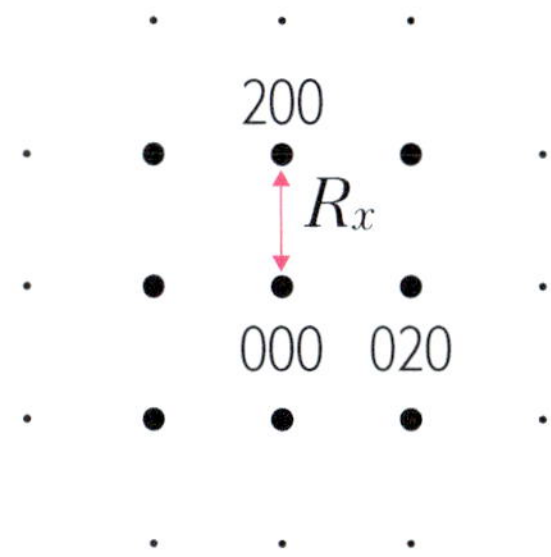

그림 10.7 Al의 전자 회절도

러 지수에는 괄호( )는 붙이지 않고 2점의 회절반사를 기재하면 충분하다. 마지막으로 2점의 회절반사 $h1k1l1$과 $h2k2l2$를 이용하여 정대축[uvw]을 계산한다.

$$u = k1 \times l2 - l1 \times k2,\ v = l1 \times h2 - h1 \times l2,\ w = h1 \times k2 - k1 \times h2 \tag{10.3}$$

($h1k1l1$)에서 ($h2k2l2$)로 돌렸을 때 오른쪽 나사가 나아가는 방향이 [uvw] 방향이 된다. 그림 10.7의 경우, 정대축[001]이 계산에서 구해진다.

10

10.2.8 원소분석 정성분석과 상태분석

그림 10.1에 나타낸 바와 같이, 전자선이 시료에 조사되면 원소와의 상호작용에 의해 X선이 발생한다. 그 중에서도 특성 X선은 그림 10.8에 나타낸 바와 같이 입사 전자의 에너지에 의해 내각 전자가 여기되고 빈 전자각에 다른 전자궤도보다 전자가 보충되어 정상상태로 돌아갈 때 과도한 에너지로 방출되는 X선이다.

특성 X선은 원소 고유의 에너지를 가지므로 원소 분석에 사용할 수 있다 전자현미경에 EDS 검출기를 장착하면 전자빔을 짜서 원하는 곳에 조사함으로써 나노스케일 영역의 원소분석을 할 수 있다. TEM의 경우는 0.1 μm 이하의 박편 시료이므로 깊이 방향에서의 정보는 고려하지 않는다.

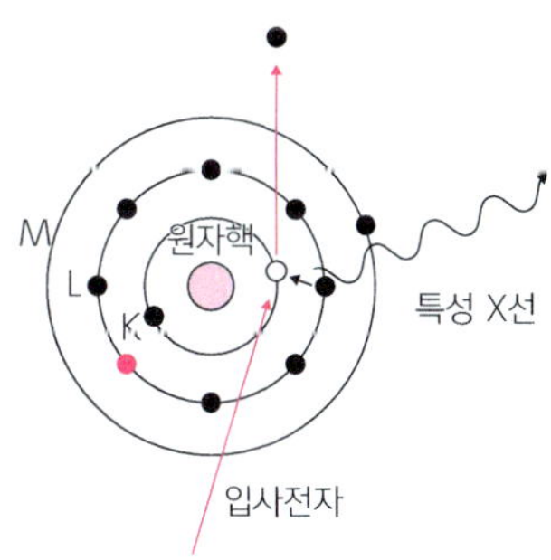

그림 10.8 나트륨(Na) 원자 모델을 사용한 특성 X선 발생

과거에는 액체 질소 냉각이 필요한 실리콘 리튬 검출기를 많이 볼 수 있었지만, 최근에는 액체 질소가 필요 없는 실리콘 드리프트 검출기도 늘어나 관리가 용이하고 운영비도 낮출 수 있게 되었다. EDS를 통해 원소맵을 취득할 수도 있지만 장시간 전자빔을 조사하면 시료 데미지, 시료 드리프트, 시료오염(컨테미네이션)이 발생하므로 측정에 주의를 요한다. 보통은 경통 내의 오염을 방지하기 위해 액체 질소 트랩을 사용한다.

그림 10.9에 Li-Nb-Ti-O계 고용체(Ti 15 mol%)의 주기 구조를 가지는 독특한 재료에 대하여, TEM상, Ti의 원소 맵, 전자 회절 도형을 나타낸다[3]. 이 고용체는 7.5 nm 간격으로 주기적으로 $[Ti_2O_3]^{2+}$에 의한 인터그로스층이 자기 조직적으로 도입되는 재료로

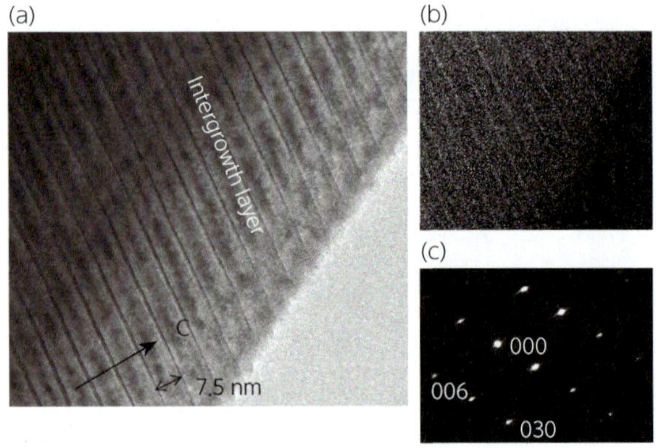

그림 10.9 Li-Nb-Ti-O계 고용체의 주기 구조
(a) [100] 방위로부터의 TEM 상, (b) Ti맵, (c) 전자회절도형.

10

전자 회절 도형에는 주기 구조에 의해 출현한 위성 반사를 관찰할 수 있다. 원소 맵에서도, 인터그로스층에서는 Ti가 모상보다 과도하게 존재하고 있음을 확인할 수 있다. 통상, 1원자열의 원소 맵 촬영에는 시간이 걸린다. 최근에는 관찰중인 상의 미동(드리프트)을 자동 보정할 수 있는 시스템이 TEM에 도입되고 있어, 상의 어긋남을 줄일 수 있게 되었다.

EDS와 함께 전자현미경으로 많이 이용되고 있는 분석기법에 EELS가 있다. 그림 10.1에 나타낸 바와 같이 시료를 투과한 전자가 원자와의 상호작용에 의해 그 전자의 에너지를 잃는 비탄성 산란과정에 착안해 에너지 손실을 입은 전자의 분광을 실시하는 것이다. EELS에서는 원소의 동정을 할 수 있으며, 일부 원소에 대해서는 케미컬 쉬프트라고 불리는 화학 결합 상태에 의한 쉬프트를 검출할 수 있다. EDS와 EELS를 비교하면 경원소는 EELS가, 중원소는 EDS가 더 감도는 높으므로 분석 목적에 따라 구분해 사용할 필요가 있다.

그림 10.10에 고각도 산란 암시야(high-angle annular dark-field: HAADF)의 원리도를 나타낸다. 저각도(< 50 mrad)에 산란된 전자는 주로 비탄성 산란전자와 탄성자로 형성된다. 한편, 고각도(50 mrad)로 산란된 전자는 탄성 산란전자가 급격히 감소하여 격자진동에 의한 열산만 산란전자(에너지손실 0.1 eV 이하의 비탄성 산란전자)가 지배적이 된다. 주사형 투과 전자현미경법(scanning transmission electron microscopy: STEM)을 조합하여 고각도로 산란된 전자를 그림 10.10과 같

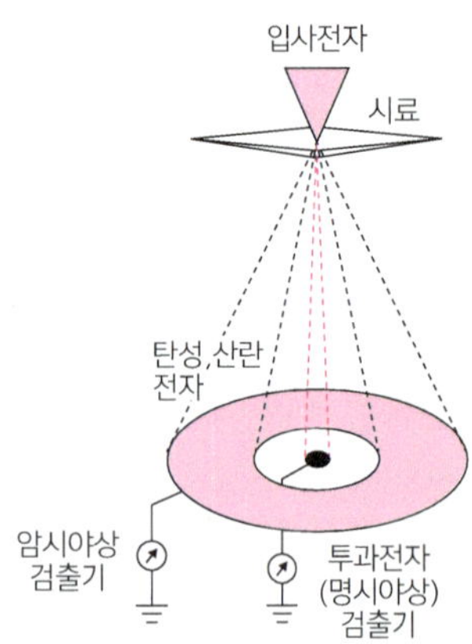

그림 10.10 HAADF 원리도

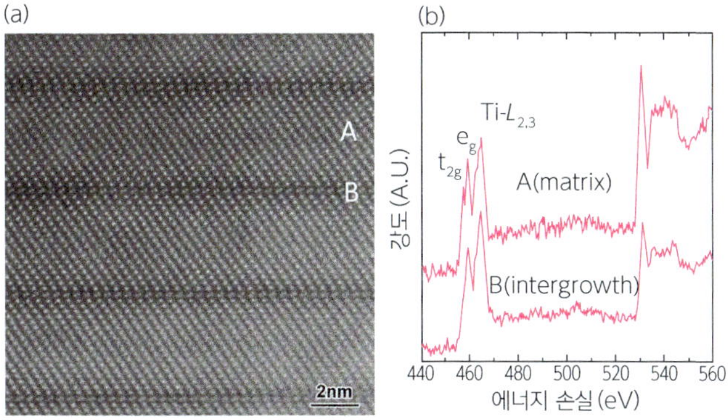

그림 10.11 Li-Nb-Ti-O계 고용체의 (a) STEM-HAADF상과 (b) EELS 데이터

은 원환형 검출기로 검출함으로써 STEM-HAADF상을 얻을 수 있다. HAADF상의 강도는 원자번호와 비례한다. 고각도 산란 전자를 사용하므로 산란 단면적이 작고 다중 산란이 없기 때문에, 또한 전자파의 간섭 효과가 결상에 관여하고 있지 않기 때문에, 상의 해석이 용이하다. 분해능은 시료상의 입사빔의 크기에 따라 결정되며 Cs-보정 STEM의 장치에서는 0.05 nm 이하로 절단된다.

그림 10.11에 Li-Nb-Ti-O계 고용체(Ti 20 mol%)의 STEM-HAADF상과 EELS데이터를 나타낸다. 그림 10.11(a)에서 인터 그로스층이 어둡게 보이는 것은 모상의 조성과 달리$[Ti_2O_3]^{2+}$상에 의한 원자 번호의 차이이다. EELS데이터는 모상 중과 인터 그로스층의 Ti의 $L_{2,3}$엣지에 주목한 데이터이지만 모상으로 나타난 날카로운 t_{2g}피크가 인터 그로스층에서는 검출 안 되고 있다. 이 사실로부터, 모상에서는 Ti^{4+}이온이며, 인터 그로스층에서는 Ti^{3+}으로 형성되고 있는 것으로 나타났다. 이와 같이, STEM-EELS데이터로부터 원자 범위의 이온 가수의 정보를 정확히 얻을 수가 있다.

10.2.9 3차원적인 TEM상의 구축(전자선 토모그래피)

10.2.4항에서도 설명했듯이, 생물 시료나 고분자 재료의 3차원 해석에, 전자선 토모그래피가 주목된다. 전자선 토모그래피는 시료를 연속적으로 기울어 끌어들인 TEM상을, 컴퓨터상에서 화상 처리함으로써 얻을 수 있는 3차원의 TEM상이다. 가능한 한 크고 경사진 상이 예를 들어 ±60°보다 ±80° 경사진 상이 더 정확한 3차원 상을 구축할 수 있다. 따라서 TEM의 분해능을 높이기보다는 시료경사를 중시하는 TEM의 폴피스를 선택할 필요가 있다.

최근에는 소프트웨어의 진보로 약 30분 정도면 수백 장의 경사상을 자동으로 잡을 수 있게 되었다. 3차원 구축 소프트웨어에는 경사축 위치를 자동으로 정렬하는 기능, 계산 결과로부터 3차원 형상 분포나 다양한 단면에서의 절단을 표시하는 기능 등 다양한 기능이 포함되어 있다.

10

10.3 주사 전자 현미경

10.3.1 주사 전자 현미경으로 무엇을 알 수 있는가?

SEM에서 알 수 있는 것, 관찰할 수 있는 것을 이하에 나타낸다.

① 밀리 스케일의 낮은 배율에서 높은 배율로 고체 표면의 상황과 조직 관찰이 가능하다.
② 초점 깊이가 깊고 시료의 경사는 입체적인 이미지를 제공한다.
③ 검출기(에너지 분산형 EDS)를 장착한 것은 마이크로 스케일로 원소 분석이나 원소 분포(맵)를 관찰할 수 있다.
④ 일렉트론 채널링 패턴 검출기(EBSD)를 사용하여 미결정의 방위 지도도를 촬영할 수 있다.

10.3.2 주사 전자 현미경의 원리

SEM의 장치 개략도를 그림 10.12에 나타낸다. 전자선을 시료에 조사하면, 그림 10.1에 나타낸 바와 같이, 2차 전자나 반사 전자가 튀어나온다. SEM은 그러한 전자를 이용하여 결상시키는 장치이다.

10

일반적으로 SEM에는 확대렌즈가 없고 배율은 전자선의 시료로의 주사면적(폭)에 대응한다. 각각의 발생 깊이는 전자빔의 세기(가속전압)나 시료의 구성 원소에 의존하고 가속전압이 높을수록, 또 구성원소가 가벼울수록 발생 깊이는 깊어진다. TEM의 경우는 박편시료이므로 발생 깊이를 신경을 쓸 필요는 없지만 SEM의 경우에는 그림 10.13과 같이 정보가 발생한 영역(깊이, 넓이)을 생각할 필요가 있다. 그림 10.13은 발생 영역의 깊이를 나타내기 위해 알기 쉽게 일러스트로 한 것이다. 특성 X선은 수 μm의 깊은 영역에서도 발생하지만, 물론 그보다 얕은 영역에서도 발생한다. 2차 전자의 에너지는 수십 eV 이하로 작고, 발생의 용이성은 표면 형상에 의존하기 때문에 시료 형상을 세밀하게 관찰할 수 있으며, 2차 전자 발생량의 차이가 흑백의 대비가 된다. 한편, 반사 전자는 시

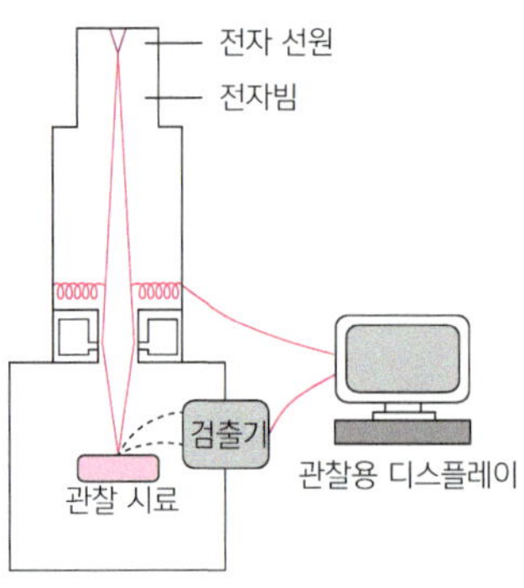

그림 10.12 SEM의 장치 개략도

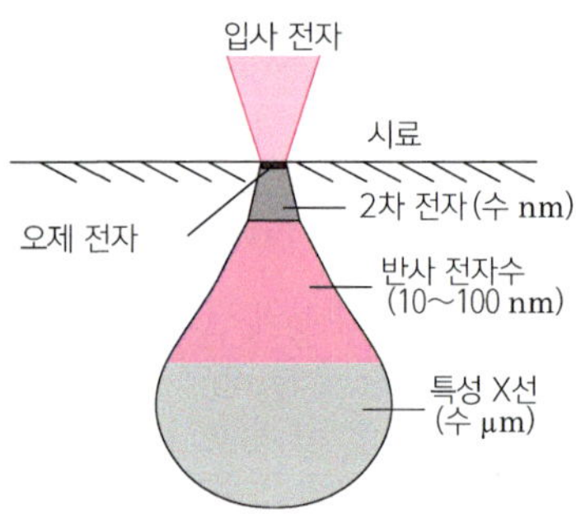

그림 10.13 각 에너지의 시료에서 방출되는 영역

료의 조성(원자번호, 결정방위 등)에 의존하여 발생하기 때문에 상의 콘트라스트에서 조성 분포를 읽을 수 있다. 또한 반사 전자는 시료의 경사가 커질수록 전자 반사율이 커지기 때문에 요철상을 관찰하기 쉽다.

전자총에는 텅스텐 헤어핀형(W), LaB6형 열전자총, 전계방출형(FE) 전자총, 쇼트키 전자총이 있다. 표 10.2에 SEM용 전자총의 특성 비교를 나타낸다. FE 전자총이 가장 휘도가 높고, 높은 분해능을 얻을 수 있다. 쇼트키 전자총 또한 고기능이고 게다가 FE 전자총에 비해 안정성이 높으므로 X선 분석에 적합하다.

표 10.2 SEM 전차총의 특성 비교

전자총	W	LaB_6	FE	쇼트키
휘도($A/cm^2 \cdot sr$)	10^6	10^7	10^9	10^8
광원의 크기(μm)	20	10	0.005	0.02
최대 조사전류	10 μA	10 μA	수 nA	수백 nA~수 μA
진공도(Pa)	$\sim 10^{-4}$	$\sim 10^{-5}$	$\sim 10^{-9}$	$\sim 10^{-7}$
수명	50~100시간	500~1000시간	1년 이상	1년 이상
음극온도(K)	2800	1800년	실온	1800년

10

10.3.3 관찰용 시료 제작법

통상적인 SEM 관찰 시료는 전자선 조사에 의한 대전(차지업)을 방지하기 위해 도전성이 없는 벌크 시료의 경우에는 그림 10.14와 같이 시료대에 도전 테이프로 고정한 후 표면을 금속 등으로 코팅할 필요가 있다. 코팅 재료는 카본, 금, 백금, 오스뮴이 대표적이다. 고배율 관찰 시에는 코팅된 금입자가 보이기 때문에 오스뮴을 얇게 코팅하는 것이 좋다. 또한 카본코팅은 주로 원소분석 시에 이용되지만, 도전효과는 다른 것에 비해 낮은 경향이 있다. 도전 페이스트를 사용할 경우에는 SEM 관찰 전에 충분히 페이스트 중의 용제 성분을 건조할 필요가 있다.

시료에 금속 코팅을 피하고 싶다면 저가속 전압이나 수 Pa에서 수 100 Pa의 저진공 모드로 관찰할 수 있는 장치를 사용함으로써 시료 대전(selection)을 억제하고 관찰할 수 있다.

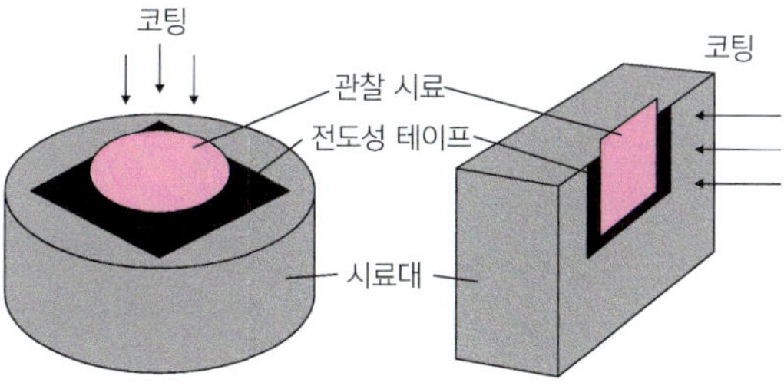

그림 10.14 SEM 관찰용 고체 시료와 박편 단면 시료

자성재료의 관찰은 전자렌즈계에 영향을 미치며 분말시료의 경우에는 관찰중에 비산하여 전자렌즈에 부착하는 경우도 있다. 이 때문에 분말시료의 경우는 수지 등으로 고정하거나 고분해능 SEM(세미인렌즈, 인렌즈 타입)에서의 관찰은 피하고 싶다.

10.3.4 상·조직 관찰

좋은 SEM상을 얻기 위해서는 목적에 따라서 가속 전압, 콘덴서 렌즈 전류, 대물 조리개의 공경, 작동 거리 등 여러 조건을 최적화할 필요가 있다. 여기에서는 상질에 차이가 생기기 쉬운 조건으로, 가속 전압, 진공도, 시료 경사에 대해서 기재한다. 가속 전압과 상질의 관계를 표 10.3에 나타낸다. 그림 10.15에 α-알루미나를 가속 전압 20 kV와 2 kV로 촬영 비교한 SEM상을 보이다 표 10.3에서 제시한 상질의 차이가 현저하고 있다. 가속 전압을 낮추면, 입자 표면 상태가 관찰해서 차지 업을 막지만, 상의 분해능이 떨어진다. 이는 가속 전압을 낮추면 전자 선량이 적고 상질(콘트라스트와 S/N보다)을 확보하기 위해서 전자 빔을 가늘게 짜서 관찰할 수 없게 되기 때문이다.

표 10.3 가속전압의 상질에 미치는 영향

상질에 관한 항목	가속 전압이 낮음	가속 전압이 높음
표면구조	선명하다	불선명하다
분해능	낮다	높다
시료 피해	낮다	높다
충전업	감소한다	증가한다
미세구조의 콘트라스트	나가기 쉽다.	나가기 어렵다.

10

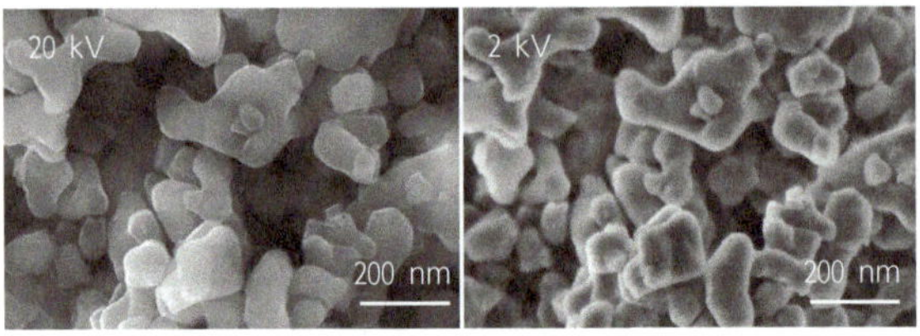

그림 10.15 가속전압 20kV와 2kV로 촬영한 α-알루미나 입자의 2차 전자상

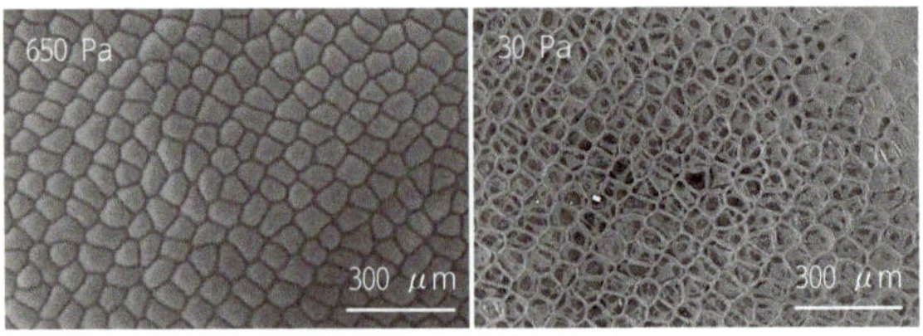

그림 10.16 진공도를 650Pa와 30Pa로 촬영한 진달래 꽃잎의 SEM 사진

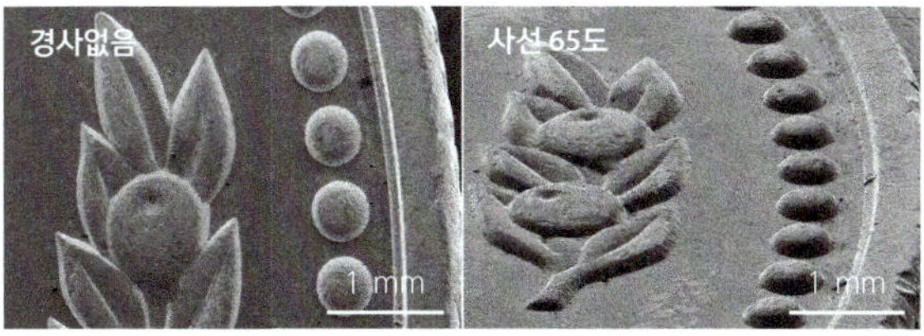

그림 10.17 경사를 바꿔 촬영한 500엔짜리 동전 SEM 사진

경통은 진공이 되도록 진공 펌프에 의해 배기하고 있는데, 그 진공도는 고진공에서 저진공까지 용도에 따라 다양한 것이 있다. 진공 펌프에 대해서는 8장을 참조하기 바란다.

수분을 함유한 시료는 10~3 Pa 정도의 고진공 SEM 중에서는 수분이 증발하여 시료 형상 20 kV가 일그러지기 때문에 저진공 SEM에서의 관찰이 필요하다. 펌프에 의해 배기되지만, 그 진공도는 고진공이다. 진공도를 바꾸어 촬영한 진달래 꽃잎의 SEM 사진을 그림 10.16에 나타낸다. 2차 전자는 에너지가 약하고 저진공일 경우에는 경통 안의 가스로 산란되기 때문에 결상에는 반사 전자를 사용한다. 저진공(650 Pa)의 경우에는 깨끗한 세포 형상이 관찰되지만 30 Pa로 진공도를 높이면 수분이 날아가 마른 모습으로 변화하여 전혀 다른 SEM 상이 되고 있다. 이처럼 수분을 함유하는 재료는 진공도를 그림 10.16 낮춰 관찰하지 않으면 원래의 형상을 파악할 수 없다.

고체 시료를 다양한 방위에서 관찰하고 싶은 경우에는 그림 10.14와 같이 단면용 시료대를 이용하거나 포매수지에 묻어 컷팅하는 것으로 시료의 관찰면을 바꾸어 촬영하는 경우도 많다. 또한 시료대를 경사지게 함으로써 어느 정도 각도까지의 관찰이 가능하다. 그림 10.17에 500엔 동전을 경사지게 관찰한 SEM 상을 나타낸다. 시료대를 SEM 중에서 경사지게 하면 보다 입체적인 상이 관찰된다. 단, 측장할 경우에는 경사없이 실시해야 하며, 경사가 났을 경우에는 경사각도에 따른 길이의 차이를 보정할 필요가 있다. 또한 시료경사에 따라 2차 전자방출 효율을 높여 절연물 시료의 대전을 어느 정도 억제하는 것도 가능하다.

10.3.5 원소 분석: 정성분석과 정량분석

그림 10.1에 나타낸 바와 같이 시료에 전자선이 조사되면 원소에 고유한 에너지를 가지고 시료에서 특성 X선이 발생하고 그 발생 영역은 그림 10.13과 같이 시료 깊이 수 μm에서 검출기로 들어간다. 원소 분석에서 분석 영역의 판단은 중요하며, 하나의 관찰 입자로 분석했다고 하더라도 실은 주위의 정보를 포함하여 검출하고 있는 경우가 있다.

미리 확산 영역을 조사해 두는 수단으로 그림 10.18의 노모그램을 이용한 산출 방법이 있다. 예를 들어 Si의 경우 가속 전압을 20 kV로 측정하면 Si 시료 중(밀도 2.33 g cm^{-3})에서 약 5 μm 범위로 전자선이 넓어지는 것을 나타내고 있다. 경원소가 중원소에 비해 전자선의 확산은 크다.

검출기는 10.2.8항에서도 기재한 에너지 분산형 X선 분광기(EDS)와 파장 분산형 X

10

선 분광기(wavelength dispersive X-ray spectrometer: WDS)가 있다. 전자는 반도체 검출기와 다채널 파고 분석기의 조합으로, 후자는 분광 결정에 의한 파장 분산 기구와 비례계수관의 조합으로 구성되어 있다. 일반적으로 SEM에는 EDS를 장착한 장치가 많고, 전용 전자광학계를 구비하여 WDS/EDS 장치를 장착한 것은 전자선 마이크로 분석기(electron probe(X-ray) micro analyzer: EPMA)라고 불리며, 뒷장에서 자세히 기술한다.

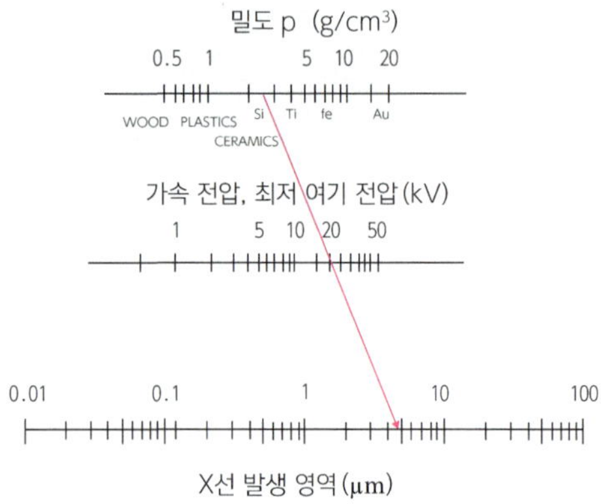

그림 10.18 전자 확산 영역을 안내하기 위한 노모그램
일본전자(주) 제공

그림 10.19에 AIN 세라믹스의 2차 전자상, 반사 전자상, 원소(Y) 매핑상, EDS 분석 결과를 나타낸다. 차지업을 막기 위해 오스뮴을 10 nm 코팅하여 관찰했다. 반사 전자의 발생 효율은 원자 번호에 달려 있기

10

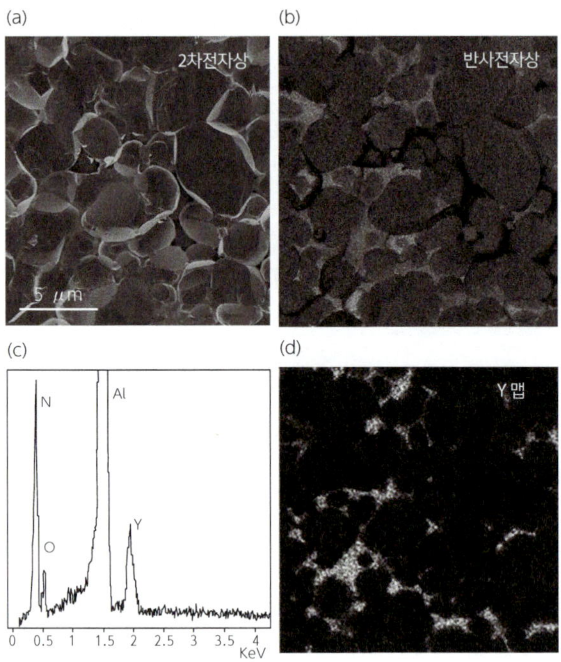

그림 10.19 AIN 세라믹스의 분석 예
(a) 2차 전자상, (b) 반사 전자상, (c) EDS에 의한 원소 분석, (d) Y의 원소 지도

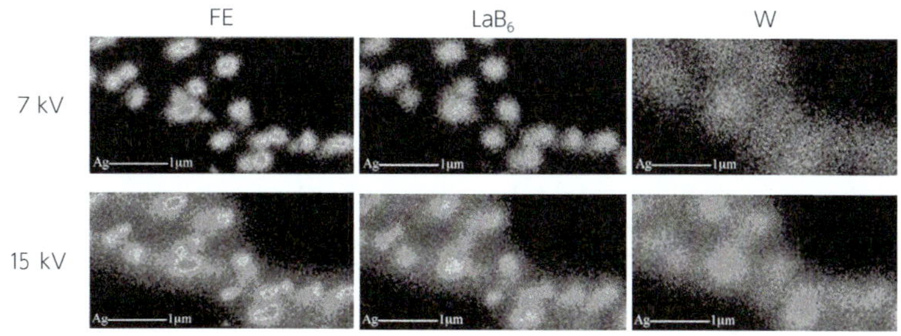

그림 10.20 전자총 비교
FE, LaB6, W 전자총의 SEM으로 측정한 납땜 중 Ag 원소 매핑 비교.
일본전자(주) 제공, 커버소매에 풀컬러도 게재.

때문에 밝은 대비는 어두운 대비보다 원자번호가 높은 원소로 구성되어 있다. 입자 계면의 하얗게 보이는 부분은 AIN 소결 시 소결조제 Y_2O_3를 첨가함으로써 형성된 AI-Y-O계의 액상 성분이며, Y의 원소 맵 결과에서도 알 수 있다.

최근에는 검출기의 성능과 해석 소프트웨어가 향상된 결과 비교적 짧은 시간 내에 원소 매핑 상을 얻을 수 있게 되었다. 그림 10.20에 가속 전압 7 kV와 15 kV로, 다양한 전자총을 사용하여 측정한 Ag 원소 매핑도를 나타낸다. 7 kV의 FE 전자총에서는 프로브 직경을 충분히 작게 할 수 있기 때문에 X선 공간 분해능이 향상되고 Ag 입자 형상을 판별할 수 있다. 이에 비해 15 kV의 FE 전자총은 주변의 정보를 담고 있으며 Ag 입자는 흐릿한 영상으로 되어 있다. 7 kV일 때, W 전자총은 프로프 직경을 줄이면 정보의 양이 적어지고 정확한 정보를 얻을 수 없다.

정량분석은 일반적으로 표준시료로부터의 특성 X선의 강도 데이터와 비교하여 실시한다. EDS에 의한 정량분석은 WDS에 비해 에너지 분해능이 나쁘고 피크의 중첩도 있기 때문에 피크의 중첩 분리상황에서 정밀도가 결정된다. 또 미량원소에 있어서는 정밀도는 나빠지는 경향이 있다. EDS에 의한 정성·정량분석에서는 다음과 같은 원소에 대해서는 피크의 중첩에 주의를 요한다.

① 경원소의 K선과 중원소의 L선
  Na-Kα와 Zn-Lα, Si-Kα와 Sr-Lα, S-Kα와 Mo-Lα나 Pb-Mα 등.
② 이웃하는 원소
  Ti-Kβ와 V-Ka, Fe-Kβ와 Co-Kα, V-Kβ와 Cr-Kα, Co-Kβ와 Ni-Kα 등.

EDS에 의한 정량분석의 이점은 모든 원소를 동시에 검출하기 때문에 단시간 측정이 가능하다는 것 또한 WDS에 비해 조사 전류량이 작아서 좋다는 것을 들 수 있다. 표 10.4에 EDS와 WDS의 특성 비교를 나타낸다. 그림 10.21에 EDS와 WDS에 의한 재료의 측정 사례를 제시하고 피크 형상, 성능을 비교한다. EDS는 에너지 분해능이 낮기 때문에 피크가 브로드하다. 또한 백그라운드가 높기 때문에 본래 함유되어 있는 In이

표 10.4 EDS와 WDS의 특성 비교

	WDS	EDS
분석 대상원소	(Be), B~U 다중 분광 결정을 이용한 분석	Be~U 1개 분광기로 전체 원소 분석
분석 조건	고전류로 미량원소 분석가능 (10^{-9}~10^{-5} A)	SEM 관찰 조건이 적은 전류에서도 분석가능(10^{-12}~10^{-7} A)
검출 감도(검출 한계)	높다 (100 ppm = 0.01 mass% 정도)	낮다 (1 mass % 정도)
에너지 분해능	높음(10 eV 정도)	낮음(130 eV 정도)
샘플 형상	시편의 요철에 민감	시료의 요철에 크게 영향을 받지 않음

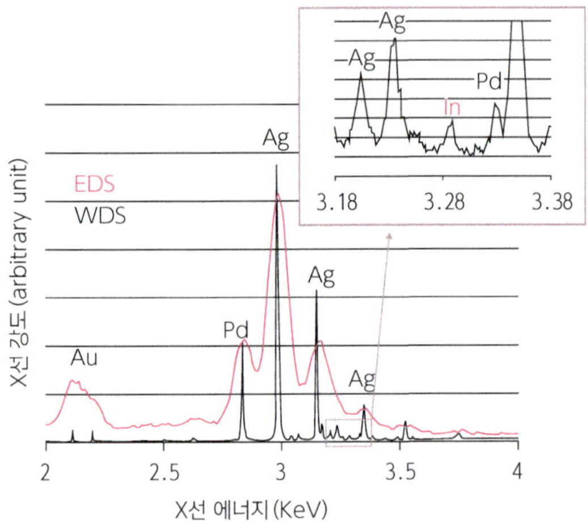

그림 10.21 EDS와 WDS 스펙트럼의 비교
일본전자(주) 제공

EDS에서는 검출할 수 없다. 이 스펙트럼을 통해 검출 감도는 EDS가 더 낮다는 것을 알 수 있다.

10.3.6 전자선 마이크로 어날라이저에 의한 분석

과거에는 X선 마이크로 어날라이저(X-ray micro analyzer: XMA)이라고도 불리고 있었지만, 현재는 전자선 마이크로 어날라이저(electron probe(X-ray)micro analyzer: EPMA)로 통일되어 있다. 최근에는 SEM에 EDS를 장착한 장치도 EPMA라고 부르는 경우도 있지만, 일반적으로 EPMA는 관찰보다 분석을 목적으로 하고 있으며 통상의 SEM보다 크게 관찰 시료를 분석할 목적으로 설계되어 있기 때문에, 아웃 렌즈 타입으로 분해능이 낮으며 고배율 관찰에 부적합하다. 여기에서는 EPMA전용기로 검출기가

WDS인 것을 중심으로 기술한다.

그림 10.22에 WDS의 고니오미터 원리도를 나타낸다. 브래그의 조건($n\lambda = 2d \sin\theta$)을 만족시키듯이 시료표면, 분광결정, X선 검출기가 하나의 원주(롤랜드원)상에 위치하고 있다. 이 롤랜드원상에서 벗어나면 검출감도는 크게 저하된다. 표 10.4에 기재된 바와 같이, WDS는 시료의 요철에 쉽게 영향을 받을 수 있다. 모든 원소를 분석하기 위해서는 면간격이 다른 복수의 분광 결정이 필요하다. 경원소인 Be~F에 대해서는 인공 초격자 분광소자 등이 개발되어 감도는 종래의 분광소자에 비해 수십 배로 향상되었다. WDS에서는 일부 원소로 상태 분석도 가능하다.

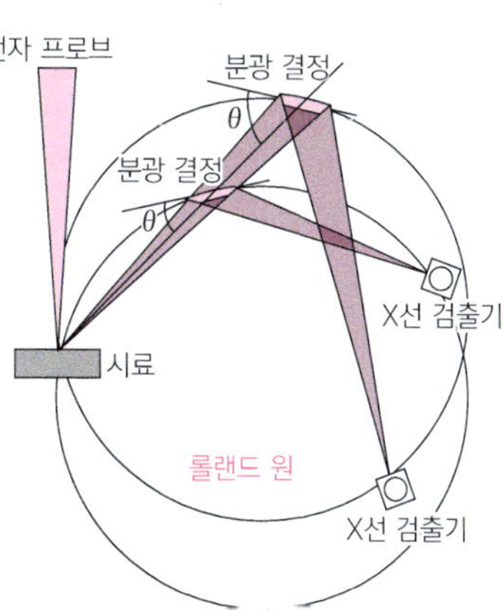

그림 10.22 WDS의 고니오미터 원리도

일례로 Fe, FeO, Fe_2O_3를 구별할 수 있다. 이는 표 10.4에 기재한 바와 같이 WDS의 에너지 분해능 높이에 의한 것으로, EDS 분석에서는 이 차이를 검출할 수 없다.

10.4 끝에

레우엔후크가 현미경을 최초로 발명하여 일생 동안 500개의 현미경을 제작하였다고도 하며, 미시 세계를 볼 수 있는 현미경의 출현으로 연구는 단숨에 가속화되었다. 현재 원자 수준의 세계를 관찰하는 기술은 극적으로 진화하여 보다 쉽고 사용하기 쉬워지고 있다. 그러나 관찰 장치가 아무리 진화해도 나온 데이터를 그대로 받아들일 수는 없다

목적에 따른 관찰 시료를 위한 사전 준비가 중요하다. 특히 투과형 전자현미경의 박편 관찰 시료의 제작 스킬은 고도로 변형이나 콘택트가 들어가는 것을 피하고 원자 레벨 촬영에 적합한 박편으로 만들어야 한다. 또한 고배율에서의 관찰은 좁은 영역에서의 데이터이므로 「나무를 보고 숲을 보지 않고」가 되지 않도록 전체 상을 저배율로 관찰해 두는 것도 중요한 작업이다. 최신 장치는 터치 패널 형식으로 컴퓨터 화면상에서의 조작이 늘어나 작업이 간편해지고 있으나 장치의 이론을 이해하고 사용함으로써 정확한 데이터를 얻을 수 있다.

【참고 문헌】

1) 日本電子顕微鏡学会関東支部編, 『先端材料評価のための電子顕微鏡技法』, 朝倉書店(1991).
2) 医学·生物学電子顕微鏡技術研究会編, 『よくわかる電子顕微鏡技術』, 朝倉書店(1992).
3) H. Nakano et al, *J. Ceram. Soc. Jpn.*, **119(11)**, 808 (2011).
4) H. Nakano et al, *Materials*, **11**, 987 (2018).
5) 堀内繁雄他, 『電子顕微鏡Q&A』, アグネ承風社(1996).
6) 日本金属学会編, 『材料開発のための顕微鏡法と応用写真集』, 日本金属学会 (2006).
7) 進藤大輔, 平賀賢二, 『材料評価のための高分解能電子顕微鏡法』, 共立出版(1996).
8) 進藤大輔, 及川哲夫, 『材料評価のための分析電子顕微鏡法』, 共立出版(1999).

9) 今野豊彦,『物質からの回折と結像』, 共立出版(2003).
10) 日本表面科学会編,『透過型電子顕微鏡』, 丸善(1999).
11) 日本電子顕微鏡学会関東支部編,『走査型電子顕微鏡の基礎と応用』, 共立出版(1983).
12) 日本表面科学会編,『電子プローブ·マイクロアナライザー』, 丸善(1998).

11 프로브 현미경

11.1 처음에

주사형 프로브 현미경(Scanning Probe Microscope: SPM)은 첨예한 탐침을 시료 표면의 아주 근방에 근접시켰을 때 생기는 탐침-시료간 상호작용을 검출하고 이를 일정하게 유지하도록 탐침-시료간 거리를 제어하여 탐침 또는 시료를 2차원적으로 주사함으로써 표면 형상상을 취득하는 현미경이다.

SPM은 1981년 스위스 취리히에 있는 IBM사의 연구소에서 Binnig와 Rohrer 등에 의해 개발된 주사형 터널 현미경(Scanning Tunneling Microscope: STM)에서 비롯된다. 그들은 1986년에 노벨 물리학상을 수상했다(이때 동시에 이 상을 받은 사람은 전자 현미경을 개발한 러스카이다). STM 개발 후 몇 년 후인 1985년에 상기 Binnig, 스탠퍼드 대학의 Quate, IBM사의 Gerber 등에 의해 상호작용을 STM의 터널 전류에서 상호작용력으로 대체한 원자간력 현미경(Atomic Force Microscope: AFM)이 개발된다[2). STM의 측정 대상은 도전성을 갖는 시료에 한정되기 때문에 가장 힘을 발휘하는 것은 금속·반도체의 표면 물리화학 연구 분야인데 반해 AFM은 시료의 제약이 적고 유기재료나 생체분자도 측정 대상이 된다. 또한 AFM을 기반으로 한 다양한 현미경법이 개발됨에 따라 다각적인 측정이 가능해지고 있으며(표 11.1), 현재는 STM보다 AFM이 폭넓은 분야에서 이용되고 있다.

그래서 본 장에서는 AFM을 중심으로 그 측정 원리, 장치 구성, 데이터의 해석 방법, 장치를 사용할 때의 주의점 등에 대해 기술한다.

표 11.1 다양한 주사형 프로브 현비경(STM)

이름	프로브 신호 (상호 작용량)
주사형 터널 현미경(STM)	터널 전류
원자간력 현미경(AFM, SFM) 마찰력 현미경(FFM, LFM)	탐침에 수직으로 작용하는 힘 탐침 주사 방향으로 작용하는 힘
도전성 AFM 주사형 퍼짐 저항 현미경(SSRM)	전류
정전기력 현미경(EFM) 켈빈 프로브력 현미경(KPFM, KFM, SKPM)	정전기력(표면전위)
초음파 현미경(UAPM) 원자간력 초음파 현미경(AFAM)	접촉 점탄성
자기력 현미경(MFM)	누설 자기장
주사형 용량 현미경(SCM)	정전용량(미분용량)
근접장 광학 현미경(SNOM, NSOM)	근접장광

11.2 SPM의 원리

그림 11.1(a) 및 (b)에 일반적인 SPM인 STM 및 AFM의 블록도를 각각 나타낸다. SPM에서는 탐침 한 시료간의 거리를 정밀하게 제어할 필요가 있기 때문에 SPM 장치는 주위 진동의 영향을 받지 않도록 컴팩트하게 만들어져 있다.

탐침 및 시료의 상대위치는 XY 스테이지나 모터(Z축) 등의 조동기구와 압전소자(고전압을 걸면 늘어나 수축하는 소자)를 이용한 3축(XYZ)의 미동기구에 의해 제어된다. 이들 기구는 탐침측, 시료측 중 어느 하나에 구비되어 있으면 된다. 그림 11.1에서는 조동기구, 미동기구 모두 시료측에 그려져 있다. SPM에서는 우선 조동기구를 이용하여 첨예화된 바늘(프로브)을 시료 표면에 근접시키고(어프로치), 상호작용 검출계에 의해 탐침-시료 간에 작용하는 어떠한 상호작용(프로브 신호)을 검출할 필요가 있다. 예를 들어 STM에서 프로브 신호는 터널 전류이고, 상호작용 검출계는 전류 앰프(전류-전압 변환 회로 및 로그 앰프)가 된다.

일단 상호작용이 검출되면 피드백 제어회로에 있어서 프로브 신호를 목표값과 비교하여 목표값과 일치하도록 Z축용 압전소자를 이용하여 탐침-시료간의 거리를 정밀하게 제어한다. 이때, XY축용 압전소자에 삼각파 전압을 걸어 래스터(지그재그) 주사하면, Z축용 압전소자에 걸려 있는 전압을 화상화한 표면형상상이 컴퓨터의 스크린에 그려진다. 통상 X축이 래스터 주사에 있어서의 고속 주사축, Y축을 저속 주사축으로 한다(그림 11.1(a)).

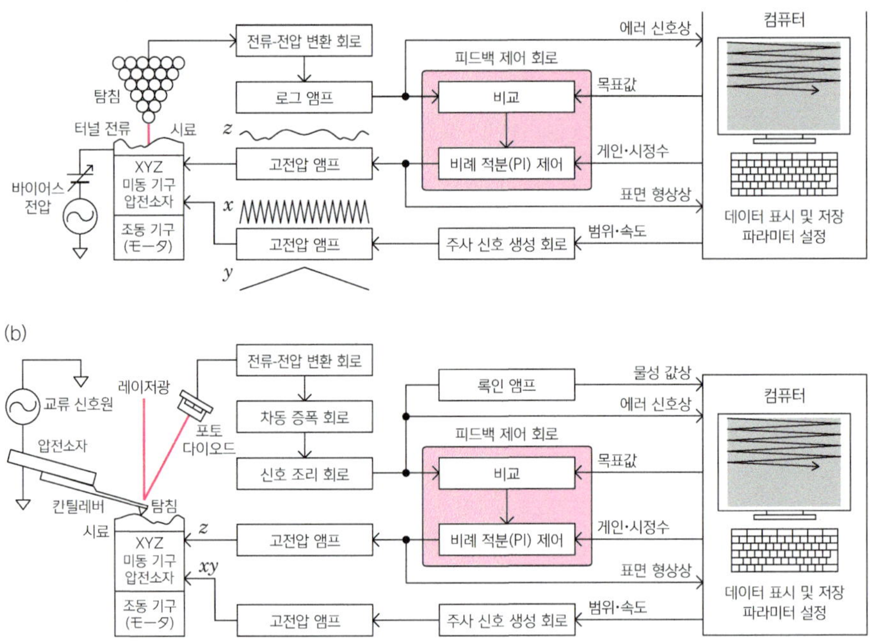

그림 11.1 주사형 프로브 현미경(SPM)의 블록도
(a) 상호작용 일정모드, (b) 높이 일정 모드

SPM에는 일반적으로 두 가지 화상 취득 모드가 있다. 하나는 상기 상호작용을 일정하게 유지하여 표면 형상상을 취득하는 상호작용 일정 모드(STM에서는 터널 전류 일정 모드, AFM에서는 힘 일정 모드 등으로 불린다)이고, 다른 하나는 탐침-시료 간 거리 제어는 하지 않고 프로브 신호를 화상화하는 높이 일정 모드(종종 콘스탄트 하이트 모드라고 불린다)이다. 높이 일정 모드에서는 시료 표면의 요철 크기는 정확하게 수치화할 수 없지만 주사 속도에 대해 비교적 빠르게 변화하는 프로브 신호 성분도 화상화되기 때문에 상호작용 일정 모드와 비교해 공간 분해능이 높다. 단, 탐침-시료간 거리 제어를 전혀 하지 않으면 드리프트(장치 각 부위의 온도변화에 따른 열팽창/수축으로 탐침과 시료의 상대위치가 서서히 변화하는 것)에 의해 탐침이 시료에 충돌하거나 강하게 밀어 넣을 위험성이 있으므로 시료의 전체 기울기에만 추종할 정도로(피드백의 시정수를 크게 설정하여) 완만하게 제어를 하는 것이 일반적이다.

11.3 STM의 원리

선단을 첨예화한 금속 탐침과 도전성 시료에 바이어스 전압을 걸어 놓고 탐침을 시료 표면에 대해 약 1 nm 정도의 거리까지 접근시키면 탐침과 시료의 전자의 궤도가 겹쳐 터널 전류라고 불리는 진류가 흐른다. 또한 진공중의 STM에는 W(텅스텐)제의 전해연마 탐침이, 대기중의 STM에는 PtIr(백금이리듐)제의 기계연마 탐침이 각각 좋아 이용된다.

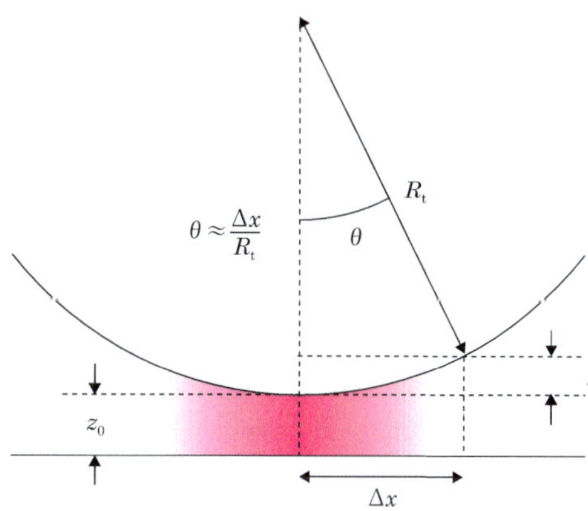

그림 11.2 주사 터널 현미경(STM)에서의 터널 갭

터널 전류는 탐침-시료간의 간극(터널 갭)에 대하여 지수 함수적으로 감쇠하는 것으로 알려져 있다. 터널 갭이 z_0일 때의 터널 전류 밀도를 J_0라고 하면, 터널 갭이 z_0로 Δz 퍼졌을 때의 터널 전류 밀도 J_t는 다음 식으로 나타낸다.

$$J_t = J_0 \exp(-\kappa_t \Delta z) \tag{11.1}$$

단, κ_t는

$$\kappa_t = \frac{\sqrt{8\, m_e \phi}}{\hbar} \tag{11.2}$$

로 주어지는 감쇠 상수이다. 여기서 m_e, ϕ는 각각 전자의 질량, 터널 배리어(퍼텐셜 장벽의 크기)이고, $\hbar = h / 2\pi$는 디락 상수(플랑크 상수(플랑크 상수)이다. 그림 11.2와 같이 탐침 지름 R_t의 중심($x = 0$)에서의 터널 갭이 z_0일 때 탐침의 중심에서 Δx만 떨어진 위치에서의 터널 갭은

$$\Delta z = R_t - R_t\cos\theta \simeq \frac{R_t}{2}\theta^2 \cong \frac{\Delta x^2}{2R_t} \quad (11.3)$$

만큼 넓어지게 된다. 따라서 터널 전류 밀도는 Δx의 함수로서

$$J_t = J_0 \exp(-\kappa_t \Delta z) = J_0 \exp\left(-\kappa_t \frac{\Delta x^2}{2R_t}\right) \quad (11.4)$$

로 나타내며, 약간의 Δx에 대하여 J_t가 크게 감소하는 것을 알 수 있다. 그러므로, R_t이 수십 nm에서도, 탐침 선단의 몇 개의 원자에 터널 전류가 집중하고, 그 영역만 위한 탐침으로 하는 것을 보였다. 이와 같이, 상호 작용이 탐침 시료 간 거리에 크게 의존하는 것이 STM을 비롯한 SPM의 공간 분해능이 높은 이유이다.

11.4 AFM의 원리

AFM의 동작 모드에는 크게 렌즈 모드와 동적 모드가 있다, 표 11.2처럼 분류된다. 탐침은 캔틸레버로 불리는 힘 센서에 갖추고, 렌즈 모드에서는 상호 작용력(척력)에 의해서 생기는 캔틸레버의 휨이 탐침 신호가 된다.

다이내믹 모드에서는 압전소자 등을 이용하여 캔틸레버를 그 공진주파수 부근에서 진동시키고, 상호작용력에 의해 발생하는 진동진폭(AM-AFM: 11.8절 참조)이나 공진주파수의 변화(FM-AFM: 11.8절 참조)가 프로브 신호가 된다. 다이내믹 모드에서는 탐침이 시료 표면에 정상적으로는 접촉하지 않기 때문에 시료에 대해 가로방향으로 가하는 힘(마찰력)이 작아 관찰 시 시료에 대한 손상을 줄일 수 있다. 이 때문에 생체시료 등의 비교적 부드러운 시료의 관찰에도 적합하다. 최근에는 혈 중에서 동적 모드 AFM을 고속화한 고속 AFM과 높은 분해능 FM-AFM의 기술적 진전이 현저하다[4].

콘택트 모드, 다이내믹 모드 모두 캔틸레버의 자유단 근방의 굴곡과 진동을 측정하는 변위 검출계가 필요하다. 광학적 방법으로 변위를 검출하는 광 지렛대법이나 광간섭법이 있는데, 전자가 가장 널리 보급되어 있다. 광 지렛대법은 캔틸레버의 배면에 레이저광을 조사하고, 그 반사광의 방향을 분할 포토다이오드에 의해 검출하는 방법으로(그림 11.1(b)) 엄밀하게는 캔틸레버 첨단의 변위가 아닌 각도 변화를 검출하고 있으므로 휨이나 진폭의 정량화는 교정이 필요하다(그림 11.1). 또한, 캔틸레버의 배면은 종종 금속박막으로 코팅되어 있는데, 이는 광학적 변위 검출계에 있어서 캔틸레버 배면에서의 광반사 강도를 높이기 위해, 또한 캔틸레버의 전면과 배면에서의 광간섭을 막기 위한 것이다.

또한 피에조 저항 칸틸레버나 음차형 수정 진동자(튜닝 포크) 등 칸틸레버 자체에 센서

표 11.2 원자간력 현미경(AFM)의 분류

작동 모드	상호작용 검출 방법	응용 측정 방법
접촉 모드	휘어짐 검출	마찰 측정, 점탄성 측정, 전류 측정, 분극 도메인 측정 등
동적 모드	진폭 변조법(AM-AFM)	위상측정, 표면전위 측정, 자기력 측정 등
	주파수 변조법 (FM-AFM)	산일 에너지 측정, 표면 전위 측정, 자기력 측정 등

가 내장되어 있는 경우도 있다(자가 검출 방식). 피에조 저항 캔틸레버는 실리콘의 피에조 저항 효과를 이용한 것이며, 캔틸레버의 고정단 근방에 설치한 실리콘 저항체의 저항 변화를 브리지 회로를 이용해서 검출한다. 한편, 튜닝 포크는 압전체인 수정에 전극이 형성된 수정 진동자를 캔틸레버로서 이용하기 때문에(스프링 상수는 수천 N/m 정도), W 등의 금속 탐침을 다는 것만으로 자기 검출 캔틸레버으로서 역동적 모드 AFM에 이용할 수 있다. 최근에는 초고진공 및 저온 환경하에서 튜닝 포크의 금속 탐침 끝단을 일산화탄소(CO) 분자로 수식하면 분자 내 구조(골격)를 관찰할 수 있는 것이 발견되었다.

11.4.1 상호 작용력[6)]

근접한 원자간에 작용하는 상호작용력의 퍼텐셜로는 레나도 존스형으로 알려져야 할 급수 퍼텐셜이 가장 유명하다. 원자의 간격을 r이라고 하면, 레나도 존스형 퍼텐셜 U_{LJ}는

$$U_{\mathrm{LJ}} = 4\varepsilon\left[-\frac{1}{2}\left(\frac{\sigma}{r}\right)^{6} + \frac{1}{4}\left(\frac{\sigma}{r}\right)^{12}\right] \tag{11.5}$$

로 나타난다. 이 중 제1항은 런던 분산력이라고 불리는 유도 쌍극자 사이에 작용하는 인력에 대응하는 것이고, 제2항은 척력에 대응하는 경험적인 항이다. 단, ε는 결합에너지, σ는 평형상태($U_{\mathrm{LJ}} = -\varepsilon$)가 되는 원자간 거리에 대응한다. 이때 상호작용 F_{LJ}은

$$F_{\mathrm{LJ}} = -\frac{\mathrm{d}U_{\mathrm{LJ}}}{\mathrm{d}r} = 12\varepsilon\left[-\frac{1}{\sigma}\left(\frac{\sigma}{r}\right)^{7} + \frac{1}{\sigma}\left(\frac{\sigma}{r}\right)^{13}\right] \tag{11.6}$$

로 나타나 $r = \sigma$에서 $F_{\mathrm{LJ}} = 0$이 된다. 이 원자간 상호작용력에서의 인력은 거리의 –7승으로 가파르게 감쇠하는데, AFM의 탐침 및 시료 유한의 곡률반경을 가지므로 실제로 AFM에서 검출되는 인력은 탐침이나 시료에 포함된 모든 원자간의 기여를 합친 것이다. 곡률반경 R_{t}의 탐침과 반무한 평면상 시료를 가정하고 탐침측과 시료측의 모든 원자에 대해 식 (11.5)의 제1항을 적분하면

$$U_{\mathrm{vdw}} = \frac{A_{\mathrm{H}}R_{\mathrm{t}}}{6D} \tag{11.7}$$

로 나타내는 vander Waals 포텐셜을 얻을 수 있다. 단, A_{H}는 Hamaker 상수, D는 구와 평면 사이의 거리이다. 이를 D에 대해 미분하면, 구와 평면 사이에 작용하는 인력(vander Waals 힘)은

$$F_{\mathrm{vdw}} = -\frac{\mathrm{d}U_{\mathrm{vdw}}}{\mathrm{d}D} = -\frac{A_{\mathrm{H}}R_{\mathrm{t}}}{6D^{2}} \tag{11.8}$$

이며, 탐침과 시료 사이의 인력은 거리의 제곱으로 감쇠한다는 것을 알 수 있다. STM의 터널 전류와 비교하면 거리에 대해 완만하게 감쇠하기 때문에 AFM을 인력 영역에서 작동시키면 높은 분해능을 기대할 수 없다. 따라서, AFM에서 높은 분해능을 얻으려면 척력을 검출할 필요가 있다. 콘택트 모드에서는 탐침 선단이 항상 척력 영역에 있고, 다이내믹 모드에서는 탐침의 진동 주기 중 대부분은 인력 영역에 있지만, 근접 시에는 탐침이 척력 영역에 약간 들어가도록 설정함으로써 높은 분해능을 얻을 수 있다.

11

11.4.2 접촉이론[7)]

AFM의 탐침-시료 간의 접촉 모델로서 가장 단순한 것이 Hertz의 접촉 모델이다(그림 11.3(a)). 이 모델에서는 반경 R_t의 탄성체구를 반무한 탄성체에 접촉력 F_n로 밀어 넣었을 때의 밀어 넣기 깊이 δ가 접촉 반경 α와 탐침의 곡률 반경 R_t를 이용하여

$$\delta = \frac{a^2}{R_t} \tag{11.9}$$

로 주어진다. 또한 α는

$$a = \left(\frac{3F_n R_t}{4E} \right)^{1/3} \tag{11.10}$$

로 주어진다. 다만, E^*는 탐침 및 시료의 영률 E_t 및 E_s, 푸아송비 ν_t 및 ν_s를 이용하여

$$\frac{1}{E} = \frac{1 - \nu_t^2}{E_t} + \frac{1 - \nu_s^2}{E_s} \tag{11.11}$$

로 정의되는 유효영률이다. 또한 밀어넣기 깊이와 접촉력 F_n의 관계는

$$\delta = \left(\frac{9F_n^2}{16R_t E^2} \right)^{1/3} \tag{11.12}$$

로 주어진다(그림 11.3(b)).

Hertz의 접촉 모델에는 표면에너지 효과가 도입되어 있지 않지만, 실제로는 일단 접촉한 탐침은 시료에 흡착되어 있어 이를 떼어낼 때 흡착력이 작용한다.

이 흡착력을 고려한 접촉 모델이 JKR(Johnson-Kendall-Roberts)의 모델이다. JKR 모델에 따르면, 밀어넣기 깊이 δ_{JKR}은

$$\delta_{JKR} = \frac{a^2_{JKR}}{R_t} - 2\sqrt{\frac{\pi a_{JKR} \gamma_s}{E}} \tag{11.13}$$

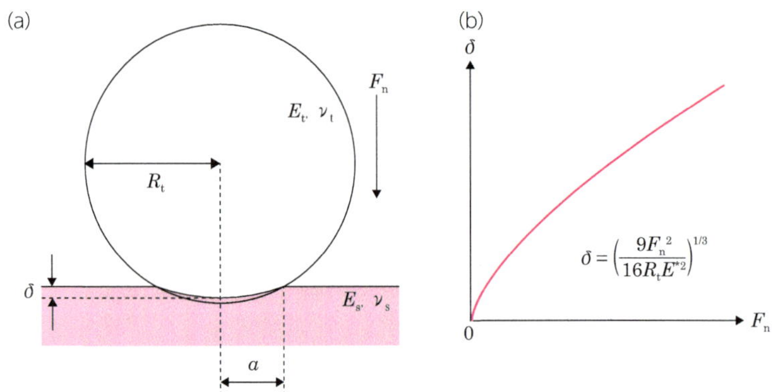

그림 11.3 Hertz의 접촉 모델
(a) 탄성구-반무한 탄성체 모델, (b) 수직력과 압입 깊이의 관계.

가 된다. 단, γ_s는 표면 에너지이다. 또 접촉 반경은

$$a_{\mathrm{JKR}} = \left[\frac{3R_t}{4E} \left(F_n + 6\pi R_t \gamma_s + \sqrt{12\pi R_t \gamma_s F_n + (6\pi R_t \gamma_s)^2} \right) \right]_{1/3} \tag{11.14}$$

로 주어진다. 이 식에서 $F_n = 0$이라고 하면 접촉력이 0일 때의 접촉 반경은

$$a^0_{\mathrm{JKR}} = (9\pi R_t^2 \gamma_s / E)^{1/3} \tag{11.15}$$

로 유한한 값을 취하는 것을 알 수 있다. 탐침을 떼어 놓으면 $F_n = -3\pi R_t \gamma_s$가 되었을 때 접촉 반경은

$$a^c_{\mathrm{JKR}} = (9\pi R_t^2 \gamma_s / 4E)^{1/3} \cong 0.63\, a^0_{\mathrm{JKR}} \tag{11.16}$$

이 되고 탐침이 시료에서 끌어당기게 된다. 이때의 힘이 흡착력(Fad)이 된다(그림 11.7 참조).

11.5 캔틸레버의 특성

11.5.1 스프링 상수

11

캔틸레버에 대하여 길이방향을 x축, 폭방향을 y축, 두께방향을 z축으로 정의하면 탐침 선단에 있어서의 축방향의 힘에 의해 캔틸레버의 선단에 z축방향의 변위가 생긴다. 이 z축방향의 힘과 변위의 비를 벌림상수라고 부른다. 콘택트 모드용 캔틸레버의 스프링 상수는 통상 1 N/m 정도 또는 그 이하, 다이내믹 모드용 캔틸레버의 스프링 상수는 흡착의 영향을 피하기 때문에 수 N/m 이상이며, 일반적으로 스프링상수가 적을수록 작은 상호작용력을 감지할 수 있다.

그림 11.4(a)에 나타내는 단책형 캔틸레버의 z축방향 스프링정수 k_z는 캔틸레버의 길이, 폭, 두께를 각각 l, w, t라고 하면

$$k_z = \frac{E_t w t^3}{4 l^3} \tag{11.17}$$

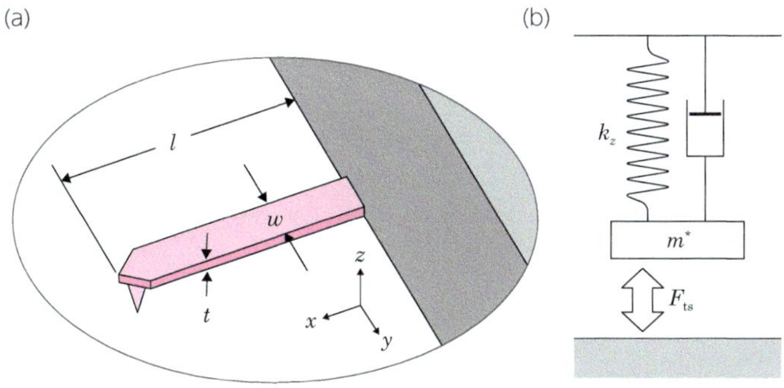

그림 11.4 캔틸레버
(a) 단책형 캔틸레버, (b) 조화 진동자 모델.

로 주어진다. 단, E_t는 캔틸레버 재질의 영률이며, Si의 경우는 170 GPa 정도이다.

11.5.2 탐침

캔틸레버의 탐침 형상은 보통 피라미드형이나 원추형이며, 선단 곡률 반경 R_t는 5~10 nm 정도이다. 또한 탐침의 길이(높이)는 수 μm~10 μm 정도이다.

탐침면을 도전성 박막이나 자성 박막으로 코팅한 캔틸레버는 정전기와 자기력 검출에 이용된다(표 11.1). 다만, 탐침에 박막을 코팅함으로써 탐침 끝단의 곡률 반경이 박막 두께만큼 커지기 때문에 코팅되지 않은 탐침과 비교하면 면내 분해능이 저하된다.

11.5.3 공진 주파수

공진 주파수란 캔틸레버를 크게 진동시킬 수 있는 주파수이며, 다이내믹 모드에서 특히 중요한 파라미터이다. 이 공진 주파수에서 공진의 날카로움을 Q값이라고 부른다. Q값은 힘 검출 감도를 크게 좌우하는 중요한 파라미터로, 캔틸레버를 진동시키는 환경에 따라 크게 변화한다. 전형적인 값은 진공 중에서는 수 천~수 만, 대기 중에서는 수십~수백, 액중에서는 10이하이다. 액 중에서 압전소자를 이용하여 캔틸레버를 여진하면, 여진 효율이 낮기 때문에 액셀 전체를 진동시켜 버리는 문제가 있다.

11

이 때문에 최근의 액 중 다이내믹 모드 AFM에서는 강도 변조 레이저를 캔틸레버에 조사하여 캔틸레버에 진동적인 열 구배를 발생시켜 캔틸레버를 진동시키는 광열여진법이 종종 이용된다. 칸틸레버는 그림 11.4(b)와 같은 조화 진동자로 모델링할 수 있으며, 그 운동 방정식은

$$m^*\ddot{z} + \gamma\dot{z} + k_z z = F_0 \cos\omega t + F_{ts}(z + z_0) \tag{11.18}$$

가 된다. 단, m^*는 유효질량, ω_0는 공진각 주파수($\omega_0 = \sqrt{k_z / m^*}$), γ는 감쇠상수, F_{ts}는 탐침-시료 간 상호작용력을 나타낸다. 칸틸레버는 각 주파수 ω의 외력에 의해 강제 진동하고 있으며, 시료 표면으로부터 평균 거리 z_0만 떨어져 있는 것으로 한다. 이 운동 방정식의 해를

$$z = A\cos(\omega t + \phi) \tag{11.19}$$

로 하고, 간단히 위해 $F_{ts} = 0$이라고 하면, 칸틸레버의 진폭과 위상은

$$A(\omega) = \frac{Q}{\sqrt{Q^2(1 - \omega^2 / \omega_0^2)^2\ \omega^2 / \omega_0^2}} \frac{F_0}{k_z} \tag{11.20}$$

$$\phi(\omega) = \tan^{-1}[-\omega_0\omega / Q\ (\omega_0^2 - \omega^2)] \tag{11.21}$$

가 된다. 단, Q는 캔틸레버의 Q값이며 $Q = k_z / \omega_0\gamma$로 주어진다. 그림 11.5에 $\omega \to 0$일 때의 진폭 F_0/k_z을 1로 한 규격화 진폭과 위상의 주파수 특성을 나타낸다. 진폭 F의 외력에 의해 캔틸레버를 공진 주파수 근방에서 진동시키면, 진폭은 $A(\omega_0) = QF_0/k_z$가 된다. 이것을 A_0라고 두면, 칸틸레버의 운동에너지는

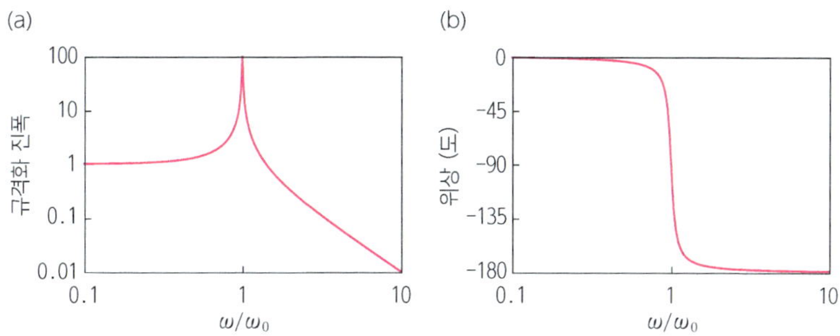

그림 11.5 캔틸레버의 공진 특성
(a) 규격화 진폭, (b) 위상.

$$E_{cl} = \frac{1}{2} k_z A_0^2 \tag{11.22}$$

이 되지만, 식 (11.18) 왼쪽변의 제2항에 의해 진동의 한 주기마다 운동에너지는 $(2\pi/Q)$ E_{cl}씩 손실되어 간다. 따라서 단위시간당 에너지 손실은

$$P_{cl} = \frac{k_z A_0^2 \omega}{2Q} \tag{11.23}$$

로 나타난다.

11

11.5.4 스프링 상수의 교정

AFM을 이용하여 정확하게 상호작용력을 측정하고, 예를 들어 Hertz 모델에 의해 탄성률을 산출하기 위해서는 올바른 스프링 상수를 알아야 한다. 여기서는 단책형 캔틸레버에 대한 교정 방법 두 가지를 소개한다.

(1) 공진 주파수와 Q값으로 산출하는 방법(Sader법[8])

유체역학 계산에 기초한 방법이며 캔틸레버의 평면 형상만 측정하면 되고 비교적 간편하다. 이 방법에 따르면 스프링 상수는

$$k_z = 0.1906 \rho_m w^2 l Q \Gamma_i \omega_0^2 \tag{11.24}$$

로 주어진다. 다만, ρ_m은 공기의 밀도(약 1.2 kg/m^3)이다. Γ_i는 유체역학 함수의 허수항이며

$$\Gamma_i = \frac{3.8018}{\sqrt{2\mathrm{Re}}} + \frac{2.7364}{2\mathrm{Re}} \tag{11.25}$$

와 근사할 수 있다[9]. Re는 레이놀즈수이며, 관성력과 점성에 의한 마찰력과의 비로 정의되어 있으며

$$\mathrm{Re} = \frac{\rho_m w^2 \omega_0}{4\eta_m} \tag{11.26}$$

로 주어진다. 다만, η_m은 공기의 점성계수(약 1.8×10^{-5} Pa·s)이다.

(2) 열진동 노이즈에서 추출하는 방법

캔틸레버는 압전소자 등을 사용하여 여진하지 않아도 항상 열진동하고 있다. 이 방법은 열진동 에너지를 전체 주파수 대역에 걸쳐 적분하면 에너지 등분배법칙에 따라 예측되는 값이 되는 것을 이용하는 방법이다. 이 방법에 따르면 스프링 상수는

$$k_z = k_B T / \ z_{th}^2 \tag{11.27}$$

로 주어진다. 단, $\langle z_{th}^2 \rangle$는 칸틸레버 끝단의 변위의 제곱 평균, k_B는 볼츠만 상수, T는 환경 온도(통상적으로는 실온)이다. 이 방법에서는 캔틸레버의 열진동 스펙트럼을 전 주파수 대역에 걸쳐 적분할 필요가 있는데, 광지렛대법에서는 캔틸레버의 변위가 아닌 각도 변화를 검출하고 있다는 점, 또 변위 검출계로부터의 신호에는 열진동 유래가 아닌 노이즈 성분이 포함되므로 실제로는 스펙트럼 분석기 등을 사용하여 변위 검출계로부터 출력되는 전압 신호의 주파수 스펙트럼 $\delta V(\omega)$를 취득하고, 1차 공진 주파수 근방에서의 이론식

$$\delta V(\omega) = S_{ds}^{dyn} \sqrt{\frac{2k_B T}{\pi k_z Q \omega_0 \left[1-(\omega / \omega_0)^2\right]^2 + \left[(\omega / \omega_0)/Q\right]^2} + N_{ds}^2} \tag{11.28}$$

11

에 대해 피팅하는 방법이 취해진다(그림 11.6). 다만, N_{ds}는 광지렛대 변위 검출계의 노이즈(등가잡음 변위밀도)이고, S_{ds}^{dyn}은 변위 검출계의 감도이다. S_{ds}^{dyn}은 미리 교정해 둘 필요가 있는데, 그 교정방법으로 가장 널리 이용되고 있는 방법은 충분히 단단한 시료에 대해 캔틸레버를 눌러 포스 커브(후술)를 측정하는 방법이다. 다만, 포스 커브 계측으로 교정된 변위 검출감도(S_{ds}^{FC})는 콘택트 모드에서의 감도이며(11.6절 참조), 열진동 스펙트럼 측정에서 변위 검출 감도(S_{ds}^{dyn})는 다이내믹 모드에서의 감도이다. 이들 사이에는 $S_{ds}^{FC}=1.09S_{ds}^{dyn}$이라는 관계가 있다[10].

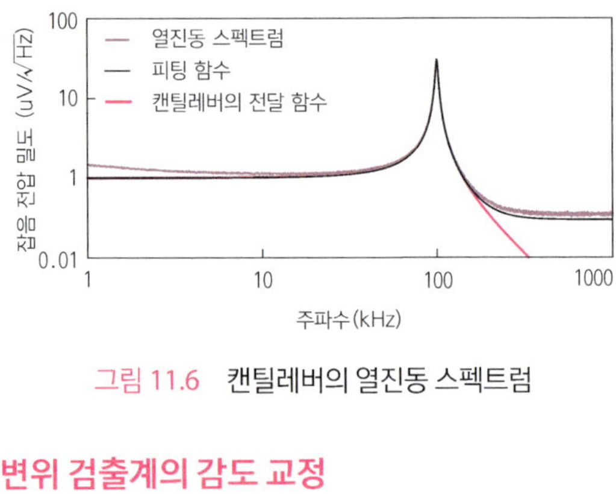

그림 11.6 캔틸레버의 열진동 스펙트럼

11.5.5 광지렛대 변위 검출계의 감도 교정

광지렛대 변위 검출계는 캔틸레버 선단의 변위가 아닌 각도 변화를 검출하는 방법이므

로 상호작용력의 정량적으로 평가하기 위해서는 종종 교정이 필요하다. 여기서는 다음과 같은 두 가지 방법을 소개한다. 첫 번째 방법은 전항 (1)의 방법(Sader법)에서 스프링 정수를 결정한 후에 열진동 스펙트럼을 측정하고 그것을 식 (11.28)에 피팅하는 방법이며, 이에 따라 S_{ds}^{dyn}가 구해진다. 두 번째 방법은 다음 절에서 소개하는 포스 커브 측정에 의해 S_{ds}^{FC}를 구하는 방법이다. 이미 기술한 바와 같이, $S_{ds}^{FC}=1.09S_{ds}^{dyn}$의 관계가 있기 때문에 어느 방법을 이용하든 콘택트 모드, 다이내믹 모드 모두에 있어서의 감도를 교정할 수 있다.

11.6 포스 곡선 측정

탐침-시료 간 상호작용력의 탐침-시료 간 거리 의존성을 조사하는 가장 간편한 기법이 콘택트 모드 AFM에 의한 포스 커브 측정이다. 포스 커브를 정량적으로 해석하기 위해서는 Z축용 압전소자의 교정은 물론, 캔틸레버의 스프링 상수나 (광지렛대) 변위 검출계의 교정도 필요하며, 이하와 같이 데이터의 변환이 필요하다(그림 11.7(a)).

콘택트 모드 AFM에서는 통상 캔틸레버의 휨이 일정, 즉 탐침-시료간 상호작용력이 일정하도록 탐침 시료간 거리를 제어하고 있기 때문에 포스 커브 측정시에는 이 제어를 일단 끊고 탐침-시료간 거리를 변화시키고 이에 따라 생기는 탐침-시료간 상호작용력의 변화를 기록한다. 통상 탐침-시료간 거리에 이용되는 Z축용 압전소자에 삼각파 전압신호가 인가되어 압전소자를 변위시키고, 그간의 캔틸레버의 휘어짐 신호가 기록된다(그림 11.7(b)) 이렇게 얻어지는 그래프는 포스 커브라고 불리지만 압전소자의 변위에 대한 휘어짐 신호의 변화를 나타내는 그래프일 뿐 탐침-시료간 상호작용력의 탐침-시료간 거리 의존성을 나타내는 그래프로 변환할 필요가 있다. 11

캔틸레버 선단에 있는 탐침에 수직인 힘 F_{ts}가 작용하여 캔틸레버 선단에 휘어짐 d가 생겼다면 상호작용력과 스프링 상수의 관계는

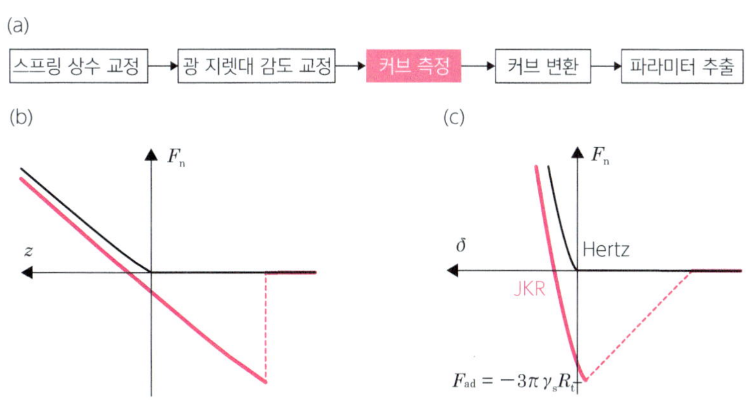

그림 11.7 포스 커브 측정
(a) 측정 플로우, (b) 변환 전의 포스 커브, (c) 변환 후의 포스 커브

$$F_{ts} = k_Z d \tag{11.29}$$

가 된다. 광간섭 방식의 변위 검출계를 이용한 AFM에서는 변위를 직접 검출할 수 있기 때문에 d를 직접 측정할 수 있다. 따라서 즉시 F_{ts}를 산출할 수 있다.

한편, 광지렛대 변위 검출계에서는 아래와 같이 변위 검출 감도의 교정을 실시한다. 다만, 압전소자(스캐너)가 미리 교정되어 있는 것이 전제이다. 충분히 단단한 시료에 대해 탐침을 접촉시켜 밀어 넣으면 탐침은 시료에 거의 밀려들지 않고 척력에 의해 캔틸레버가 휘어진다. 즉, 압전소자의 변위량과 캔틸레버 선단의 변위가 거의 같다고 생각해도 된다. 압전소자의 변위량을 Δs_{cal}로 했을 때의, 휘어짐 신호의 변화량 ΔV_{cal}와의 관계로부터, 캔틸레버의 변위 검출 감도는 $S_{ds}^{FC}=\Delta V_{cal} / \Delta s_{cal}$가 된다. 일단 S_{ds}^{FC}가 교정되면, 휘어진 신호 V_d로부터 실제 휘어진 d를 구하는 것은 용이하며($d=V_d / S_{ds}^{FC}$),

$$F_{ts} = k_z \frac{V_d}{S_{ds(FC)}} \tag{11.30}$$

로서 상호작용력을 산출할 수 있다.

한편, 포스 커브의 가로축에 관해서는 압전소자의 변위를 s, 캔틸레버의 휨을 d라고 하면, $s = d + \delta$이 된다. 단, δ은 탐침의 밀어넣기 깊이(탐침-시료간 거리)이다. 포스 커브의 가로축을 s에서

11

$$\delta = s - d = s - \frac{V_d}{S_{ds}^{FC}} \tag{11.31}$$

로 변환하면 δ과 F_{ts}의 관계를 얻을 수 있다(그림 11.7(c)). 이를 Hertz나 JKR의 접촉 모델(11.4.2항 참조)과 비교하면 탄성률 등의 물성값을 얻을 수 있다.

11.7 마찰력 현미경(FFM)

탐침-시료간 상호작용력에 의해 탐침에는 z축방향 뿐만 아니라 x축방향이나 y축방향으로도 힘이 작용하는 캔틸레버의 구조상 z축방향의 힘과 x축방향의 힘을 구별하여 검출하기는 어렵지만, 광지레 변위 검출계에서 4분할 포토다이오드를 이용하면 y축방향의 힘을 캔틸레버의 비틀림으로 독립적으로 검출할 수 있다. 이렇게 마찰력의 크기를 화상화하는 방법을 마찰력 현미경(Friction Force Microscope: FFM)이라고 부른다. FFM에서는 통상 캔틸레버의 y축 방향을 고속주사축으로 한다.

캔틸레버의 비틀림 상수는 탐침 선단에서 y축 방향의 힘과 탐침 선단의 y축 방향의 변위의 비에 의해 정의되며

$$k_y = \frac{Gwt^3}{3lh^2} \tag{11.32}$$

로 주어진다. 다만 G는 강성률, h는 탐침의 길이를 나타낸다.

11.8 다이내믹 모드

다이내믹 모드 AFM은 캔틸레버의 공진주파수의 변화로부터 탐침-시료간 상호작용력을 검출하는 방법이다. 캔틸레버를 공진주파수 근방의 주파수로 강제 진동시켜 상호작용력에 의해 생기는 진폭의 변화를 검출하고 이를 일정하게 유지하도록 거리 제어를 수행하는 진폭변조(Amplitude Modulation: AM)법과 캔틸레버를 자려발진에 의해 항상 공진주파수로 진동시켜 놓고 공진주파수의 변화를 주파수 검출(복조)회로를 이용하여 측정하여 이를 일정하게 유지하도록 거리 제어를 수행한다.

11.9 로그인 앰프를 이용한 응용 측정

로그인 앰프는 입력 신호에 포함되는 다양한 신호 성분 중, 참조 신호와 동일 주파수의 특정 신호 성분의 전압 또는 전류의 크기 및 참조 신호에 대한 위상차를 측정하는 계측기이다. 그동안 로그인 앰프를 이용한 SPM응용 측정 기법이 많이 개발되어 있다(표 11.1).

예를 들어 동적 모드 AFM에서 탐침-시료 간 바이어스 전압을 변조하고, 탐침-시료 간 상호 작용력 중 변조에 응답하는 정전기력 성분을 검출하고 화상화하는 수법은 정전기력 현미경(Electrostatic Force Microscope: EFM)으로 불린다. 게다가, 이 응답 성분을 바이어스 전압 피드백 제어에 의한 지우는 것이고, 그 제어 전압에서 시료 표면 전위 또는 일 함수를 영상화하는 방법이 켈빈 프로브 표면력 현미경(Kelvin-Probe Force Microscope: KPFM)이다. 또, STM에서는 탐침-시료 간 바이어스 전압을 미소하게 변조하고 터널 전류에 나타나는 응답 성분을 검출하면, 탐침 또는 시료의 상태 밀도를 계측할 수 있다(터널 분광법), 한편, 탐침-시료 사이 거리를 미소로 변조하면, 터널 장벽 높이를 계측할 수 있다(장벽 하이트 이미징).

11.10 SPM 관찰의 요령

이상 SPM의 측정원리, 장치구성, 데이터의 해석방법에 대해 말해 왔는데, 마지막으로 SPM 관찰에 있어서 주의해야 할 몇 가지 사항을 들어 둔다.

【탐침】

- 탐침 끝은 매우 예민하다, 정전기에 의한 선단이 파손되거나 먼지와 유기물이 부착하는 것이 있어서 데시케이터 등에 저장하고 빨리 사용하면 좋다(사재기를 하지 않기).
- 탐침에 유기물이 붙어 버렸을 경우, UV오존 세척 장치를 이용하여 세정하면 제거할 수 있다.

【시료】

- 시료를 온도가 다른 장소에서 가져와 바로 관찰하면, 열팽창(또는 열수축)에 의한, 시료 표면이 탐침에 시간과 함께 다가오는(멀어져) 같은 현상(드리프트)이 생기다 시료 온도가 시료대 온도와 이 정도에 들어갈 때까지 충분히 기다리면 좋다.
- 관찰 전 시료에 먼지가 붙고 있는 경우, 카메라용 송풍기는 쓰지 않고 에어 더스터를

사용하는 것. 에어 더스터에서 물리치지 않는 쓰레기는 아세톤을 침투시키고 사용한 셀룰로오스 아세테이트 필름을 붙여, 고화 후 떼어 냄으로써 제거할 수 있다.
- 시료를 시료대에 고정할 때 양면테이프를 사용하면 고정 시에 눌린 양면테이프가 서서히 원래대로 돌아가(완화)과정에서 드리프트가 생기기 때문에 별로 권장되지 않는다.
- 얹는 것만으로도 충분한 일이 많은데 주사 중에 시료가 움직이는 경우는 에폭시 접착제나 은 페이스트를 사용하여 고정하면 좋다.
- AFM에 의한 절연체 시료의 관찰에 있어서, 잘 접근하지 못하거나 관찰할 경우, 시료의 대전 때문이 원인이라면 정전 블로워나, 연X선을 이용한 정전기 제거 장치로 대전 제거할 수 있다.

【스캐너】
- 압전소자는 전압에 대한 변위의 변화에 비선형성이 있고, 또 히스테리시스(이력현상), 크리프와 같은 압전체 특유의 성질이 있다.
- 비선형성으로 인해 측정대상물의 측장이 올바르게 수행되지 못하거나, 히스테리시스에 의해 고속주사축의 순방향(트레이스)과 역방향(리트레이스)에서 표면형상이 일치하지 않거나, 크리프에 의해 주사 개시 직후에 크게 상이 왜곡되는 문제가 발생한다.
- 비선형성의 문제는 전압에 대한 변위의 변화를 압전상수가 아닌 비선형성을 고려한 다항식으로 나타내는 것으로 어느 정도 대처 가능하지만 히스테리시스나 크리프의 문제는 압전소자의 변위를 측정하여 인가전압을 피드백 제어하는 클로즈드 루프 스캐너를 이용할 수밖에 없다. 스캐너의 특성을 잘 알고 장치를 사용하는 것이 바람직하다.
- Z축용 압전소자의 가동범위를 알아둘 것. 통상 어프로치 후에는 Z축용 압전소자의 가동범위의 중심 부근에서 탐침-시료간 거리를 제어하되, 드리프트에 의해 가동범위에서 벗어날 수 있을 것 같으면 재접근하면 좋다.

[콘택트 모드 AFM]
- 콘택트 모드 AFM에서 캔틸레버를 길이방향(x축방향)으로 주사하면 수직방향(z축)의 힘과 x축방향의 마찰력 모두가 캔틸레버의 휘어짐을 일으키므로 트레이스 리트레이스에서 상호작용력이 일정하지 않게 되거나 시료에 손상을 줄 수 있다.
- 그러한 때에는 FFM과 마찬가지로 캔틸레버의 길이방향으로 수직인 방향(y축)을 고속주사축으로 주사하는 것이 좋다.

【다이나믹 모드 AFM】
- 공진 피크가 이상적이지 않은 경우, 받침대에 부착된 작은 쓰레기로 인해 캔틸레버가 올바르게 고정되어 있지 않은 경우가 많다. 이럴 때는 일단 받침대를 가볍게 닦는 등 쓰레기를 제거함으로써 개선될 수 있다.
- AM법에 의한 다이내믹 모드 AFM에서 큰 단차를 갖는 시료를 관찰할 때는 단차에 있어서 상호작용력이 크게 변화하는데, 진폭이 변화하려면 일정한 시간(Q/w_0 정도)이 소요되어 단차의 형상을 잘 추적하지 못할 수 있다. 이러한 현상을 낙하산 효과라고 부른다. 그림 11.8에 AFM에 의한 나노입자를 퇴적시킨 기판의 표면 형상상(주사범위: 1000 nm각)과 그 단면 프로파일을 나타내고 있다. 큰 나노입자를 탐침이 넘은 직

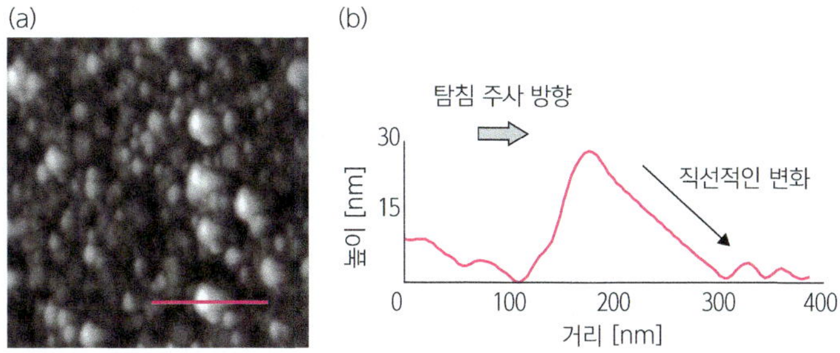

그림 11.8 낙하산 효과
(a) 낙하산 효과가 나타나고 있는 AFM상의 예, (b) 그림(a)의 빨간 선 단면 프로파일.

후에 진폭이 늘어나야 하는데, 주사 속도가 비교적 빨랐기 때문에 나노입자의 형상을 정확하게 측정하지 못하고 직선적인 프로파일이 되어 버린다는 것을 알 수 있다. 이런 경우에는 주사 속도를 줄이는 것이 좋다.

【탐침 교환 시기에 대해서】

- 탐침을 접근한 직후와 비교하여 분해능이 저하된 경우 탐침의 마모나 부착물에 의해 탐침 직경이 커졌을 가능성이 높다. 이럴 때는 탐침을 교환하는 것이 좋다.
- 또한 나노입자나 나노와이어 등 단면이 원이 되는 시료의 관찰에서 시료의 반경을 R_s, 탐침의 반경을 R_t이라고 하면 탐침 컨볼루션 효과(그림 11.9)에 의해 표면 형상상의 외관상 반경은 $2\sqrt{R_s R_t}$이 된다. R_s이 알려진 경우 탐침 직경을 추측할 수 있다.

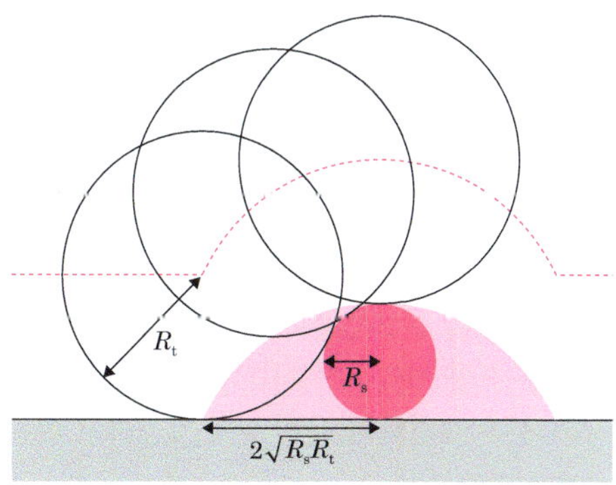

그림 11.9 탐침 컨볼루션의 영향

- 입자(또는 나노스케일의 볼록한 부분이 있는 시료)를 관찰할 때 모든 입자에 대해 근처에 같은 형상의 입자가 관찰되거나 단차가 이중으로 보일 경우 탐침측에 실효적인 탐침으로 작용하는 곳이 여러 개 있을 수 있다(더블 칩). 더블 칩에 의해 올바른 상을 얻지 못한 예를 그림 11.10(a)에 나타낸다. 이는 액중 FM-AFM에 의한 플라스미드 DNA의 표면 형상상(주사 범위: 170 nm각)이며 DNA가 약 8 nm 간격을 두고 2개가 있는 것처럼 보인다. 이럴 때는 탐침을 교환하는 것이 좋다.
- 모양이 비슷한 크고 작은 입자가 관찰될 경우, 시료 측 입자의 곡률 반지름보다 탐침 측 곡률 반지름이 더 클 수 있다. 그러한 이미지는 칩 이미지라고 불리는데, 이는 탐침 컨볼루션 효과에 의한 것이다. 그림 11.10(b)은 나노입자를 퇴적시킨 기판의 표면 형상상(주사 범위: 1000 nm각)인데, 모양이 매우 비슷한 크고 작은 입자를 볼 수 있다. 이럴 때는 탐침을 교환하는 것이 좋다.

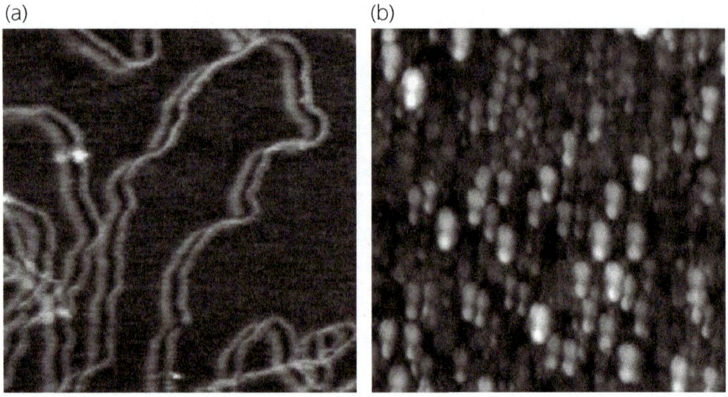

그림 11.10 더블 칩
(a) 더블 칩에 의한 AFM상의 예, (b) 칩 이미지의 예.

【진동이나 노이즈의 영향에 대해서】

- 주사중의 화상에 줄무늬가 나타나는 원인은 몇 가지 있다. 광지렛대법의 AFM에서는 캔틸레버 배면과 시료 표면에서 반사된 레이저 빛끼리 간섭하는 것으로, 종종 파장의 약 2배의 주기의 (통상적인 적색 반도체 레이저의 경우 1.3 μm 정도) 줄무늬가 나타난다. 이럴 때는 캔틸레버의 배면에 대는 레이저광의 스팟을 조금 끝에서 뿌리방향으로 움직이는 등 시료표면 레이저 광이 새지 않도록 하는 것이 좋다. 또한 피드백 게인이 너무 높아 발진하고 있는 경우에도 줄무늬가 나타난다. 게인을 내려보고 사라지는 경우는 이것이 원인이다. 이 중 어느 것도 아닌 경우, 주변에서 오는 전기적 소음(교류 전원의 주파수 등)이나 진동(음향) 소음일 가능성이 있다. 전기적 노이즈에 대해서는 도전성 시료이면 시료대와 도통을 취함으로써 개선될 수 있으며, 진동(음향) 노이즈의 경우 제진대가 올바르게 기능하고 있는지를 확인한다(방음 대책을 시행한다).

【화상 처리】

- SPM에서 얻을 수 있는 상에 기울기 보정이나 필터 등의 화상 처리를 할 때는 원리를 잘 이해한 후에 사용할 것. 그에 따라 아티팩트(화상 처리에 의해 새롭게 생기는 줄무늬 등의 패턴)가 발생하지 않도록 주의할 것.
- 표면형상상은 통상 주사 중에 Z축용의 압전소자의 궤적을 화상화한 것으로, 그 절대값은 그다지 중요하지 않고, 화상내의 상대적인 높이의 차이를 알면 된다. 이 때문에, 경사 보정이나 곡면 보정 등의 화상 처리를 해도 문제가 없지만, KPFM의 표면 전위상 등의 물성값 상에 대해서는 측정으로 얻은 절대값이 중요한 경우가 많아, 통상 이러한 처리는 행하지 않는다.
- 화상처리 소프트웨어를 사용하면 특정 주사선이나 픽셀마다 고도의 이미지 리터치 조작이 가능하나, 자의적인 처리는 위조로 간주될 수 있으므로 주의가 필요하다.

11.11 끝에

본 장에서는 주로 AFM의 측정 원리, 장치 구성, 데이터의 해석 방법, 장치를 사용할 때의 주의점 등에 대해 이야기했다. 최근의 SPM 장치는 하드웨어, 소프트웨어의 개량이 진행되어 사용자가 수동으로 파라미터를 조정하지 않아도 자동으로 조정할 수 있는 장치들이 많아졌다.

그러나, 각 파라미터의 의미를 이해한다면, 파라미터를 수동으로 최적화할 수 있고, 공간 분해능이 높고 날렵한 이미지를 얻을 수 있을 것이다. 또한 SPM 사용 경험이 적거나 관찰 경험이 없는 시료를 관찰하는 경우에 주사해도 전혀 이미지를 얻을 수 없다/생각한 대로 이미지를 얻을 수 없다/상을 어떻게 해석해야 할지 모르는 등 다양한 문제에 직면할 수 있을 것이다. 그러한 때에 탐침이나 캔틸레버의 특성과 시료와의 궁합, 상호작용력의 특성, 압전 소자의 특성, 피드백의 원리 등의 지식이 있으면 문제를 해결할 수 있는 가능성이 높아질 것이다.

이 장이 그런 문제 해결의 단초가 되었으면 좋겠다.

【참고 문헌】

1) G. Binnig et al, *Appl. Phys. Lett.*, **40**, 178 (1982).
2) G. Binnig et al, *Phys. Rev. Lett.*, **56**, 930 (1986).
3) C. F. Quate, *Phys. Today*, **39**, 26 (1986).
4) Y. F. Dufrêne et al, *Nat. Nanotechnol.*, **12**, 295 (2017).
5) L. Gross et al, *Nat. Chem.*, **2**, 821 (2010).
6) J.N.イスラエルアチヴィリ,『分子間力と表面力　第3版』,朝倉書店 (2013).
7) K. L. Johnson, "Contact Mechanics," Cambridge University Press (1985).
8) J. E. Sader et al, *Rev. Sci. Instrum.*, **70**, 3967 (1999).
9) A. Maali et al, *J. Appl. Phys.*, **97**, 074907 (2005)
10) S. M. Cook et al, *Nanotechnol.*, **17**, 2135 (2006).

Appendix 부 록

부록 1 시료 용해에 이용되는 시약 및 그 용해 반응

금속 원자량	용해에 이용되는 산 등	용해 반응	주의점 · 유의점
Ag 107.9	질산 통상은 질산(1 + 1)	HNO_2를 포함한 HNO_3에 녹는다. $Ag + 2HNO_3 \rightarrow AgNO_3 + H_2O + NO_2$ 또는 $4Ag + 8KCN + 2H_2O + O_2 \rightarrow 4K[Ag(CN)_2] + 4KOH$ 진한 H_2SO_4로 차가울 때는 서서히, 뜨거울 때는 SO_2가스를 발생하면서 쉽게 녹는다. $2Ag + 2H_2SO_4 \rightarrow Ag_2SO_4 + 2H_2O + SO_2$	비산화성 산(HCl, 묽은 H_2SO_4, 아세트산 등)에 거의 녹지 않는다. NaOH에 녹지 않는다.
Al 26.98	염산, 묽은 황산, 뜨거운 진한 황산, 염산(1 + 1) → 과산화수소, 혼산(염산 + 질산), 수산화알카리	비산화성 산(HCl, H_2SO_4, 아세트산)에 냉시역용이다. $2Al + 6HCl \rightarrow 2AlCl_3 + 3H_2$ NaOH 또는 KOH에 쉽게 녹고, H_2가스를 발생하면서, 알민산염이 생긴다. $2Al + 2NaOH + 6H_2O \rightarrow 2Na[Al(OH)_4] + 3H_2$	안정적인 산화물 피막이 생기고 산의 작용을 막는다(부동태) 때문에 산화성 산(HNO_3)에는 상온에서는 희농이 함께 녹지 않는다. 그러나 가열하면 우선 피막이 녹아서 금속이 심하게 녹는다. 99.999% 이상의 순도를 가진 Al은 염산으로 분해할 수 없다. 반응이 심하기 때문에 산은 조금씩 첨가한다
As 74.92	질산, 왕수	진한 HNO_3나 왕수에는 쉽게 녹아 H_3AsO_4가 생긴다. $As + 5HNO_3 \rightarrow H_3AsO_4 + 5NO_2 + H_2O$ 묽은 HNO_3에는 뜨거울 때 녹아 H_3AsO_3가 생긴다. $As + HNO_3 + H_2O \rightarrow H_3AsO_3 + NO$ 뜨거운 진한 H_2SO_4에는 SO_2 가스를 발생시키면서 녹고 H_3AsO_3가 생긴다. 이것은 산화되어 녹는 것에 의한다. 알칼리성 산화제(차아염소산, 표백분, 차아브롬산 등)에 녹아 비산염이 생기다. $2As + 5KBrO + 6KOH \rightarrow 2KAsO_4 + 5KBr + 3H_2O$ Cl_2와 쉽게 상온에서 반응하여 삼염화 비소가 생긴다. 브롬 또는 불소도 마찬가지로, 요오드는 열시와 같이 반응한다. $2As + 3Cl \rightarrow 2AsCl_3$	산소 부재로, 비산화성 HCl, 묽은 H_2SO_4에 녹지 않는다. 염산 용액으로 가열하면 As(Ⅲ)는 휘산하기 때문에 질산을 더하여 As(V)로 산화한다.
Au 197.0	왕수	Cl_2 물, Br, 물, 왕수 및 기타 산화제(예를 들어, Au 왕수) HNO_3, HIO_3, MnO_2, H_2O_2)를 포함하는 HCl에 녹는다. $2Au + 3Br_2 \rightarrow 2AuBr_3$ $2Au + 2HNO_3 + 6HCl \rightarrow 2AuCl + 2NO + 4H_2O$ $2Au + 3H_2O_2 + 6HCl \rightarrow 2AuCl_3 + 6H_2O$ $AuCl_3$는 과량으로 존재하는 HCl과 화합하여 보다 안정적인 착염인 테트라클로로금산(염화금산)을 형성한다. $AuCl + HCl \leftrightarrows H[AuCl_4]$ 산화력이 매우 강한 셀렌산 H_2SeO_4에 녹는다. 공기 산소의 협동작용에 의해 KCN 또는 NaCN에 녹는다(청화법). $4Au + 8CN + 2H_2O + O_2 \rightarrow 4[Au(CN)_2] + 4OH^-$	HCl, HNO_3, H_2SO_4, 등의 산에 녹지 않는다

금속 원자량	용해에 이용되는 산 등	용해 반응	주의점 · 유의점
B 10.81	질산 탄산나트륨(융해)	진한 HNO_3, 왕수에 의해 산화되어 붕산이 된다. 또는 융융 알칼리에 의해서도 산화되어 붕산염이 된다.	금속 중 일부가 질화물로 존재하는 경우 혼산(인산 + 황산)을 이용하여 충분히 백연이 발생할 때까지 가열해야만 분해할 수 있다.
Ba 137.3	물, 산, 수산화알카리	물에 H_2 가스를 발생시키면서 녹는다. 산 또는 수산화알칼리에 용이하다. $Ba + 2H_2O \rightarrow Ba(OH)_2 + H_2$	H_2SO_4를 이용하는 것은 피한다.
Be 9.012	황산, 염산	묽은 HCl, 묽은 H_2SO_4에 H_2가스를 발생시켜 녹는다. 진한 H_2SO_4에는 열시 SO_2가 발생하여 녹는다. 열시 진한 HNO_3에 녹는다. NaOH에 H_2가스를 발생시켜 녹는다.	냉시, 묽은 HNO_3에 거의 녹지 않는다.
Bi 209.0	질산, 진한 황산, 왕수	열 HNO_3에 녹는다. $Bi + 4HNO_3 \rightarrow Bi(NO_3)_3 + 2H_2O + NO$ 열 H_2SO_4에는 SO_2 가스를 발생시키면서 녹는다. $2Bi + 6H_2SO_4 \rightarrow Bi_2(SO_4)_3 + 3SO_2 + 6H_2O$ 왕수에 녹아서 염화물이 생긴다.	HCl에는 O_2의 부재로 녹지 않는다. 냉시, 묽은 H_2SO_4에는 녹지 않는다. 너무 희석하면 가수분해물을 생성한다.
Ca 40.08	물, 산, 알카리	물에 H_2 가스를 발생시키면서 녹는다. 산, 알칼리에 쉽게 녹는다. $Ca + 2H_2O \rightarrow Ca(OH)_2 + H_2$	
Cd 112.4	질산이 최적, 혼산(염산 + 질산) 혼산(염산 + 과산화수소)	농HNO_3에 쉽게 녹아서 산화질소 가스를 발생한다. $3Cd + 8HNO_3 \rightarrow 3Cd^{2+} + 6NO + 4H_2O + 2NO_2$ $4Cd + 10HNO_3 \rightarrow 4Cd^{2+} + 8NO + NH_4NO_3 + 3H_2O$ 묽은 HCl 또는 묽은 H_2SO_4에 서서히 녹아, H_2가스를 발생한다. $Cd + 2H^+ \rightarrow Ca^{2+} + H_2$	
Ce 140.1	산	산에 녹아서 H_2가스를 발생시키고, 제1세륨염을 발생시킨다.	
Co 58.93	질산 통상은 질산(1 + 1), 혼산(질산 + 염산)	묽은 HCl 또는 H_2SO_4에는 H_2가스가 발생하면서 서서히 녹고, 묽은 HNO_3에는 NO를 발생하면서 녹는다. $Co + 2HCl \rightarrow CoCl_2 + H_2$ $Co + 8HNO_3 \rightarrow 3Co(NO_3)_2 + 4H_2O + 2NO$	진한 HNO_3에는 녹지 않는다.
Cr 52.00	염산	HCl, 기타 할로겐화수소산, H_2SO_4, 옥살산에 H_2가스를 발생시켜 녹고, 우선 제1크롬염 Cr(II)를 생긴다. 공기 중에서 쉽게 산화를 받아 제2크롬염 Cr(III)로 변한다.	HNO_3에 녹지 않는다. 한번 산화성 산(HNO_3, 왕수)에 담근 Cr은 표면적으로 변화를 받아 부동태라고 불리는 상태가 된다. 그러므로 본래는 가용할 것인 HCl, H_2SO_4에도 불용이 된다. 그러나 HCl과 오래 끓이면 다시 녹게 된다.
Cs 132.9	물	물에 녹고 H_2가스를 발생시키며 수산화세슘을 발생시킨다.	
Cu 63.55	질산 통상은 질산(1 + 1)	HNO_3에는 용이다. 산화성 산에 녹는다. $Cu + 8HNO_3 \rightarrow 3Cu(NO_3)_2 + 2NO + 4H_2O$ 묽은 HCl에는 동시에 산소 또는 산화제가 공존하면 용해한다. $2Cu + 4HCl + O_2 \rightarrow 2CuCl_2 + O_2$ 열농 H_2SO_4에는 SO2 가스를 발생시키면서 녹는다. 이것은 H_2SO_4의 산화작용과 산의 작용에 의한 것이다. $Cu + 2H_2SO_4 \rightarrow CuSO_4 + SO_2 + 2H_2O$	묽은 HCl은 산소가 없어 상온에서 거의 녹지 않는다. 묽은 H_2SO_4에는 녹지 않는다.

A

금속 원자량	용해에 이용하는 산 등	용해 반응	주의점 · 유의점
Cu 63.55		초산에 서서히 녹는다. H_2O_2와 같은 산화제가 공존하면서 빠르게 녹는다. 금속 Cu는 농 KCN에 녹는다. 난해리성 시안 착이온의 생성에 의한 것이다. $2Cu + 4CN + H_2O \rightarrow 2[Cu(CN)_2] + 2OH + H_2$ HBr, HI, HCl의 각 진한 용액은 열시 서서히 금속 Cu를 녹여 수소가스를 발생한다. $2Cu + 4HBr\ 2H[CuBr] + H_2$ 여기에 물을 더하면 브롬화제일구리를 침전시킨다. [CuBrz] CuBr + 4Br 마찬가지로 15퍼센트 이상의 HCl에 열이 날 때 서서히 녹는다. $2Cu + 4HCl \rightarrow 2H[CuCl_2] + H_2$	
Fe 55.85	묽은 염산, 묽은 황산	묽은 HCl, 묽은 H_2SO_4, 아세트산, 기타 비산화성 산에 녹아 H_2가스를 발생시켜 제1철염을 일으킨다. $Fe + 2HCl \rightarrow FeCl_2 + H_2$ 냉시, 묽은 HNO_3에는 H_2가스를 발생하지 않고 녹아서, 주로 $Fe(NO_3)_2$ 및 NH_4NOa를 생기지만, 적은 N_2O와 H_2를 발생한다. $4Fe + 10HNO_3 \rightarrow 4Fe(NO_3)_2 + NH_4NO_3 + 3H_2O$ $4Fe + 10HNO_3 \rightarrow 4Fe(NO_3)_2 + N_2O + 5H_2O$ 열시, 진한 HNO_3에는 주로 NO를 발생시켜 녹아서 제2철염을 일으킨다. $4Fe + 4HNO_3 \rightarrow 4Fe(NO_3)_3 + NO + 2H_2O$ 열시 진한 H_2SO_4에는 SO_2 가스가 발생하여 녹는다. $2Fe + 6H_2SO_4 \rightarrow Fe_2(SO_4)_3 + 3SO_2 + 6H_2O$	부동태를 형성하기 때문에 냉시 산화성 산(진한 HNO_3, 진한 H_2SO_4, $H_2Cr_2O_2$)에는 녹지 않는다. 일단 부동태가 되면 비산화성 산에도 녹지 않게 된다. 이것을 환원제에 담그거나 표면에 긁힌 상처를 내면 부동태가 사라지고 녹게 된다. 냉할 때 진한 H_2SO에는 녹지 않는다.
Ge 72.63	혼산(염산 + 질산), 질산, 혼산(질산 + 황산), 수산화나트륨 용액 + 과산화수소수 옥살산 + 과산화수소	산화성 산(진한 HNO_3)과 반응하여 $GeOz \cdot H_2O$을 일으킨다. H_2SO_4 등)에 녹지 않는다. NaOH에는 상온에서는 녹지 않지만 열시 Na_2O_2에 녹는다. 용융된 NaOH에도 녹는다.	비산화성 산(HCl 또는 묽은H_2SO_4 등)에 녹지 않는다. NaOH에는 상온에서는 녹지 않는다. NaOH에는 상온에서는 녹지 않고 용융된 NaOH에도 녹는다. 염산이 과나안 경우는 사출와세, 루마늄으로 억제한다.
In 114.8	질산	묽은 HNO_3에 용해한다.	물, 알칼리와는 반응하지 않는다.
Ir 192.2	과산화나트륨(융해) 수산화나트륨(융해)	용액에서 석출된 미분말 모양의 것들은 서서히 왕수에 녹는다. Au, PT와 합금 중의 Ir은 왕수에 녹는다. 혼합융제 (NaOH, KNO_3)와의 용융 후에는 왕수에 녹아 $Na_2[IrCl_6]$의 용액이 생긴다.	금속의 고열 처리를 거친 것은 모든 산 또는 왕수에 불용된다. $KHSO_4$(융해)에 의해 반응하지 않는다(Rh와의 상이)
K 39.10	물	물과 Na보다 더 심하게 작용하여 H_2 가스를 발생시키고 수산화칼륨을 생성한다. $2K + 2H_2O \rightarrow 2KOH + H_2$	물과 격렬하게 반응하다. 보통은 소분해서 등유 속에 보관한다.
Li 6.941	물	물에 H_2 가스를 발생시키면서 녹아서 일반화 리튬을 생성한다. $2Li + 2H_2O \rightarrow 2LiOH + H_2$	물과 격렬하게 반응하다. 보통은 소분해서 등유 속에 보관한다.
Mg 24.31	염산, 질산	산에 아주 쉽게 녹다. 아세트산 같은 약산에도 녹는다.	일반적으로 산과의 반응은 격하므로 희석한 산을 이용한다. 반응이 심하므로, 산은 소량씩 첨가한다.
Mn 54.94	질산, 염산, 황산	비산화성 묽은산에 쉽게 녹아 H_2가스를 발생하면서 망간염(2가)을 발생시킨다. $Mn + 2HCl \rightarrow MnCl_2 + H_2$	온탕과 반응하고 서서히 H_2가스를 발생시키며 수산화망간을 석출한다.

A

금속 원자량	용해에 이용되는 산 등	용해 반응	주의점 · 유의점
Mn 54.94		산화성 산(HNO_3, H_2SO_4)에도 쉽게 녹아 망간염(2가)이 생기지만, H_2 가스는 발생하지 않고, 산의 산화 환원물을 생기다. HNO의 경우는 주로 산화질소를 발생한다. $3Mn + 8HNO_3 \rightarrow 3Mn(NO_3)_2 + 2NO + 4H_2O$ H_2SO_4의 경우, 주로 아황산을 발생한다. $Mn + 2H_2SO_4 \rightarrow MnSO_4 + SO_2 + 2H_2O$	$Mn + 2H_2O \rightarrow Mn(OH)_2 + H_2$
Mo 95.95	왕수, 황산 통상은 혼산(불산 + 질산)	산화성 산(HNO_3, 진한 H_2SO_4, 왕수) 또한 혼산(H_2SO_4과 HF)에 녹는다.	비산화성 산(HCl, 묽은 H_2SO_4)에 냉시 거의 녹지 않는다. 열시 녹는다. 주석산 첨가는 용액을 안정화시킨다.
Na 22.99	물	물을 쉽게 분해하여 H_2가스를 발생시키고 발화하는 일이 많아 NaOH를 발생시킨다. $2Na + 2H_2O \rightarrow 2NaOH + H_2$	물과 격렬하게 반응한다. 통상은 소분하여 등유 중에 보관한다.
Nb 92.91	혼산(불산 + 질산) 혼산(불산 + 과산화수소)	혼산(HF + HNO_3)이 이용된다. 분말의 경우에는 혼산(HF + 아산화수소)이 이용된다.	불소 이온이 함유되지 않은 용액은 불용성 산화물을 생성하기 쉽다. 가수분해를 방지하기 위해 HF 이외의 묽은 산 용액에서는 3%($(COONH_4)_2$)용액, H_2SO_4(1 + 1)용액이나 강알칼리용액으로 보존한다. 불소이온을 제거하고 싶다면 옥살산, 주석산, 구연산을 첨가하여 니옵산의 침전을 막을 수 있다.
Ni 58.69	질산, 혼산(질산 + 황산), 통상은 질산 (1 + 1)	묽은 HNO_3에는 쉽지만 진한 HNO_3에는 부동태가 되어 녹지 않는다. $3Ni + 8HNO_3 \rightarrow 3Ni(NO_3)_2 + 4H_2O + 2NO$	진한 HNO_3에는 부동태가 되어 녹지 않는다. 묽은 HCl 또는 묽은 H_2SO_4에 녹지 않음
Pb 207.2	묽은 질산	묽은 HNO_3에 녹는다. $Pb(NO_3)_2$가 물 및 묽은 HNO_3이 가용이어야 한다. $3Pb + 8HNO_3 \rightarrow 3Pb(NO_3)_2 + 2NO + 4H_2O$ 묽은 HCl은 Pb를 녹이기 어렵지만, 열농HCI는 가용성 착염 $H_2[PbCl_4]$를 생성하여 녹는다. 산소의 존재하에서 아세트산 수용액에 용해된다. $2Pb + O_2 + 4CH_3COOH \rightarrow 2Pb(CH_3COO)_2 + 2H_2O$	묽은 HCl이나 묽은 H_2SO_4에 잘 녹지 않는다. 진한 HNO_3에는 용해되기 어렵다. 진한 H_2SO_4에서 황산납을 생성한다. 황산납은 아세트산 암모니아에 용해된다. 묽은 H_2SO_4는 불용성의 $PbSO_4$를 생긴다. HF는 황산과 마찬가지로 부전성 막을 형성한다.
Pd 106.4	질산, 황산, 왕수, 황산수소칼륨	진한 뜨거운 H_2SO_4, 진한 HNO_3에 서서히 녹는다. 공기 산소 존재하에서, Pd(미분말)는 열파 HCl에 서서히 용해되어, $PbCl_2$를 생성한다. 왕수에 용해하여 $PdCl_2$ 및 $PdCl_4$를 생기지만 증발건고하면 모두 $PdCl_2$가 된다. $Pd + 3HCl + HNO_3 \rightarrow PdCl_2 + 2H_2O + NOCl$ $KHSO_4$와 용융하면 수용성의 $PdSO_4$를 생긴다.	묽은 H_2SO_4, HCl, HF에 거의 녹지 않음
Pt 195.1	왕수	열시, 왕수에 용해되어 헥사클로로백금산(염화백금)을 생긴다. 산화질소의 화합물 $PtCl_4 \cdot 2NOCl$를 부생하나, HCl와 증발을 반복하면 분해되어 전부 Hz[PtCl6]로 변한다. $3Pt + 18HCl + 4HNO_3 \rightarrow 3H_2[PtCl_6] + 8H_2O + 4NO$ 혼산(HCl + H_2O_2)도 왕수와 똑같이 작용한다	강산에 녹지 않는다.

A

금속 원자량	용해에 이용되는 산 등	용해 반응	주의점 · 유의점
Pt 195.1		HCl 및 Br도 작용하여 $[PtCl_6]^{2-}$ 및 [PtBr]의 혼합물을 생성한다.	
Rb 85.47	물	물에 녹고, H_2 가스를 발생시키고, 수산화루비듐을 발생시킨다. $2Rb + 2H_2O \rightarrow 2RbOH + H_2$	
Rh 102.9	왕수, 황산수소칼륨	미분말 모양의 것은 열시 진한 H_2SO_4 또는 왕수에 녹는다. $KHSO_4$와 융해하여 수용성의 $KRh(SO_4)_2$를 얻을 수 있다.	괴상은 산, 왕수에 거의 불용되어 있다.
Ru 101.1	과산화칼륨(융해)	KNO_3, $KClO_3$, Na_2O_2 등의 산화제를 포함한 KOH와 용융하면 루테늄산염 M_2RuO_4가 생긴다.	모든 산에 녹지 않는다. 왕수에도 거의 녹지 않는다.
Sb 12.8	왕수, 진한 황산	왕수나 Br를 포함한 HCl에는 쉽게 녹는다. 혼산(묽은 HNO_3 + HF)도 최상의 용제이다. 열 H_2SO_4에는 SO_2 가스를 발생하면서 녹아 $Sb_2(SO_4)$가 생긴다. 주석산의 존재 하에서는 HNO_3에 쉽게 녹는다. 일반적으로 산화제의 공존으로 HCl에 녹아서 $SbCl_3$ 또는 $SbCl_3$ 및 클로로아세트산 $H_2[SbCl_6]$ 또는 $H[SbCl_6]$가 생긴다.	비산화성의 산(HCl, 묽은 H_2SO_4)와 열을 올려도 거의 반응하지 않는다. 희농에 관계없이, HNO_3에는 거의 녹지 않지만, 산화를 받아, 묽은 HNO_3의 경우에는 Sb_2O_3를, 진한 HNO_3의 경우에는 Sb_2O_3 및 Sb_2O_5를 발생시킨다.
Se 78.97	질산, 왕수 질산(1 + 1)	농 HNO_3 또는 왕수는 Se를 산화하여 SeO_2를 만든다. SO_2는 물에 녹아서 아세렌산 H_2SeO_3로 변한다. 냉농 H_2SO_4에 녹아 녹색을 띤다. 셀레늄 삼산화황의 생성에 의한 것으로 추정되나, 물을 가하면 다시 적색 셀레늄과 H_2SO로 돌아간다. $Se(적색) + H_2SO_4 \leftrightarrows SeSO_3(녹색) + H_2O$	물을 가하지 않고 데우면 탈색되고 Se는 산화되어 SeO_2을 발생시켜 SO_2 가스를 발생한다.
Sn 118.7	진한 염산, 뜨거운 진한 황산, 왕수, 혼산(염산 + 과산화수소), 브롬화수소산, 요오드화수소산, 통상은 염산 + 질산(3:1)	묽은 HCl에 서서히 H_2 가스를 발생시키면서 녹아서 염화제일주석이 생긴다. $Sn + 2HCl \rightarrow SnCl_2 + H_2$ 백금판이나 선을 접촉시키면 전지 작용 때문에 용해가 빨라진다. 온농 HCl은 빠르게 녹아서 테트라클로로주석산을 만든다. $Sn + 4HCl \rightarrow H_2[SnCl_4] + 2H_2$ 진한 H_2SO_4에 녹이서, SO_2가스를 발생하면서 황산제2주석이 생긴다. $8n + 4H_2SO_4 \rightarrow Sn(SO4)_2 + 4H_2O + 2SO_2$ 묽은 HNO_3에 서서히 녹아서 질산제일주석과 질산암모늄이 생긴다. 이는 발생기 수소가 HNO_3를 환원함으로써 발생한다. $4Sn + 10HNO_3 \rightarrow 4Sn(NO_3)_2 + NH_4^+ + NO_3^- + 3H_2O$ 왕수에 녹아 염화제2주석을 생성한다. $3Sn + 4HNO_3 + 12HCl \rightarrow 3SnCl_4 + 4NO + 8H_2O$ 열시 진한 수산화알칼리 용액에, H_2가스를 발생시키면서 주석산염을 발생시킨다. $Sn + 2NaOH + H_2O \rightarrow Na_2[Sn(OH)_4] + H_2$	진한 HNO_3는 산화하여 주석산을 침전시킨다. $3Sn + 4HNO_3 + 10H_2O \rightarrow 3H_2[Sn(OH)_6] + 4NO$ 주석산은 탈수 축합하여 거대 분자인 불능성 메타주석산 SnO_2 nH_2O로 변화한다.
Ta 180.9		HNO_3와 HF로 쉽게 용해할 수 있다. 분말의 경우 HF, H_2O_2가 이용된다.	불소 이온을 제거하고 싶다면 옥살산, 주석산, 구연산을 가하여 탄탈산의 침전을 막는다.
Te 127.6		진한 HNO_3에는 산화되어 녹고, 그것을 증발하면 염기성 질산염 $Te_2O_3(OH)_3NO_3$의 결정을 석출한다. 왕수에 산화되어 녹아서 H_6TeO_6가 생긴다. 진한 H_2SO_4와 가열하면 SO_2 가스를 발생하여 H_2TeO_3를 발생시킨다.	물, HCl에 녹지 않는다. KCN의 진한 용액과 뜨거우나, KCN 분말과 용융하면 적색을 나타낸 텔룰화칼륨을 만든다

A

금속 원자량	용해에 이용하는 산 등	용해 반응	주의점 · 유의점
Te 127.6			$2KCN + Te \rightarrow K_2Te + (CN)_2$ 이 용액에 공기를 통하면 Te가 흑색 분말 형태로 석출된다. $2K_2Te + 2H_2O + O_2 \rightarrow 4KOH + 2Te$
Ti 47.87	불산, 묽은 염산, 묽은 황산	묽은 HCl에는 열시 녹고, 산화를 막으면서 녹으면 자색의 $TiCl_3$를 생성한다. 묽은 H_2SO_4에는 냉시녹아 $Ti_2(SO_4)_3$와 H_2가스를 만든다. 진한 H_2SO_4에는 열규녹아 $Ti(SO_4)_2$와 SO_2를 만든다. 최선의 용해제는 HF이며, 공기 중에서 녹이면 TiF_4를 생긴다. 혼산(HF + HCl, HF + H_2SO_4)도 이용된다	HNO_3은 난용성 티타늄산을 생성한다. 왕수에 의해 표면이 산화되어 티탄산 피막으로 덮여 잘 녹지 않는다.
Tl 204.4	질산	HNO_3에 비교적 쉽게 녹는다. 공기 중에서 가열하면 혼합 산화물(Tl_2O과 Tl_2O_3)이 생긴다.	묽은 HCl 또는 묽은 H_2SO_4는 녹아서 생기는 염이 난용성이기 때문에 상온에서는 잘 녹지 않는다. 물에는 공기의 부재로 녹지 않는다.
U 238.0	물	분말 형태의 것은 물과 상온에서 반응하여 H_2 가스를 발생시킨다. 산에는 H_2 가스를 발생시키면서 녹아서 U^{4+}의 염이 생긴다.	HNO_3에 대하여 부동태가 되어 잘 녹지 않는다. 분말상의 것은 격렬하게 NO를 발생시켜 녹는다. 수산화알칼리에는 녹지 않는다.
V 50.94	질산, 황산	산화성 산(HNO_3 또는 열농 H_2SO_4)에 녹고, 또 왕수 또는 $HClO_3$, $HClO_4$ 등에 녹으면서 바나딘산을 생긴다. 탄산 알칼리에는 바나딘산염이 되어 녹는다.	묽은 산에는 거의 녹지 않는다. 수산화알칼리 용액에는 녹지 않는다.
W 183.3	불산, 혼산(황산 + 불산)	혼산(HNO_3 + HF)에는 착염을 생성하고 서서히 녹는다. 알칼리성 산화성 융제(예를 들어 무수 Na_2CO_3, KNO_3 혼합물 또는 $NaNO_2$)와 융해하면 격렬하게 반응하여 Na_2WO_4 또는 K_2WO_4를 생긴다.	HCl, H_2SO_4에 잘 녹지 않는다. 진한 HNO_3나 왕수에는 부동태를 형성하고 표면이 반응하는 정도이다. 질산, 혼산(염산 + 질산) 분해 시 주석산을 첨가한다.
Zn 65.38	묽은 염산, 묽은 질산, 묽은 황산	비산화성 산 또는 수산화알칼리에 녹아 H_2가스를 발생한다. 묽은 HCl, 묽은 H_2SO_4, 아세트산에 녹는다. 단, 순수 금속의 용해는 극히 느리고 불순 금속은 쉽게 녹는다. $Zn + HCl \rightarrow Zn^{2+} + 2Cl + H_2$ Cu, Pt 등을 접촉시키면 전지 작용에 의해 부드럽게 녹는다. 산화성 산에 녹지만 H_2 가스를 발생시키지 않는다. 묽은 HNO_3에 녹을 때, NH염을 부생한다. $4Zn + 10HNO_3 \rightarrow 4Zn^{2+} + 9NO + NH_4^+ + 3H_2O$ 약간 진한 HNO_3에는 녹고, 주로 NO가스를 발생한다. 그 농도가 묽으면 NO_2 가스도 발생한다. $3Zn + 8HNO_3 \rightarrow 3Zn^{2+} + 6NO + 2NO + 4H_2O$ $4Zn + 10HNO_3 \rightarrow 4Zn^{2+} + 8NO + N_2O + 5H_2O$ 열농 H_2SO_4에는 SO_2 가스가 발생하여 녹는다. $Zn + 2H_2SO_4 \rightarrow Zn^2 + SO^2 + SnO_2 + 2H_2O$ NaOH 등의 수산화나트륨에 녹아 H_2 가스를 발생한다. $Zn + OH \rightarrow ZnO_2^{2+} + H_2$	$Zn(NO_3)_2$가 진한 HNO_3에 잘 녹지 않기 때문에 진한 HNO_3, 이것은 잘 녹지 않는다
Zr 91.22	불산, 혼산(불산 + 염산, 불산 + 질산)	HF 및 왕수에는 상온에서도 녹는다. 열 H_3PO_4에 녹는다.	HCl, H_2SO_4, HNO_3에는 거의 녹지 않는다.

A

参考: 川田哲, ぶんせき, 546(2012).
西村耕一, 山岸良司, 長島弘三, 多田格三, 神森大彦, 分析化学, 21, 111 (1972).
高木誠司,『新訂 定性分析化学 中巻 イオン反応編』, 南江堂 (1995).
長嶋弘三, ぶんせき, 572(1979).
中村 洋 監修,『分析試料前処理ハンドブック』, 丸善 (2005).
原子量は, 日本化学会原子量委員会(2020) の「4桁の原子量表 (2020)」に基づいている.

부록 2 무기원소 분석을 위한 각종 시료의 용해 예

원소 원자량	각종 시료의 용해 예
Ag 107.9	【기본】 HNO_3(1 + 1)로 쉽게 용해된다. 【유기물】 습식회화 후 HNO_3(1 + 1)로 처리한다. 【광석류, 할로겐화물】 Na_2CO_3로 용해한 후 온수로 침출하고 잔여물을 HNO_3로 처리한다. 【황화물, 히화물, 텔루루화물】 HNO_3로 처리하고 잔여물을 Na_2CO_3로 용해하여 HNO_3에 용해한다. 건식법도 있다. 용도의 분해법이다. 【금속】 혼산(HNO_3 + H_2SO_4)을 이용하는 경우도 있다. 미량의 Ag에 대해서는 왕수로 분해해도 된다.
Al 26.98	【유기물】 습식 또는 건식회화에 의해 분해될 수 있지만 휘산손실이 적은 습식회화가 바람직하다. 생체시료에는 마이크로파 가열분해법도 사용된다. 【규산염】 Na_2CO_3로 용해한다. 【산화알루미늄】 $KHSO_4$, 혼합융제(Na_2CO_3 + HBO_3), 혼합융제(Na_2CO_3 + $Na_2B_4O^-$)로 용해한다. 【금속】 산화피막에 의해 보호되어 HNO_3에는 녹지 않지만 왕수에는 쉽게 녹는다, 고순도가 아니면 묽은광산(무기산)에, 또 열알칼리에도 녹는다.
As 74.92	【기본】 건식회화: 삼염화비소($AsCl_3$)로서 휘산하는 것을 막기 위하여 시료에 산화마그네슘과 질산마그네슘을 섞어 100°C에서 건조 후, 550~600°C에서 회화한다. 냉각 후 물에 적신 후 HCl에 용해하여 시료로 한다. 습식 분해법: $AsCl_3$의 휘발성을 막기 위해 산화성 산(진한 HNO_3나 왕수 등)을 이용한다. 과망간산칼륨을 첨가하여 5가 상태를 유지하면서 분해하면 As의 손실은 거의 완전히 막을 수 있다. 【유기물】 혼산(H_2SO_4 + HNO_3), 혼산(H_2SO_4 + HNO_3 + $HClO_4$)에 의한 분해법이 이용되고 있다. 【규산염 암석】 니켈 도가니 중에서 혼합융제(NaOH + Na_2O_2) 혹은 혼합융제(Na_2CO_3 + $NaNO_3$ + Na_2O_2)로 가열용해한다.
Au 197.0	【기본】 Au의 분해는 산화제를 필요로 하며, 가장 좋은 용해제는 왕수이다. 【유기물】 저온 또는 습식회화 후 왕수에 용해된다. 회화 시 환원된 Au가 용기에 부착되어 왕수에서도 용해가 불가능할 수 있으므로 주의가 필요하다. 【산화광, 슬래그】 HCl에서 용해한다. 【황화광, 매트, 합금, 지금】 HNO_3로 처리하고, Au를 불용해물로서 호별 후, 왕수에 용해한다. HNO_3 처리 시 시료 중 염화물이 존재하면 Au가 용해되므로 주의가 필요하다.
B 10.81	【수용성 시료】 물에 용해된다. 부유물은 여과하여 제거한다. 【산에 가용한 시료】 HCl, HNO_3, $HClO_4$ 등으로 용해한다. 증발건고, 혹은 백연처리하면 B의 일부가 휘산한다. 휘산억제제로서 만니톨, 주석산 등을 첨가한다. HF는 불소를 형성하여 휘산하므로 사용하지 않는다. 【산에 불용한 시료】 Na_2CO_3 등으로 가열 용해 후 산으로 용출한다. 【생체 시료 등】 $Ca(OH)_2$나 산화 랜턴 등의 휘산 억제제를 첨가하여 저온(550°C)에서 재화 후 산에 용해한다. 【BN】 혼산(H_2SO_4 + H_3PO_4)에 의한 고온에서의 백연 처리로 분해할 수 있다.
Ba 137.3	【기본】 H_2SO_4를 이용한 방법은 피한다. 【중정석 $BaSO_4$】 Na_2CO_3 융해가 좋으나, Pb를 포함하는 경우는 요오드화수소산(HI)을 이용한 내압용기 내에서 분해한다.
Be 9.012	【금속】 안정적인 산화 피막을 만들기 쉬우므로 HNO_3에는 잘 녹지 않는다. 묽은 H_2SO_4, HCl, $HClO_4$에 용해된다. 알칼리에 녹지만 물로 희석하면 수산화물의 난용성 침전을 만든다. 【BeO】 H_2SO_4(1 + 1)를 이용하여 가열 용해한다. 잘 녹지 않는 경우에는 여러 방울의 HF를 첨가하면 된다. 【암석 시료】 Na_2CO_3 융해 후, HCl에 용해한다. 【기타】 Li 참조
Bi 209.0	【유기물】 혼산(HNO_3 + H_2SO_4)을 이용하여 습식 분해한다. 【천연수 시료】 채취 후 즉시 HNO_3를 첨가하여 산성으로 보존한다. 【산화물이나 염류】 HNO_3 외, HCl이나 H_2SO_4에도 녹는다. 【광물】 HNO_3에 용해하여 HCl과 H_2SO_4를 첨가하여 증발시킨다. 【암석이나 퇴적물】 건조 시료의 적당량(0.1~0.5 g)을 테프론 비커에 취해 HNO_3, HF, $HClO_4$를 첨가하여 200°C에서 완만하게 가열 분해한다. 백연이 생길 때까지 증발한 후 묽은 HCl에 용해하고 불용성인 것은 별도로 한다. 【금속】 HNO_3를 이용해 분해한다.
Ca 40.08	【기본】 난용성 염을 만드는 HF, H_2SO_4, H_3PO_4에 의한 시료의 용해는 피한다. 【유기물】 혼산(HNO_3 + $HClO_4$)에 의한 습식 분해 혹은 건식 회화 분해를 실시한다. 【규산염】 탄산염을 이용하여 융해 후 산에 녹인다.

A

원소 원자량	각종 시료의 용해 예
Cd 112.4	【기본】 HNO_3를 첨가하여 조용히 용해한 후, H_2SO_4와 HNO_3를 첨가하여 가열 분해한다. 【광석】 HCl 처리 후, HNO_3를 추가하고, H_2SO_4를 추가하여 백연을 발생시킨다. 생산된 가용성 염은 물에 용해된다. 【유기물】 HNO_3를 첨가하여 조용히 용해한 후, H_2SO_4와 HNO_3를 첨가하여 가열 분해한다.
Co 58.93	【유기화합물】 HNO_3, H_2SO_4, $HClO_4$로 습식분해한다. 건조, 회화로 건식회화 후, HCl에 용해한다. 【산화물】 HCl, H_2SO_4, 왕수로 가열용해한다. 【광석류】 HCl, HNO_3, H_2SO_4 등으로 가열 용해한다. 잔여분은 소량의 질산칼륨(KNO_3)을 더한 혼합융제($K_2CO_3 + Na_2CO_3$)로 융해한다. 【금속 Co 및 합금】 왕수, HNO_3로 가열 분해한다. 【Cr과의 합금】 과산화나트륨(Na_2O_2)으로 융해한다.
Cr 52.00	【유기물을 포함하는 시료】 산화제$(NH_4)_2S_2O_7$, HNO_3, $HClO_4$를 이용하여 습식 분해한다. $HClO_4$ 백연이 생길 때까지 가열할 때, 다량의 Cl이 공존하면 일부가 CrO_2Cl_2가 되어 휘산한다. 【크롬철광, 강열한 CrPO, 탄화물, 질화물】 $KHSO_4$, ($NaHSO_4$ + NaF(2 + 1)), Na_2O_2, (MgO + Na_2CO_3(4 + 1)), (NaOH + KNO_3), (NaOH + Na_2O_2)를 이용하여 융해한다. 융해 후, Cr은, CrO가 된다. 알칼리성 융제를 이용하면 Fe, Ti, Mn, Ni, Co 등 불용성의 수산화물 혹은 산화물이 되어 침전되어 Cr와 분리할 수 있다. 【금속】 묽은 HCl, 묽은 H_2SO_4에 H_2를 발생시켜 녹는다. 부동태가 생겨 잘 녹지 않을 때는 다른 금속을 접촉시키면 좋다. 【크롬강】 묽은 HCl, 묽은 H_2SO_4에 용해한다. 고합금강은 $HClO_4$를 병용한다. Ni를 다량 함유할 경우에는 미리 왕수로 분해한다. 혼산(HCl + H_3PO_4(1 + 1)), (H_2SO_4 + HNO_3)으로 분해한다. Cr가 다량 함유된 경우에는 HF를 첨가하여 가열하고 H_2O_2와 $HClO_4$를 순차적으로 가한다. 【해수】 시료 400 mL에 진한 HCl 3.5 mL와 $(NH)_2S_2O_7$ 1 g을 첨가하여 10분간 끓인다. 이것에 의해 Cr(ml)의 유기 착체는 분해되어, CrO_2가 된다.
Cs 132.9	Li, Na 항 참조
Cu 63.55	【유기물】 Cu의 유기 착체는 휘발되기 쉽다. 극히 미량의 Cu를 분석하는 경우에는 사용하는 산류에 포함되는 Cu를 무시할 수 없으므로 주의가 필요하다. 【황화광】 (HNO_3 + H_2SO_4(1 + 1))로 가열 분해하고 분해가 불완전한 경우 왕수를 추가한다. 자제 도가니 등으로 700~900℃로 가열하여 산화동으로 한 후 질산을 주체로 용해한다. 【규산염 광물】 HNO_3(1 + 1)나 역왕수(HCl-HNO_3(1 + 3))에 HF를 첨가하여 용해할 수 있지만, 산 처리 후의 잔시를 Na_2CO_3 등의 알칼리 융제에 의해 융해하여 용액화하는 것도 가능하다. 두 경우 모두 $HClO_4$ 또는 H_2SO_4 백연처리를 하고 최종적으로 적절한 산을 첨가하여 용액화한다. 【Cu합금】 HNO_3(1 + 1)로 가열 분해한다. 탄소, 규산분, 메타스산 등에 의한 흡착에는 주의가 필요하다. Sn을 다량으로 포함하는 경우에는 역왕수(HCl + HNO_3(1 + 3))로 분해한다.
Fe 55.85	【산화물】 Na_2CO_3, $Li_2B_4O_7$ 또는 이들 혼합물로 융해한 후 산에 용해한다. 【규산염】 혼산(HF + HNO_3) 또는 혼산(HF + H_2SO_4)에 의한 가압산 분해 처리로 용해할 수 있다. 【광석류】 HCl 또는 혼산(HNO_3 + HCl)에 용해하여 불용해 잔사를 여과하고, 강열 후 이산칼륨($K_2S_2O_7$) 또는 $KHSO_4$에 융해한 후 산에 용해한다. 【금속】 HCl, H_2SO_4, H_3PO_4, $HClO_4$ 또는 이들 혼산에 용이하게 용해되지만, 진한 HNO_3에는 부동태가 되어 용해되지 않는 묽은 HNO_3에는 용해된다. 혼산(HCl + HNO_3)은 좋은 용해산이다. 【Ni 함유량이 적은 강철】 HNO_3, H_2SO_4, 혼산(HNO_3 + HCl(1 + 3)) 중 어느 하나에 용해할 수 있다. 【Ni 함유량이 많은 강철】 묽은 HCl, H_2SO_4 또는 혼산(HNO_3 + HCI)에 용해할 수 있다. 【Pb, Sn, Sb, Cu 및 그 합금】 혼합물(Br_2 + HBr)에 잘 용해된다. 【Al 합금】 NaOH 용액에 용해한 후 침전을 분리하고 Fe를 함유한 침전을 산에 용해시킨다.
Ga 69.72	【규산염】 H_2SO_4와 HCl로 분해한다. 【산화갈륨】 $KHSO_4$로 융해한다. 【금속 Ga】 HCl, $HClO_4$로 가열 용해한다. 【합금】 광산(무기산), 왕수에 녹는다. 【GaAs】 왕수에 용해된다. 【황화물(광물)】 왕수나 거기에 Br_2를 첨가하여 분해한다.

원소 원자량	각종 시료의 용해 예
Ge 72.63	【기본】 휘발성 GeCl, 및 불용성 GeO_2 생성에 주의할 필요가 있다. 【유기물】 HNO_3, $HClO_4$에서 천천히 시간을 들여 산분해한다. $K_2Cr_2O_7$의 존재하에서 강인산과 황산에 의한 습식 산화 분해법도 이용된다. 【석탄회】 혼산(H_2SO_4 + HF)을 이용한다. 【규산염】 혼산(H_2SO_4 + HF + HNO_3)을 이용하지만 천천히 저온에서 분해하지 않으면 GeF_4가 휘발된다. 【광석】 NaOH, Na_2CO_3, Na_2O_2 혹은 이들 혼합물을 이용하여 융해한다. 【금속, 합금】 혼산(H_2SO_4 + HNO_3)을 이용한다. 【합금류】 (NaOH + H_2O_2)로 분해할 수 있다.
Hf 178.5	Zr 항 참조
Hg 200.6	【금속 Hg 및 수은 화합물】 강열 또는 알칼리 융해에 의해 휘산되고, 또한 그 수용액을 끓여도 휘산하므로 처리 과정에서의 손실에 주의가 필요하다. 【유기물】 분해촉진제로서 Se, Cr_2O_3 또는 V_2O_5 등을 첨가하는 휘산방지를 위하여 환류냉각기가 장착된 플라스크나 테플론제 밀폐펌프 등이 이용된다. (H_2SO_4 + HNO_3 + $KMnO_4$ + $K_2S_2O_7$(과잉한 $KMnO_4$는 염산하이드록시루아민 NH_2OHCl)로 환원한다) 등에 의한 개방가열방식이 이용된다. 【금속 Hg】 HNO_3에 쉽게 용해된다. 【HgS】 왕수에 신속히 용해된다. 산화성의 산(HNO_3 또는 혼산(HNO_3 + H_2SO_4))이 이용되는데, 여기에 $KMnO_4$, $HClO_4$, H_2O_2,$(NH_4)_2S_2O_8$ 또는 KIO_3 등의 강산화제를 조합하여 처리하는 경우가 많다.
In 114.8	【산화인듐】 $KHSO_4$로 융해 가능. 【함인듐 광물】 우선 HCl, 그 다음 HNO_3 또는 왕수로 분해할 수 있다. 【금속 In】 묽은광산(무기산)이나 뜨거운 H_2SO_4에 용해한다. 【In (OH)】 강알칼리에도 잘 녹지 않는다. 【합금】 무기산, 왕수에 녹는다.
Ir 192.2	KNO_3, Na_2O_2, $KClO_3$ 등의 산화제를 첨가한 수산화알칼리와 융해하면 산화물(IrO_2, Ir_2O_3)을 생기고, 그것을 HCl 또는 왕수에 녹이면 M_2[IrCl]을 얻을 수 있다. Pb, Zn 등과 합금화한 후, 산처리하여 미분으로 할 필요가 있으며, 다음에 Na_2O_2 융해 후, 산처리하거나 융해법(NaCl + Cl)에 의해 가용성의 Na_2[IrCl]로 하는 방법이 이용되고 있다.
K 39.10	Li, Na 항 참조
Li 6.941	【생물 시료】 건식회화: 원소의 손실이 일어나기 쉽다. 습식회화: 캘달 플라스크에 시료를 넣고, H_2SO_4, HNO_3, $HClO_4$, H_2O 중 어느 하나 또는 그 조합을 이용하여 분해한다. 마이크로파 가열 분해법(질산)도 유효하다. 【암석 광물 유리 산화물】 융해법: 융제 유래 오염의 우려가 있어 미량 성분 분석에 적합하지 않음 규산염 암석 분말 시료 0.2 g을 PTFE 비커에 넣고 소량의 물로 적신 후 46% HF 5 cm, 60% $HClO_4$ 0.5 cm를 첨가하여 백연이 날 때까지 가열한다. 이 조작을 내용물이 용해될 때까지 반복한다. 내용물이 완전히 건조되기 직전에 가열을 멈추고 잔류물을 소량의 HCl로 적신 후 물을 붓고 용해시킨다. 유기물 포함 시료의 경우 HNO_3를 추가로 첨가하는 것이 좋다. 마이크로파 가열 분해법: HF와 왕수에서 쉽게 분해할 수 있다.
Mg 24.31	【규산염】 Na_2CO_3로 융해 후 산에 녹인다. 【알루미나세라믹스】 융제로서 NaOH, (NaOH + $Na_2B_4O_7$ + H_2O)를 이용하면 융제로부터의 오염을 무시할 수 없게 된다, 혼산(H_3PO_4 + H_2SO_4)에 의한 산분해가 바람직하다. 【금속 및 화합물】 적당한 산에 용해한다.
Mn 54.94	【산화물】 이산화망간: 산성으로 만들고 H_2O_2를 첨가하면 쉽게 녹는다. 【망간광】 HCl, HNO_3, 혼산(HCl + HNO_3) 또는 혼산(HCl + H_2O_2)에 녹는다. 불용물은 별도 HF로 처리한 후 KS_2O_7 또는 Na_2CO_3로 융해한다. 【금속 Mn】 얇은 광산(무기산)에 녹는다. 아세트산, 구연산, 붕산, 물, NH와 서서히 반응한다. 열농알칼리 용액에 신속히 녹는다. 불소, 염소, 브롬수와 반응하여 MnX_2가 된다. 【주철, 탄소강, 저합금강】 HNO_3로 용해한다. 【고합금강】 혼산(HCl + HNO_3, HNO_3 + HF, HNO_3 + $HClO_4$)을 이용하는 산화하여 정량적으로 안정된 MnO_4를 생성시키는 경우에는, 그 안정제로서 HPO를 첨가하면 좋다. 【유기물】 건식법(400°C, 24시간) 혹은 습식법(HNO_3 + $HClO_4$ + H_2SO_4)을 이용한다.

A

원소 원자량	각종 시료의 용해 예
Mo 95.95	【금속 Mo】 열농 H_2SO_4, 왕수, 혼산(짙은 HNO_3 + HF, 진한 H_2SO_4 + HF), HNO_3에 녹는다. 혼합융제 (Na_2CO_3 + 95.95 KNO_3, Na_2CO_3 + Na_2O_2)와 융해하면 가용성 MoO_4^{2-}가 된다. MnO_3는 진한 HCl, 진한 H_2SO_4 및 알칼리에 녹는다. 【몰리브덴강】 HNO_3, H_2SO_4에 녹는다. 산화성 알칼리 융제로 융해하면 물에 가용해진다. 【철, 철강】 혼산(HNO_3(1 + 1) + $HClO_4$)에 용해된다. Si가 많은 HNO_3의 경우, HF를 더하여 $HClO_4$의 흰색 연기를 발생시킬 때까지 가열하여 가열한다. HCl(1 + 1) 또는 H_2SO_4(1 + 5)로 처리해 HNO_3 또는 (HNO_3(1 + 5) + H_2O_2)를 가하여 가열분해한다. 【스테인리스강】 혼산($HClO_4$ + H_3PO_4 + HF)에 용해하여 $HClO_4$의 백연이 생길 때까지 가열한다. 【Mo-W 합금】 혼산(HNO_3 + HF)으로 분해한다. 분해 후에 Mo의 환원 반응이 필요한 경우는 분해에 이용한 HNO_3는 완전히 쫓아낸다.
Na 22.99	Li항 참조. 원자흡광법 시 이온화 간섭을 Li에 의해 억제할 수 있으므로 리튬염을 융제로 사용하는 것이 효과적이다. 【규산염 암석 분말】 시료 100 mg에, 융제(Li_2CO_3 300 mg, H_3BO_3 300 mg)로 분해 후, 1 moldm^{-3} HCl 용액 100 cm^{3}에 녹인다.
Nb 92.91	【기본】 가수분해를 방지하기 위해, HF 이외의 묽은 산 용액으로는 $(COONH_4)_2$ 용액(3%), H_2SO_4, (1 + 1) 용액이나 강알칼리 용액으로 보존한다. 【산화물】 $KHSO_4$, $K_2S_2O_7$, K_2CO_3 KOH, Na_2O_2 등으로 융해한다. 테플론 밀폐용기에서 HF로 가열 분해된다. 【금속】 혼산(HF + HNO_3)으로 가열 분해한다. K_2SO_4 또는 $(NH_4)_2SO_4$로 가열 분해한다.
Ni 58.69	【유기물】 HNO_3, H_2SO_4, $HClO_4$에서 습식 분해한다. $HClO_4$를 이용하는 습식 분해에서는 HNO_3를 공존시키는 등 급격한 산화에 따른 폭발 등에 충분히 배려할 필요가 있다. 건조, 회화 후 산에 용해한다. 【금속 Ni, 합금】 HCl, HNO_3, H_2SO_4 등의 각종 산으로 가열 용해한다. Ni가 고농도인 경우 묽은산(HCl, H_2SO_4, 왕수)으로 가열 용해한다. 【산화물】 HCl, HNO_3로 가열용해하고, 잔분을 분리한다. 잔분을 수산화칼륨 공존하에서 탄산염(칼륨염 또는 나트륨염)으로 융해하고, 그것을 산으로 용해한다.
Os 190.2	KNO_3, Na_2O_2, $KClO_3$ 등의 산화제를 첨가한 수산화알칼리와 융해하면 수용성 $M_2[OsO_4]$를 얻을 수 있다.
Pb 207.2	【유기물】 다량의 염화물이 존재하지 않는 한, 석영 도가니를 이용하여 450~500°C에서 건식회화하면 Pb의 손실은 없다. 207.2 인산을 포함하는 경우: 800~900°C에서 회화해도 좋다. 습식 분해법: 시료를 테프론제 삼각 플라스크에 넣고, 테플론 깔때기로 뚜껑을 덮고, HNO_3, $HClO_4$, HF와 함께 끓인다. PB의 손실은 없으나, 오염에는 주의가 필요하다. 【황화물】 진한 HCl로 분해하고 불용물은 HNO_3로 처리하고, 필요시 HCl을 첨가하여 가열 용해한다. 【규산염】 Na_2CO_3, 융해 후 산성으로 하여 용액으로 한다. 테플론 용기 중 HNO_3, $HClO_4$, HF와 함께 150℃에서 수 시간 가온하면 용해할 수 있다. 【비철금속, 금속 PB, 산화물】 HNO_3(1 + 1), HCl, HBr 또는 이들 혼산으로 가열 분해한다.
Pd 106.4	왕수에서 $H_2[PdCl_4]$로서 용해할 수 있다. 또, Ru, Rh와 마찬가지로 알칼리 융해나(NaCl + Cl_2) 융해로도 용해할 수 있다.
Pt 195.1	왕수에서, $H_2[PtCl_6]$로서 용해할 수 있다. 또, Os, Ir와 마찬가지로, 알칼리 융해나(NaCl + Cl_2) 융해로도 용해할 수 있다.
Rb 85.47	Li, Na 항 참조.
Re 186.2	【유기물】 알칼리의 존재하에 밀폐 용기 안에서 재화한다. 【광석】 HNO_3 또는 혼산(HNO_3 + HCl)에 녹는다. 이를 증발 건고하거나 HSO 또는 $HClO_4$, 용액을 가열하여 백연을 발생시키면 휘산에 의한 손실을 초래한다. 【산에 불용한 시료】 Na_2CO_3 또는 혼합융제(NaOH + Na_2O_2)로 융해한다. 【금속】 H_2O_2 또는 HNO_3와 격렬하게 반응하여 $HReO_2$ 용액이 된다. 열 H_2SO_4에서 서서히 분해된다.
Rh 102.9	미분말은 왕수에 용해될 수 있다. KHSO와 융해하면 수용성 염 $KRh(SO)_2$를 얻을 수 있다. 【기본】 뜨거운 진한 H_2SO_4 또는 이황산염 융해에 의해 $Rh_2(SO_4)_3$의 용액으로 하는 방법이 취해지고 있다.
Ru 101.1	KNO_3, Na_2O_2, $KClO_3$ 등의 산화제를 첨가한 수산화알칼리와 융해하면 수용성 $M_2[RuO]$를 얻을 수 있다

원소 원자량	각종 시료의 용해 예
Sb 121.8	【유기물】 혼산(H_2SO_4 + HNO_3), 혹은 혼산(H_2SO_4 + HNO_3 + $HClO_4$)을 이용하여 습식 분해한다. 【광석】 혼산(HNO_3 + HBr + HCl)에 의한 분해를 행한다. 뜨거운 HNO_3로 처리하면 불용성 산화물이 생성되는데, 이 산화물은 Na_2CO_3와 S의 혼합물로 가열 융해할 수 있다. 【황화물】 H_2SO_4와 K_2SO_4로 가열하여 용해한다. 【규산염 암석】 혼산(H_2SO_4 + HF)으로 가열 용해한다. 【금속, 합금】 열농 H_2SO_4 또는 혼산(HCl + HNO_3)등으로 용해할 수 있다. 열 HCl에 의한 용해는 Sb를 휘산시킬 수 있으므로 환류냉각기가 부착된 반응용기를 이용한다.
Sc 44.96	【암석 시료】 산에 의한 열분해와 알칼리 또는 그 염에 의한 용융법을 이용한다. 분해하기 전에 시료를 암반 절구 등을 이용하여 분쇄한다.
Se 78.97	산분해법: HNO_3 및 H_2SO_4를 더하여 가열 용해하는 단체 Se, Te 및 셀레늄 화합물, 텔루루루 화합물은 H_2SeO_3, H_2TeO_3로 산화된다. 융해법: 혼합 융제(Na_2CO_3 + KNO_3) 또는 (KOH + KNO_3)와 함께 니켈 도가니 속에서 융해하면 Se와 Te는 산화되어 M_2SeO 및 M_2TeO'가 된다.
Si 28.09	【유기물】 회화한 후에 Na_2CO_3 등의 알칼리 융제로 융해하거나 $HClO_4$를 이용하여 습식 분해한다. 미량의 Si를 정량하는 경우에는 사용하는 물, 기구류로부터의 오염 혼입에 충분히 주의해야 한다. 석영제품을 포함하여 유리로부터의 Si의 용출은 무시할 수 없으므로 불소수지 등의 기구를 이용하는 것이 바람직하다. 【규산염】 Na_2CO_3, NaOH, Na_2O_2 등을 이용하여 융해 후 HCl, HNO_3 등에 용해한다. 융해에는 백금, 흑연 도가니가 이용된다. H_3BO_4나 붕산염을 혼합하여 도가니의 침식을 억제할 수 있다. 테플론 용기 내에 불화수소산 HCl, H_2SO_4 등을 넣고 밀폐하여 상온에 방치하여 분해한다. 【세라믹스】 스테인리스제 외통이 있는 테플론 용기 내에 HF와 다른 무기산을 넣어 밀폐하고 가열 분해한다. 개전 후 HBO 용액을 첨가함으로써 Si의 휘산이 억제되고 생성된 염류도 용해되기 쉬워진다. 【금속, 합금】 염산, H_2SO_4, $HClO_4$ 등을 이용하여 용해하지만, 지나치게 가열하면 불용성 규산이 생성되기 쉬우므로 주의가 필요하다.
Sn 118.7	【유기물 트리부틸주석, 트리페닐주석】 실제 시료 중에서는 염화물 혹은 단백질 SH기 등과 결합되어 있으므로 HCl로 처리 후 헥산 등의 용매로 추출한다. 【Sn의 광물】 니켈, 지르코니아 도가니를 이용하여 NaO 단독 또는 혼합융제(Na_2CO_3 + Na_2O_2)등으로 융해하여 물 또는 HCl로 용출한다. 【SnO_2】 NaOH 혹은 Na_2O_2로 융해하고, HCl로 용출한다. PT 소편을 촉매에 더하여 NH_4I로 융해한다. 시료를 HCl이나 왕수로 용해할 때 건고까지 증발하면 Sn은 $SnCl_4$로서 손실하므로, H_2SO_4를 더하여 백연까지 처리한다. 【합금】 HCl, 혼산(HCl + HNO_3, HCl + H_2O_2) 등에 녹는다. 농후한 열산에는 쉽게 용해된다. HNO_3는 메타스산($SnO_2 \cdot xH_2O$)을 침전하므로 적당하지 않다.
Sr 87.62	【기본】 난용성 염을 만드는 HF, H_2SO_4, H_3PO_4에 의한 시료의 용해는 피한다. 【규산염】 탄산염을 이용하여 융해 후 산에 녹인다. 붕사, $LiBO_2$에 의한 융해는 산화물 분해에 효과적이다.
Ta 180.9	Nb항 참조.
Te 127.6	Se의 항을 참조
Th 232.0	Th(IV)가 F^-와 강하게 착형성함으로써 시료를 분해한다. 고농도의 F^-를 포함하는 용액 중에서는 난용성의 불화물을 형성하므로 분해 처리 후 시료를 H_2SO_4 혹은 $HClO_4$를 공존시켜 백연이 생길 때까지 가열하고 F^- 농도를 저감한다. 【Th금속, ThO_2】 HF를 소량 포함한 HNO_3로 가열 용해한다. [광물] KHF]를 이용하여 융해하는 내압 밀폐식 테플론 용기를 이용하여 혼산(HCl + HF)으로 처리한다.
Ti 47.87	【티타늄 광석】 혼합 융제(Na_2CO_3 + Na_2O_2)나 (NaOH + Na_2O_2) 혹은 (KOH + H_3BO_3)에 의해 융해된다. 【규산염 암석】 Na_2CO_3에 의해 융해하거나, H_2SO_4와 HF용액에 의해 가열 분해한다. 잔사가 있을 때는 다시 $K_2S_2O_7$에 의해 융해한다. 【TiO_2】 $K_2S_2O_7$에 의해 융해하여 H_2SO_4 용액으로 만든다. 혼합융제($H_2SO_4(NH_4)_2SO_4$)에 의해 가열 분해할 수 있다. 【금속】 2~9M-H_2SO_4 또는 3~12M-HCl에 서서히 녹는다. JIS법에서는 HSO(1 + 1~9)나 HCl(1 + 1), 혹은 혼산(H_2SO_4 + HCl)에 의해 가열 분해하여 표준액으로 만드는 방법이 취해지고 있다, 용해되었을 때 Ti(3가)를 생성하므로 HNO_3에서 산화하여 Ti(4가)로 하여 분석에 이용한다. 경우가 많다, Ti(4가)는 가수분해하기 쉬우므로 희석하는 경우는 주의가 필요하다. 【금속이나 합금】 HF, 혼산(HF + H_2SO_4) 또 혼산(HF + HCl)을 이용한다.

A

원소 원자량	각종 시료의 용해 예
Tl 204.4	【유기물】 습식 분해한다. 건식 회화는 휘산의 우려가 있다. 【탈륨 광물】 H_2SO_4와 K_2SO_4에 의해 분해된다. 【황철광, 섬아연광】 HCl, HNO_3에 의해 분해할 수 있다. 【규산염】 HCl, HNO_3(또는 H_2SO_4)에 의해 분해할 수 있다. 【금속 Tl】 HNO_3 또는 H_2SO_4에 녹고, HCl에는 잘 녹지 않는다. 【Tl합금】 광산(무기산) 또는 왕수에 녹는다.
V 50.94	【중유 등】 H_2SO_4를 첨가하여 가열하고 탄화하여 525℃에서 수 시간 동안 회화한 후 산에 용해한다. 【석탄재 등】 밀폐 테플론 용기에 시료, 혼산(HF + HNO_3)을 첨가하여 110℃, 1시간 정도 가열 분해하고, 다시 붕산 용액으로 재가열한다. 【산으로 분해가 어려운 시료】 알칼리 융해(Na_2CO_3 + K_2CO_3)로 처리하기도 한다. 【V를 포함한 강철, 합금, 광석 등】 왕수나 HNO_3에 쉽게 용해된다. 【탄화물 등 잘 녹지 않는 화합물을 포함하는 경우】 HNO_3와 H_2SO_4를 더하여 황산백연까지 가열하고 냉각 후 HNO_3를 더하여 가열을 반복하여 분해한다. 【고속도강 등 W를 포함하는 시료】 H_3PO_4의 첨가가 효과적이다.
W 183.8	【산화물】 WO_2는 가열하면 HCl이나 H_2SO_4에 녹는다. WO_3는 산에 잘 녹지 않지만, KOH, K_2CO_3, NH_3, $(NH_4)_2CO_3$, $(NH_3)_2SO_4$에 녹는다. 【황화물을 포함할 때】 HNO_3로 분해하고 잔여분을 Na_2CO_3로 융해한다. 【금속 W 및 W 합금】 HCl이나 H_2SO_4에는 용해되지 않으므로 혼산(HNO_3 + HF)으로 WF_6이나 WOF_4로 분해하고, 그 후 H_2SO_4를 더하여 백연이 생길 때까지 가열한다. 【Fe 및 Fe 합금】 상술한 【금속 W 및 W 합금】의 혼산(HNO_3 + HF) 외에 혼산(H_2SO_4 + H_3PO_4 + 왕수)을 이용하여 분해한다. 【W-Mo 합금】 H_2O_2로 분해한다. 【텅스텐광】 혼산(HNO_3 + HCl)으로 분해하면 W는 H_2WO로 석출한다. 【회중석($CaWO_4$)】 HCl로 분해한다. 【철망간광】 KOH, Na_2CO_3, 혼합융제(Na_2CO_3 + Na_2O_2), 피로인산염 등으로 융해하여 용융물로부터 WO_4^{2-}를 물로 추출한다. Na_2CO_3 용융 시 Mo, V, As, P, Cr, Si, Al, Sb, S, Ta가 추출되는데 Fe, Zr, Mn, Ca는 잔류한다. 알칼리금속염으로 융해하면 이후 산처리나 신코닌과의 반응에서 침전 생성이 불완전하므로 주의가 요한다.
Y, 란타노이드	【인산염 광물】 H_2SO_4나 $HClO_4$로 쉽게 분해한다. 【함불소 탄산염】 H_2SO_4나 $HClO_4$와 가열하면 분해되는 알칼리 융해는 황산수소칼륨($KHSO_4$)을 이용한다. 【규산염 광물, 유리】 산분해법: 혼산(HF + HNO_3 + $HClO_4$)을 이용하여 테플론 용기 내에서 실시한다. 【산에 잘 녹지 않는 시료】 알카라인 융해법이 적합하다, 융제는 Na_2CO_3, Na_2O_2, 사붕산나트륨(Na_2BO_7), 메타붕산리튬($LiBO_2$)이다. 혼합융제(Na_2O_2, NaOH)는 규산염 외에 금속이나 산화물도 융해할 수 있다. ICP-AES나 ICP-MS로 측정할 경우, 알칼리 융해법은 매트릭스 원소량을 증가시키기 때문에 일반적으로 산분해법이 적합하다. ICP-MS를 수행할 때 알칼리 융해는 메타붕산 리튬이 분광학적 간섭을 억제할 수 있다.
Zn 65.38	【유기물】 혼산(HNO_3 + $HClO_4$), 혼산(HNO_3 + H_2SO_4 + $HClO_4$) 등에 의한 습식 분해법과 건식 분해법(500~550℃)이 이용되고 있는 습식 분해법은 분해중 Zn의 손실은 적지만 시약으로부터의 오염의 우려가 있다. 건식 분해법은 시약으로부터의 오염은 적지만 가열 중 Zn이 손실될 우려가 있다. 【아연광석】 HCl, HNO_3 순으로 첨가하여 가열 분해하고, 이어서 백연 처리가 발생할 때까지 H_2SO_4를 가한다. HCl에서만 열을 받으면 Zn이 휘산할 우려가 있다. 【Zn 합금】 통상 광산(무기산)에 용해된다. 【Cu합금, Pb 합금】 HNO_3, 왕수, 과산화물, Br, 등의 산화제 이용 시에는 착형성제의 이용이 바람직하다.
Zr 91.22	【산화물】 JIS에서는 ZrO_2를 혼합융제(H_2SO_4, $(NH_4)_2SO_4$)에 의해 가열 분해하여 표준액을 조제하고 있다. 【발레데이석(ZrO_2)】 $K_2S_2O_7$로 융해한다. 【지르콘】 Na_2CO_3, $Na_2B_4O_7$ 등으로 융해한다. Na_2CO_3로 융해하고, 열수로 씻음으로써 SiO_2 등을 녹여내고, 잔류물을 여과, 회화하여 $K_2S_2O_7$에 의해 융해한다. KHF_2와 융해 후 묽은 H_2SO_4를 더하여 백연까지 증발하면 분해된다. 【금속 Zr 또는 합금】 HF 또는 혼산(HF + 강산), 혼산(HF + H_3BO_3)으로 용해된다. 불용잔사가 있으면 HNO_3를 첨가하여 분해한다. KHF_2 또는 NH_4F에 의해 융해한다.

자료 : 일본분석화학회편, 『개정6판 분석화학편람』, 마루젠(2011),
원자량은 일본화학회 원자량위원회(2020)의 「네 자릿수 원자량표(2020)」에 근거하고 있다.

A

부록 3 특성 X선 에너지

원소	$K\alpha_1$	$K\alpha_2$	K_{1}	$L\alpha_1$	$L\alpha_2$	L_{1}	L_{2}	$L\gamma_1$	$M\alpha_1$
3 Li	54.3								
4 Be	108.5								
5 B	183.3								
6 C	277								
7 N	392.4								
8 O	524.9								
9 F	676.8								
10 Ne	848.6	848.6							
11 Na	1,040.98	1,040.98	1,071.1						
12 Mg	1,253.60	1,253.60	1,302.2						
13 Al	1,486.70	1,486.27	1,557.45						
14 Si	1,739.98	1,739.38	1,835.94						
15 P	2,013.7	2,012.7	2,139.1						
16 S	2,307.84	2,306.64	2,464.04						
17 Cl	2,622.39	2,620.78	2,815.6						
18 Ar	2,957.70	2,955.63	3,190.5						
19 K	3,313.8	3,311.1	3,589.6						
20 Ca	3,691.68	3,688.09	4,012.7	341.3	341.3	344.9			
21 Sc	4,090.6	4,086.1	4,460.5	395.4	395.4	399.6			
22 Ti	4,510.84	4,504.86	4,931.81	452.2	452.2	458.4			
23 V	4,952.20	4,944.64	5,427.29	511.3	511.3	519.2			
24 Cr	5,414.72	5,405.509	5,946.71	572.8	572.8	582.8			
25 Mn	5,898.75	5,887.65	6,490.45	637.4	637.4	648.8			
26 Fe	6,403.84	6,390.84	7,057.98	705.0	705.0	718.5			
27 Co	6,930.32	6,915.30	7,649.43	776.2	776.2	791.4			
28 Ni	7,478.15	7,460.89	8,264.66	851.5	851.5	868.8			
29 Cu	8,047.78	8,027.83	8,905.29	929.7	929.7	949.8			
30 Zn	8,638.86	8,615.78	9,572.0	1,011.7	1,011.7	1,034.7			
31 Ga	9,251.74	9,224.82	10,264.2	1,097.92	1,097.92	1,124.8			
32 Ge	9,886.42	9,855.32	10,982.1	1,188.00	1,188.00	1,218.5			
33 As	10,543.72	10,507.99	11,726.2	1,282.0	1,282.0	1,317.0			
34 Se	11,222.4	11,181.4	12,495.9	1,379.10	1,379.10	1,419.23			
35 Br	11,924.2	11,877.6	13,291.4	1,480.43	1,480.43	1,525.90			
36 Kr	12,649	12,598	14,112	1,586.0	1,586.0	1,636.6			
37 Rb	13,395.3	13,335.8	14,961.3	1,694.13	1,692.56	1,752.17			
38 Sr	14,165	14,097.9	15,835.7	1,806.56	1,804.74	1,871.72			
39 Y	14,958.4	14,882.9	16,737.8	1,922.56	1,920.47	1,995.84			
40 Zr	15,775.1	15,690.9	17,667.8	2,042.36	2,039.9	2,124.4	2,219.4	2,302.7	
41 Nb	16,615.1	16,521.0	18,622.5	2,165.89	2,163.0	2,257.4	2,367.0	2,461.8	
42 Mo	17,479.34	17,374.3	19,608.3	2,293.16	2,289.85	2,394.81	2,518.3	2,623.5	
43 Tc	18,367.1	18,250.8	20,619	2,424	2,420	2,538	2,674	2,792	
44 Ru	19,279.2	19,150.4	21,656.8	2,558.55	2,554.31	2,683.23	2,836.0	2,964.5	

A

원소	$K\alpha_1$	$K\alpha_2$	K_1	$L\alpha_1$	$L\alpha_2$	L_1	L_2	$L\gamma_1$	$M\alpha_1$
45 Rh	20,216.1	20,073.7	22,723.6	2,696.74	2,692.05	2,834.41	3,001.3	3,143.8	
46 Pd	21,177.1	21,020.1	23,818.7	2,838.61	2,833.29	2,990.22	3,171.79	3,328.7	
47 Ag	22,162.92	21,990.3	24,942.4	2,984.31	2,978.21	3,150.94	3,347.81	3,519.59	
48 Cd	23,173.6	22,984.1	26,095.5	3,133.73	3,126.91	3,316.57	3,528.12	3,716.86	
49 In	24,209.7	24,002.0	27,275.9	3,286.94	3,279.29	3,487.21	3,713.81	3,920.81	
50 Sn	25,271.3	25,044.0	28,486.0	3,443.98	3,435.42	3,662.80	3,904.86	4,131.12	
51 Sb	26,359.1	26,110.8	29,725.6	3,604.72	3,595.32	3,843.57	4,100.78	4,347.79	
52 Te	27,472.3	27,201.7	30,995.7	3,769.33	3,758.8	4,029.58	4,301.7	4,570.9	
53 I	28,612.0	28,317.2	32,294.7	3,937.65	3,926.04	4,220.72	4,507.5	4,800.9	
54 Xe	29,779	29,458	33,624	4,109.9	—	—	—	—	
55 Cs	30,972.8	30,625.1	34,986.9	4,286.5	4,272.2	4,619.8	4,935.9	5,280.4	
56 Ba	32,193.6	31,817.1	36,378.2	4,466.26	4,450.90	4,827.53	5,156.5	5,531.1	
57 La	33,441.8	33,034.1	37,801.0	4,650.97	4,634.23	5,042.1	5,383.5	5,788.5	833
58 Ce	34,719.7	34,278.9	39,257.3	4,840.2	4,823.0	5,262.2	5,613.4	6,052	883
59 Pr	36,026.3	35,550.2	40,748.2	5,033.7	5,013.5	5,488.9	5,850	6,322.1	929
60 Nd	37,361.0	36,847.4	42,271.3	5,230.4	5,207.7	5,721.6	6,089.4	6,602.1	978
61 Pm	38,724.7	38,171.2	43,826	5,432.5	5,407.8	5,961	6,339	6,892	—
62 Sm	40,118.1	39,522.4	45,413	5,636.1	5,609.0	6,205.1	6,586	7,178	1,081
63 Eu	41,542.2	40,901.9	47,037.9	5,845.7	5,816.6	6,456.4	6,843.2	7,480.3	1,131
64 Gd	42,996.2	42,308.9	48,697	6,057.2	6,025.0	6,713.2	7,102.8	7,785.8	1,185
65 Tb	44,481.6	43,744.1	50,382	6,272.8	6,238.0	6,978	7,366.7	8,102	1,240
66 Dy	45,998.4	45,207.8	52,119	6,495.2	6,457.7	7,247.7	7,635.7	8,418.8	1,293
67 Ho	47,546.7	46,699.7	53,877	6,719.8	6,679.5	7,525.3	7,911	8,747	1,348
68 Er	49,127.7	48,221.1	55,681	6,948.7	6,905.0	7,810.9	8,189.0	9,089	1,406
69 Tm	50,741.6	49,772.6	57,517	7,179.9	7,133.1	8,101	8,468	9,426	1,462
70 Yb	52,388.9	51,354.0	59,370	7,415.6	7,367.3	8,401.8	8,758.8	9,780.1	1,521.4
71 Lu	54,069.8	52,965.0	61,283	7,655.5	7,604.9	8,709.0	9,048.9	10,143.4	1,581.3
72 Hf	55,790.2	54,611.4	63,234	7,899.0	7,844.6	9,022.7	9,347.3	10,515.8	1,644.6
73 Ta	57,532	56,277	65,223	8,146.1	8,087.9	9,343.1	9,651.8	10,895.2	1,710
74 W	59,318.24	57,981.7	67,244.3	8,397.6	8,335.2	9,672.35	9,961.5	11,285.9	1,775.4
75 Re	61,140.3	59,717.9	69,310	8,652.5	8,586.2	10,010.0	10,275.2	11,685.4	1,842.5
76 Os	63,000.5	61,486.7	71,413	8,911.7	8,841.0	10,355.3	10,598.5	12,095.3	1,910.2
77 Ir	64,895.6	63,286.7	73,560.8	9,175.1	9,099.5	10,708.3	10,920.3	12,512.6	1,979.9
78 Pt	66,832	65,112	75,748	9,442.3	9,361.8	11,070.7	11,250.5	12,942.0	2,050.5
79 Au	68,803.7	66,989.5	77,984	9,713.3	9,628.0	11,442.3	11,584.7	13,381.7	2,122.9
80 Hg	70,819	68,895	80,253	9,988.8	9,897.6	11,822.6	11,924.1	13,830.1	2,195.3
81 Tl	72,871.5	70,831.9	82,576	10,268.5	10,172.8	12,213.3	12,271.5	14,291.5	2,270.6
82 Pb	74,969.4	72,804.2	84,936	10,551.5	10,449.5	12,613.7	12,622.6	14,764.4	2,345.5
83 Bi	77,107.9	74,814.8	87,343	10,838.8	10,730.91	13,023.5	12,979.9	15,247.7	2,422.6
84 Po	79,290	76,862	89,800	11,130.8	11,015.8	13,447	13,340.4	15,744	—
85 At	81,520	78,950	92,300	11,426.8	11,304.8	13,876	—	16,251	—
86 Rn	83,780	81,070	94,870	11,727.0	11,597.9	14,316	—	16,770	—
87 Fr	86,100	83,230	97,470	12,031.3	11,895.0	14,770	14,450	17,303	—

A

원소	$K\alpha_1$	$K\alpha_2$	K_1	$L\alpha_1$	$L\alpha_2$	L_1	L_2	$L\gamma_1$	$M\alpha_1$
88 Ra	88,470	85,430	100,130	12,339.7	12,196.2	15,235.8	14,841.4	17,849	—
89 Ac	90,884	87,670	102,850	12,652.0	12,500.8	15,713	—	18,408	—
90 Th	93,350	89,953	105,609	12,968.7	12,809.6	16,202.2	15,623.7	18,982.5	2,996.1
91 Pa	95,868	92,287	108,427	13,290.7	13,122.2	16,702	16,024	19,568	3,082.3
92 U	98,439	94,665	111,300	13,614.7	13,438.8	17,220.0	16,428.3	20,167.1	3,170.8
93 Np	—	—	—	13,944.1	13,759.7	17,750.2	16,840.0	20,784.8	—
94 Pu	—	—	—	14,278.6	14,084.2	18,293.7	17,255.3	21,417.3	—
95 Am	—	—	—	14,617.2	14,411.9	18,852.0	17,676.5	22,065.2	—

부록 4 전자의 결합 에너지

원소	K 1s	L_1 2s	L_2 $2p_{1/2}$	L_3 $2p_{3/2}$	M_1 3s	M_2 $3p_{1/2}$	M_3 $3p_{3/2}$	M_4 $3d_{3/2}$	M_5 $3d_{5/2}$	N_1 4s	N_2 $4p_{1/2}$	N_3 $4p_{3/2}$
1 H	13.6											
2 He	24.6											
3 Li	54.7											
4 Be	111.5											
5 B	188											
6 C	284.2											
7 N	409.9	37.3										
8 O	543.1	41.6										
9 F	696.7											
10 Ne	870.2	48.5	21.7	21.6								
11 N	1070.8	63.5	30.65	30.81								
12 Mg	1303.0	88.7	49.78	49.50								
13 I	1559.6	117.8	72.95	72.55								
14 Si	1839	149.7	99.82	99.42								
15 P	2145.5	189	136	135								
16 S	2472	230.9	163.6	162.5								
17 Cl	2822.4	270	202	200								
18 r	3205.9	326.3	250.6	248.4	29.3	15.9	15.7					
19 K	3608.4	378.6	297.3	294.6	34.8	18.3	18.3					
20 C	4038.5	438.4	349.7	346.2	44.3	25.4	25.4					
21 Sc	4492	498.0	403.6	398.7	51.1	28.3	28.3					
22 Ti	4966	560.9	460.2	453.8	58.7	32.6	32.6					
23 V	5465	626.7	519.8	512.1	66.3	37.2	37.2					
24 Cr	5989	696.0	583.8	574.1	74.1	42.2	42.2					
25 Mn	6539	769.1	649.9	638.7	82.3	47.2	47.2					
26 Fe	7112	844.6	719.9	706.8	91.3	52.7	52.7					
27 Co	7709	925.1	793.2	778.1	101.0	58.9	59.9					
28 Ni	8333	1008.6	870.0	852.7	110.8	68.0	66.2					
29 Cu	8979	1096.7	952.3	932.7	122.5	77.3	75.1					
30 Zn	9659	1196.2	1044.9	1021.8	139.8	91.4	88.6	10.2	10.1			
31 G	10367	1299.0	1143.2	1116.4	159.5	103.5	100.0	18.7	18.7			
32 Ge	11103	1414.6	1248.1	1217.0	180.1	124.9	120.8	29.8	29.2			
33 s	11867	1527.0	1359.1	1323.6	204.7	146.2	141.2	41.7	41.7			
34 Se	12658	1652.0	1474.3	1433.9	229.6	166.5	160.7	55.5	54.6			
35 Br	13474	1782	1596	1550	257	189	182	70	69			
36 Kr	14326	1921	1730.9	1678.4	292.8	222.2	214.4	95.0	93.8	27.5	14.1	14.1
37 Rb	15200	2065	1864	1804	326.7	248.7	239.1	113.0	112	30.5	16.3	15.3
38 Sr	16105	2216	2007	1940	358.7	280.3	270.0	136.0	134.2	38.9	21.3	20.1
39 Y	17038	2373	2156	2080	392.0	310.6	298.8	157.7	155.8	43.8	24.4	23.1
40 Zr	17998	2532	2307	2223	430.3	343.5	329.8	181.1	178.8	50.6	28.5	27.1
41 Nb	18986	2698	2465	2371	466.6	376.1	360.6	205.0	202.3	56.4	32.6	30.8
42 Mo	20000	2866	2625	2520	506.3	411.6	394.0	231.1	227.9	63.2	37.6	35.5
43 Tc	21044	3043	2793	2677	544	447.6	417.7	257.6	253.9	69.5	42.3	39.9
44 Ru	22117	3224	2967	2838	586.1	483.5	461.4	284.2	280.0	75.0	46.3	43.2
45 Rh	23220	3412	3146	3004	628.1	521.3	496.5	311.9	307.2	81.4	50.5	47.3

원소	K 1s	L_1 2s	L_2 $2p_{1/2}$	L_3 $2p_{3/2}$	M_1 3s	M_2 $3p_{1/2}$	M_3 $3p_{3/2}$	M_4 $3d_{3/2}$	M_5 $3d_{5/2}$	N_1 4s	N_2 $4p_{1/2}$	N_3 $4p_{3/2}$
46 Pd	24350	3604	3330	3173	671.6	559.9	532.3	340.5	335.2	87.1	55.7	50.9
47 g	25514	3806	3524	3351	719.0	603.8	573.0	374.0	368.3	97.0	63.7	58.3
48 Cd	26711	4018	3727	3538	772.0	652.6	618.4	411.9	405.2	109.8	63.9	63.9
49 In	27940	4238	3938	3730	827.2	703.2	665.3	451.4	443.9	122.9	73.5	73.5
50 Sn	29200	4465	4156	3929	884.7	756.5	714.6	493.2	484.9	137.1	83.6	83.6
51 Sb	30491	4698	4380	4132	946	812.7	766.4	537.5	528.2	153.2	95.6	95.6
52 Te	31814	4939	4612	4341	1006	870.8	820.0	583.4	573.0	169.4	103.3	103.3
53 I	33169	5188	4852	4557	1072	931	875	630.8	619.3	186	123	123
54 Xe	34561	5453	5107	4786	1148.7	1002.1	940.6	689.0	676.4	213.2	146.7	145.5
55 Cs	35985	5714	5359	5012	1211	1071	1003	740.5	726.6	232.3	172.4	161.3
56 B	37441	5989	5624	5247	1293	1137	1063	795.7	780.5	253.5	192	178.6
57 L	38925	6266	5891	5483	1362	1209	1128	853	836	274.7	205.8	196.0
58 Ce	40443	6549	6164	5723	1436	1274	1187	902.4	883.8	291.0	223.2	206.5
59 Pr	41991	6835	6440	5964	1511	1337	1242	948.3	928.8	304.5	236.3	217.6
60 Nd	43569	7126	6722	6208	1575	1403	1297	1003.3	980.4	319.2	243.3	224.6
61 Pm	45184	7428	7013	6459	—	1471	1357	1052	1027	—	242	242
62 Sm	46834	7737	7312	6716	1723	1541	1420	1110.9	1083.4	347.2	265.6	247.4
63 Eu	48519	8052	7617	6977	1800	1614	1481	1158.6	1127.5	360	284	257
64 Gd	50239	8376	7930	7243	1881	1688	1544	1221.9	1189.6	378.6	286	271
65 Tb	51996	8708	8252	7514	1968	1768	1611	1276.9	1241.1	396.0	322.4	284.1
66 Dy	53789	9046	8581	7790	2047	1842	1676	1333	1292.6	414.2	333.5	293.2
67 Ho	55618	9394	8918	8071	2128	1923	1741	1392	1351	432.4	343.5	308.2
68 Er	57486	9751	9264	8358	2207	2006	1812	1453	1409	449.8	366.2	320.2
69 Tm	59390	10116	9617	8648	2307	2090	1885	1515	1468	470.9	385.9	332.6
70 Yb	61332	10486	9978	8944	2398	2173	1950	1576	1528	480.5	388.7	339.7
71 Lu	63314	10870	10349	9244	2491	2264	2024	1639	1589	506.8	412.4	359.2
72 Hf	65351	11271	10739	9561	2601	2365	2108	1716	1662	538	438.2	380.7
73 T	67416	11682	11136	9881	2708	2469	2194	1793	1735	563.4	463.4	400.9
74 W	69525	12100	11544	10207	2820	2575	2281	1872	1809	594.1	490.4	423.6
75 Re	71676	12527	11959	10535	2932	2682	2367	1949	1883	625.4	518.7	446.8
76 Os	73871	12968	12385	10871	3049	2792	2457	2031	1960	658.2	549.1	470.7
77 Ir	76111	13419	12824	11215	3174	2909	2551	2116	2040	691.1	577.8	495.8
78 Pt	78395	13880	13273	11564	3296	3027	2645	2202	2122	725.4	609.1	519.4
79 u	80725	14353	13734	11919	3425	3148	2743	2291	2206	762.1	642.7	546.3
80 Hg	83102	14839	14209	12284	3562	3279	2847	2385	2295	802.2	680.2	576.6
81 Tl	85530	15347	14698	12658	3704	3416	2957	2485	2389	846.2	720.5	609.5
82 Pb	88005	15861	15200	13035	3851	3554	3066	2586	2484	891.8	761.9	643.5
83 Bi	90524	16388	15711	13419	3999	3696	3177	2688	2580	939	805.2	678.8
84 Po	93105	16939	16244	13814	4149	3854	3302	2798	2683	995	851	705
85 t	95730	17493	16785	14214	4317	4008	3426	2909	2787	1042	886	740
86 Rn	98404	18049	17337	14619	4482	4159	3538	3022	2892	1097	929	768
87 Fr	101137	18639	17907	15031	4652	4327	3663	3136	3000	1153	980	810
88 R	103922	19237	18484	15444	4822	4490	3792	3248	3105	1208	1058	879
89 c	106755	19840	19083	15871	5002	4656	3909	3370	3219	1269	1080	890
90 Th	109651	20472	19693	16300	5182	4830	4046	3491	3332	1330	1168	966.4
91 P	112601	21105	20314	16733	5367	5001	4174	3611	3442	1387	1224	1007
92 U	115606	21757	20948	17166	5548	5182	4303	3728	3552	1439	1271	1043

A

원소	N_4 $4d_{3/2}$	N_5 $4d_{5/2}$	N_6 $4f_{5/2}$	N_7 $4f_{7/2}$	O_1 5	O_2 $5p_{1/2}$	O_3 $5p_{3/2}$	O_4 $5d_{3/2}$	O_5 $5d_{5/2}$	P_1 6	P_2 $6p_{1/2}$	P_3 $6p_{3/2}$
48 Cd	11.7	10.7										
49 In	17.7	16.9										
50 Sn	24.9	23.9										
51 Sb	33.3	32.1										
52 Te	41.9	40.4										
53 I	50.6	48.9										
54 Xe	69.5	67.5	—	—	23.3	13.4	12.1					
55 Cs	79.8	77.5	—	—	22.7	14.2	12.1					
56 Ba	92.6	89.9	—	—	30.3	17.0	14.8					
57 La	105.3	102.5	—	—	34.3	19.3	16.8					
58 Ce	109	—	0.1	0.1	37.8	19.8	17.0					
59 Pr	115.1	115.1	2.0	2.0	37.4	22.3	22.3					
60 Nd	120.5	120.5	1.5	1.5	37.5	21.1	21.1					
61 Pm	120	120	—	—	—	—	—					
62 Sm	129	129	5.2	5.2	37.4	21.3	21.3					
63 Eu	133	127.7	0	0	32	22	22					
64 Gd	—	142.6	8.6	8.6	36	28	21					
65 Tb	150.5	150.5	7.7	2.4	45.6	28.7	22.6					
66 Dy	153.6	153.6	8.0	4.3	49.9	26.3	26.3					
67 Ho	160	160	8.6	5.2	49.3	30.8	24.1					
68 Er	167.6	167.6	—	4.7	50.6	31.4	24.7					
69 Tm	175.5	175.5	—	4.6	54.7	31.8	25.0					
70 Yb	191.2	182.4	2.5	1.3	52.0	30.3	24.1					
71 Lu	206.1	196.3	8.9	7.5	57.3	33.6	26.7					
72 Hf	220.0	211.5	15.9	14.2	64.2	38	29.9					
73 Ta	237.9	226.4	23.5	21.6	69.7	42.2	32.7					
74 W	255.9	243.5	33.6	31.4	75.6	45.3	36.8					
75 Re	273.9	260.5	42.9	40.5	83	45.6	34.6					
76 Os	293.1	278.5	53.4	50.7	84	58	44.5					
77 Ir	311.9	296.3	63.8	60.8	95.2	63.0	48.0					
78 Pt	331.6	314.6	74.5	71.2	101.7	65.3	51.7					
79 Au	353.2	335.1	87.6	84.0	107.2	74.2	57.2					
80 Hg	378.2	358.8	104.0	99.9	127	83.1	64.5	9.6	7.8			
81 Tl	405.7	385.0	122.2	117.8	136.0	94.6	73.5	14.7	12.5			
82 Pb	434.3	412.2	141.7	136.9	147	106.4	83.3	20.7	18.1			
83 Bi	464.0	440.1	162.3	157.0	159.3	119.0	92.6	26.9	23.8			
84 Po	500	473	184	184	177	132	104	31	31			
85 At	533	507	210	210	195	148	115	40	40			
86 Rn	567	541	238	238	214	164	127	48	48	26		
87 Fr	603	577	268	268	234	182	140	58	58	34	15	15
88 Ra	636	603	299	299	254	200	153	68	68	44	19	19
89 Ac	675	639	319	319	272	215	167	80	80	—	—	—
90 Th	712.1	675.2	342.4	333.1	290a	229a	182a	92.5	85.4	41.4	24.5	16.6
91 Pa	743	708	371	360	310	232	232	94	94	—	—	—
92 U	778.3	736.2	388.2	377.4	321a	257a	192a	102.8	94.2	43.9	26.8	16.8

부록 5 Mg K_α선으로 측정했을 때의 광전자 스펙트럼의 피크 위치

원소번호	원소	1s	2s	$2p_{1/2}$	$2p_{3/2}$	3s	$3p_{1/2}$	$3p_{3/2}$	$3d_{3/2}$	$3d_{5/2}$	4s	$4p_{1/2}$	$4p_{3/2}$
3	Li	56											
4	Be	112											
5	B	189											
6	C	285											
7	N	398											
8	O	531	23										
9	F	685	30										
10	Ne	863	41	14									
11	Na	1072	64	31									
12	Mg	1303	89	50									
13	Al		118	73									
14	Si		151	100	99								
15	P		188	131	130	14							
16	S		228	165	164	18							
17	Cl		271	201	199	17	6						
18	Ar		320	244	242	24							
19	K		380	297	294	35	19						
20	Ca		440	351	347	45	26						
21	Sc		499	404	399	51	29						
22	Ti		561	460	454	59	33						
23	V		627	520	512	66	37						
24	Cr		696	583	574	75	43						
25	Mn		769	650	639	83	48						
26	Fe		845	720	707	92	53						
27	Co		925	793	778	101	60						
28	Ni		1009	870	853	111	67						
29	Cu		1097	953	933	123	77	75					
30	Zn		1195	1045	1022	140	91	89	10				
31	Ga			1144	1117	160	107	104	19				
32	Ge			1248	1217	181	126	122	30	29			
33	As					205	146	141	43	42			
34	Se					232	169	163	57	56			
35	Br					256	189	182	70	69	15	5	
36	Kr					287	216	208	88	87	21	8	
37	Rb					325	249	240	113	111	31	16	
38	Sr					360	281	270	136	134	39	21	
39	Y					394	311	299	158	156	45	24	
40	Zr					430	343	330	181	179	51	28	

□로 둘러싸인 스펙트럼의 강도가 상대적으로 높다.

색 인

기기분석 핸드북 3 고체 · 표면분석편

초 판 2024년 4월 30일

저 자 오승호

발행인 오상환
편집인 이은숙

발행처 신일서적(주)
서울시 영등포구 도림로 310-1 신일빌딩 5층
등록일 2013년 4월 18일. 제2013-000039호
연락처 전화 02-834-9101 | 팩스 02-844-1853
이메일 shinil@shinilbooks.com
홈페이지 www.shinilbooks.com

정 가 22,000원

ISBN 979-11-91489-89-7 93470

◆ 저자와의 협약 하에 인지는 생략합니다.
◆ 잘못 만들어진 책은 구입하신 서점이나 본사로 연락주시면 교환해 드립니다.